O futuro da Terra

O futuro da Terra

H. MOYSÉS NUSSENZVEIG

ORGANIZADOR

Copyright © 2004 H. Moysés Nussenzveig

Direitos desta edição reservados à
Editora FGV
Rua Jornalista Orlando Dantas, 37
22231-010 | Rio de Janeiro, RJ | Brasil
Tels.: 0800-021-7777 | 21-3799-4427
Fax: 21-3799-4430
editora@fgv.br | pedidoseditora@fgv.br
www.fgv.br/editora

Impresso no Brasil | *Printed in Brazil*

Todos os direitos reservados. A reprodução não autorizada desta publicação, no todo ou em parte, constitui violação do copyright (Lei nº 9.610/98).

Os conceitos emitidos neste livro são de inteira responsabilidade do(s) autor(es).

1ª edição — 2011

Preparação de originais: Sandra Frank
Revisão: Aleidis de Beltran e Fatima Caroni
Edição de imagem, diagramação e capa: Ilustrarte Design e Produção Editorial

Ficha catalográfica elaborada pela
Biblioteca Mario Henrique Simonsen/FGV

O futuro da Terra / H. Moysés Nussenzveig, organizador.
— Rio de Janeiro : Editora FGV, 2011.
312 p. Il.

Obra baseada no ciclo temático de conferências da Coordenação de Programas de Estudos — Copea, realizado durante o primeiro semestre de 2007.
Inclui bibliografia.
ISBN: 978-85-225-0936-2

1. Mudanças climáticas. 2. Aquecimento global. 3. Biodiversidade. 4. Energia — Fontes alternativas. 5. Desenvolvimento sustentável. 6. Agricultura sustentada. I. Nussenzveig, H. Moysés. II. Fundação Getulio Vargas.

CDD — 363.7

Sumário

	Introdução	7
1	O futuro da Terra H. MOYSÉS NUSSENZVEIG	11
2	Impacto global das mudanças climáticas ENÉAS SALATI	19
3	A ciência das mudanças climáticas PEDRO LEITE DA SILVA DIAS	35
4	A crise mundial da água JOSÉ GALIZIA TUNDISI	61
5	Energia da biomassa JOÃO ALZIRO HERZ DA JORNADA	89
6	Mudanças globais e o Brasil: por que devemos nos preocupar CARLOS NOBRE	115
7	Fontes alternativas de energia no Brasil e no mundo LUIZ PINGUELLI ROSA	139
8	Biodiversidade ameaçada ÂNGELO B. M. MACHADO	155
9	O papel dos aerossóis no sistema climático PAULO ARTAXO	167
10	Agricultura e meio ambiente SILVIO CRESTANA	195
11	Floresta amazônica e clima PHILIP FEARNSIDE	227
12	Uso da terra e biodiversidade na Amazônia IMA CÉLIA GUIMARÃES VIEIRA	249
13	Desenvolvimento autossustentável da Amazônia EUSTÁQUIO REIS	269
14	Aquecimento global: o que fazer? ROBERTO SCHAEFFER	283
	Os autores	309

Introdução

A campanha promovida por Al Gore sobre o aquecimento global e os relatórios divulgados sobre esse tema em 2007 pelo Painel Intergovernamental sobre Mudança Climática (IPCC) tiveram grande repercussão e foram contemplados com o Prêmio Nobel da Paz.

No mesmo ano, no Brasil, a Coordenação de Programas de Estudos Avançados (Copea), entidade supradepartamental da Universidade Federal do Rio de Janeiro (UFRJ), promoveu, para o grande público – essencialmente composto de pesquisadores, professores e estudantes de todos os níveis e de todas as áreas do conhecimento –, um ciclo de palestras sobre o tema, abordando os diversos aspectos das mudanças climáticas e suas repercussões em nosso país. Os palestrantes, todos eminentes cientistas brasileiros, especialistas em meio ambiente – muitos dos quais participam do IPCC –, abordaram as questões mais relevantes: as origens do aquecimento global, seus efeitos sobre o clima, sobre a biodiversidade, os impactos na agricultura, a crise da água, as fontes renováveis de energia, as questões da Amazônia e do desenvolvimento sustentável, bem como as medidas a tomar para mitigação desses efeitos.

Criada em 1994, a Copea tem como objetivo fomentar e desenvolver pesquisas em áreas interdisciplinares na fronteira do conhecimento atual, muitas vezes ainda insuficientemente desenvolvidas no país, desempenhando, assim, um papel pioneiro. Promove, ainda, reuniões de trabalho e debates sobre questões de política científica e educacional. Também vem publicando a Coleção Copea, uma série de livros reunindo as conferências realizadas nos principais ciclos por ela organizados.

Inspirada no modelo do Collège de France, seus membros,[1] escolhidos por eleição, podem pertencer aos quadros de qualquer instituição do país e a qualquer área do conhecimento.

Esta obra é baseada no ciclo temático de conferências da Copea realizado durante o primeiro semestre de 2007: "O futuro da Terra". A motivação desse ciclo é descrita no capítulo inicial, que tem o mesmo nome. As apresentações feitas à época foram revistas e atualizadas por seus autores no segundo semestre de 2009. O capítulo 1 teve a atualização mais recente.

No capítulo 2, "Impacto global das mudanças climáticas", Enéas Salati, participante do primeiro relatório do IPCC (1990), faz um balanço do impacto global e analisa os efeitos sobre nossos recursos hídricos.

"A ciência das mudanças climáticas", um apanhado dos fundamentos físicos da meteorologia e do clima, é a contribuição de Pedro Leite da Silva Dias, membro do grupo 1 do IPCC. Ele discute como a energia solar interage com a atmosfera, com os oceanos e com as regiões terrestres para produzir todos os efeitos climáticos. A origem das nuvens, das chuvas, dos furacões, o efeito estufa, o fenômeno El Niño — todo esse intrincado complexo de fenômenos resulta de leis básicas da física.

Um dos mais graves desafios que enfrentamos é abordado por José Galizia Tundisi em "A crise mundial da água". Quase a terça parte da população da Terra não tem acesso à água potável, e o aquecimento global tende a agravar cada vez mais essa situação. Como salienta Tundisi, além da escassez, a má gestão dos recursos hídricos é um dos fatores responsáveis.

A "Energia da biomassa" é discutida por João Alziro Herz da Jornada. O Brasil lidera o mundo nessa área, graças ao domínio da tecnologia de utilização da cana-de-açúcar e ao êxito do Proálcool. O Inmetro, que Jornada dirige, desempenha um papel importante no desenvolvimento de padrões internacionais de biocombustíveis.

Uma análise mais detalhada dos impactos globais e suas repercussões em nosso país, "Mudanças globais e o Brasil: por que devemos nos preocupar" é a contribuição de Carlos Nobre, membro do grupo 2 do IPCC e um dos redatores do relatório desse grupo. Foi graças a ele que a projeção sobre

---

[1] Os atuais membros da Copea são: Belita Koiller, professora titular de física (UFRJ); Elisa Reis, professora titular de sociologia e ciência política (UFRJ); Henrique Toma, professor titular de química (USP); Jacob Palis, pesquisador titular do Instituto de Matemática Pura e Aplicada do MCT; Jerson Lima Silva, professor titular de bioquímica médica (UFRJ); Moysés Nussenzveig, professor emérito de física (UFRJ); Sérgio Henrique Ferreira, professor titular de farmacologia (USP); Vivaldo Moura Neto, professor titular de anatomia (UFRJ).

a possível "savanização" da Amazônia foi mantida, apesar das objeções de representantes do governo brasileiro.

O grande responsável pela emissão de gases de efeito estufa é a queima de combustíveis fósseis, particularmente os derivados do petróleo e carvão. Assim, é da maior importância desenvolver "Fontes alternativas de energia no Brasil e no mundo", tópico aqui tratado por Luiz Pinguelli Rosa. O Brasil é privilegiado pela riqueza de fontes relativamente limpas, como a hidrelétrica e a da biomassa.

Plantas e animais sofrem os efeitos das mudanças climáticas, que ameaçam extinguir centenas de espécies. Cabe a Ângelo B. M. Machado analisar a questão da "Biodiversidade ameaçada". Ele explica como são reconhecidas as espécies mais ameaçadas e quais as medidas de proteção que cumpre adotar.

Aerossóis, pequenas partículas (de poeira ou fuligem, por exemplo) em suspensão na atmosfera, têm efeitos importantes sobre o clima, discutidos por Paulo Artaxo, membro do grupo 1 do IPCC, em "O papel dos aerossóis no sistema climático". Paradoxalmente, medidas para reduzir a poluição atmosférica pelos aerossóis poderão agravar o aquecimento global, porque eles produzem um efeito de resfriamento. Um dos responsáveis pelas emissões são as queimadas na Amazônia.

Outro setor fortemente afetado pelo aquecimento global é a produção de alimentos. Em sua contribuição "Agricultura e meio ambiente", Silvio Crestana explica como a Empresa Brasileira de Pesquisa Agropecuária (Embrapa) está enfrentando esse desafio pelo desenvolvimento de culturas resistentes e novos sistemas de produção. É um exemplo de adaptação, uma das estratégias que mais teremos de desenvolver para lidar com as novas realidades.

A região para a qual se volta a maioria das atenções é a Amazônia, à qual são inteiramente dedicadas três contribuições, além de estar referida em várias outras. Em "Floresta amazônica e clima", Philip Fearnside, membro do IPCC, discute tanto os efeitos do clima sobre a Amazônia quanto os efeitos da Amazônia sobre o clima.

A visão de um economista sobre o "Desenvolvimento autossustentável da Amazônia" é apresentada por Eustáquio Reis, que discute o desflorestamento e os fatores que o sustentam. Esses fatores, bem como seus efeitos sobre a biodiversidade, também são discutidos por Ima Célia Guimarães Vieira em "Uso da terra e biodiversidade na Amazônia".

Roberto Schaeffer, membro do grupo 3 do IPCC, analisa o relatório desse grupo em "Aquecimento global: o que fazer?", concluindo que, apesar de tudo, é viável o controle do aquecimento, para evitar que este assuma proporções catastróficas.

Merece especial destaque e agradecimento o auxílio recebido do Conselho Nacional de Desenvolvimento Científico e Tecnológico (CNPq), que tornou possível a realização das conferências. A Copea agradece também à Fundação de Amparo à Pesquisa do Rio de Janeiro (Faperj) e à Fundação Universitária José Bonifácio (FUJB) pelo apoio, bem como a todos os participantes – conferencistas e audiência.

A Micheline Nussenzveig, que efetuou a transcrição das fitas gravadas, da qual também participou Marília Cruz, nossa gratidão e nosso reconhecimento pela excelência do trabalho realizado.

I   O futuro da Terra

H. MOYSÉS NUSSENZVEIG

"A Terra é azul" – foi a reação de Yuri Gagarin, o primeiro a vê-la do espaço, em 1961. E John Glenn, no ano seguinte: "Impressiona ver como é diminuta a espessura da nossa atmosfera, que sustenta toda a vida na Terra. Se nós a degradarmos, será irreparável".

Infelizmente, os riscos de que isso venha a acontecer já se agravaram tanto, que requerem ação imediata, em escala planetária. A população da Terra duplicou em meio século, e deverá ultrapassar 9 bilhões em 2050. A quase totalidade do incremento ocorrerá nos países menos desenvolvidos, os mais vulneráveis.

Os recursos do planeta estão sendo consumidos numa taxa 20% acima da taxa viável de reposição. Metade dos rios encontra-se gravemente poluída e um quarto dos estoques de peixes já foi dizimado. O consumo de energia – 80% dele a partir de combustíveis fósseis – aumentou acima de um fator 4 em 50 anos.

Os efeitos mais graves, alguns irreversíveis, dizem respeito às mudanças climáticas. Eles vêm sendo monitorados desde 1988 por um órgão das Nações Unidas, o Intergovernmental Panel on Climate Change (IPCC) ou Painel Intergovernamental sobre Mudança Climática, incumbido de apresentar relatórios periódicos de acompanhamento da evolução do clima.

Centenas de cientistas do mundo todo participam da elaboração desses relatórios. O primeiro foi em 1990, seguido de outros em 1995, 2001 e 2007. O IPCC partilhou com Al Gore o Prêmio Nobel da Paz de 2007 "pelos seus esforços para organizar e disseminar maior conhecimento sobre a contribuição humana às mudanças climáticas, e para fundamentar as medidas necessárias para mitigar essas mudanças".

O relatório de 2007 teve ampla repercussão por ter demonstrado, inequivocamente, que o aquecimento global é em grande parte de origem antropogênica, ou seja, resultado da atividade humana.

O IPCC subdividiu os participantes em três grupos de trabalho. O grupo 1 analisou as bases científicas das mudanças climáticas. O grupo 2 tratou dos impactos, adaptação e vulnerabilidade. O grupo 3 discutiu as medidas para mitigação dos efeitos das mudanças.

Com relação ao futuro do planeta, entre os desenvolvimentos mais recentes, uma contribuição merece destaque. Trata-se de um estudo liderado por Susan Solomon,[1] uma das principais coordenadoras dos relatórios do IPCC.

A maior novidade desse estudo consiste na utilização de novos recursos de modelagem, que permitem estender as projeções sobre aquecimento global não apenas até o próximo século, mas até o final do milênio. Infelizmente, os resultados não são nada alentadores.

A origem do problema é que o tempo de residência do CO_2 na atmosfera é extremamente elevado. Isso decorre da complexa interação entre atmosfera e oceano. A taxa de penetração e absorção do CO_2 pelo oceano é muitíssimo mais lenta que sua absorção pela biosfera terrestre, de forma que ele exerce um papel de tampão, armazenando o CO_2 e liberando-o gradualmente.

O estudo examinou o que aconteceria com a concentração de CO_2 na atmosfera, com a elevação da temperatura terrestre e com o nível dos oceanos até o ano 3000, caso a taxa atual de emissão ainda fosse mantida por anos e depois fosse bruscamente cortada, reduzida a zero. A ideia é ver em quanto os efeitos podem ser revertidos na melhor hipótese, em que o corte seria brusco, como reação a danos alarmantes. Se a redução fosse mais gradual, os efeitos de longo prazo seriam análogos.

Os resultados estão reproduzidos na figura 1, para diferentes datas de corte a partir da concentração em 2009 de 385 ppmv (partes por milhão por volume) de CO_2. A parte de cima da figura, à esquerda da curva, dá os diferentes valores da concentração máxima atingida na data do corte. O valor de pico cresce à medida que se posterga essa data. A linha interrompida horizontal é o valor pré-industrial da concentração: 280 ppmv.

Mesmo que conseguíssemos zerar as emissões ao atingirem 450 ppmv, sua concentração no ano 3000 ainda estaria próxima da atual. Quanto ao

---

[1] SOLOMON, Susan et al. Irreversible climate change due to carbon dioxide emissions. *Proceedings of the National Academy of Sciences (PNAS)*, n. 106, p. 1704-1709, 2009.

aquecimento global, o segundo gráfico da figura 1 mostra que a temperatura diminuiria muito lentamente, partindo do valor atingido no pico da emissão. A temperatura média global ainda poderia estar pelo menos 1ºC acima da atual no ano 3000, podendo vir a excedê-la em até 4ºC.

Decorre de leis básicas da física que a elevação de temperatura aumenta a concentração de vapor de água presente na atmosfera, afetando assim também o ciclo hidrológico. O estudo analisa as consequências do aquecimento sobre o volume médio de chuvas ao longo dos meses do ano nos diversos continentes. Os resultados estão representados na figura 2.

FIGURA 1

EFEITOS DE UM CORTE BRUSCO DAS EMISSÕES, EM DIFERENTES DATAS, SOBRE AQUECIMENTO E SOBRE ELEVAÇÃO DO NÍVEL DOS OCEANOS

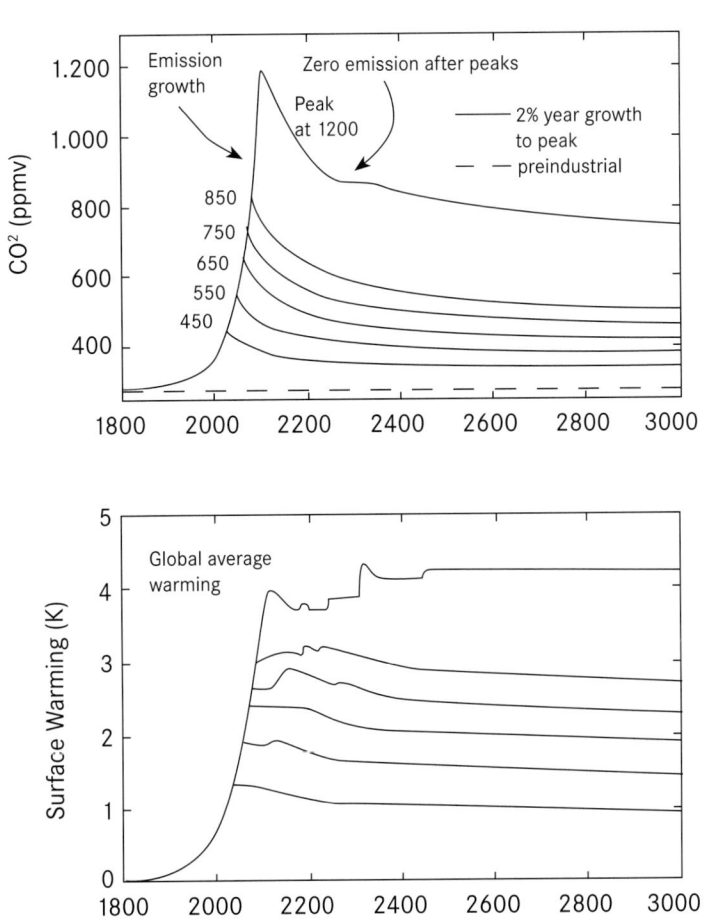

(continua)

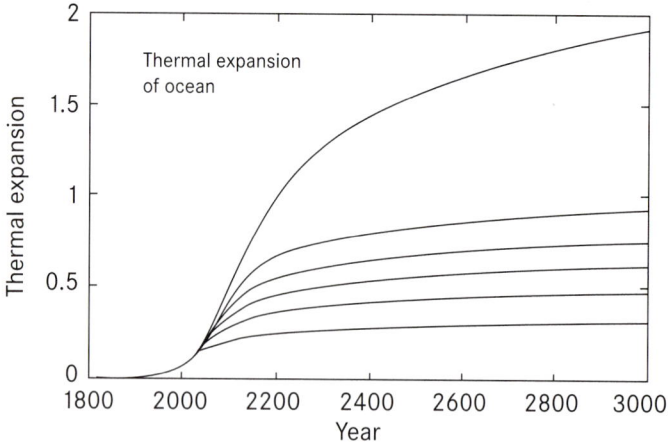

Fonte: Solomon et al. (2009:1704). ©National Academy of Sciences U.S.A.

FIGURA 2

PERCENTUAIS DE VARIAÇÃO DA PRECIPITAÇÃO POR ºC DE AQUECIMENTO

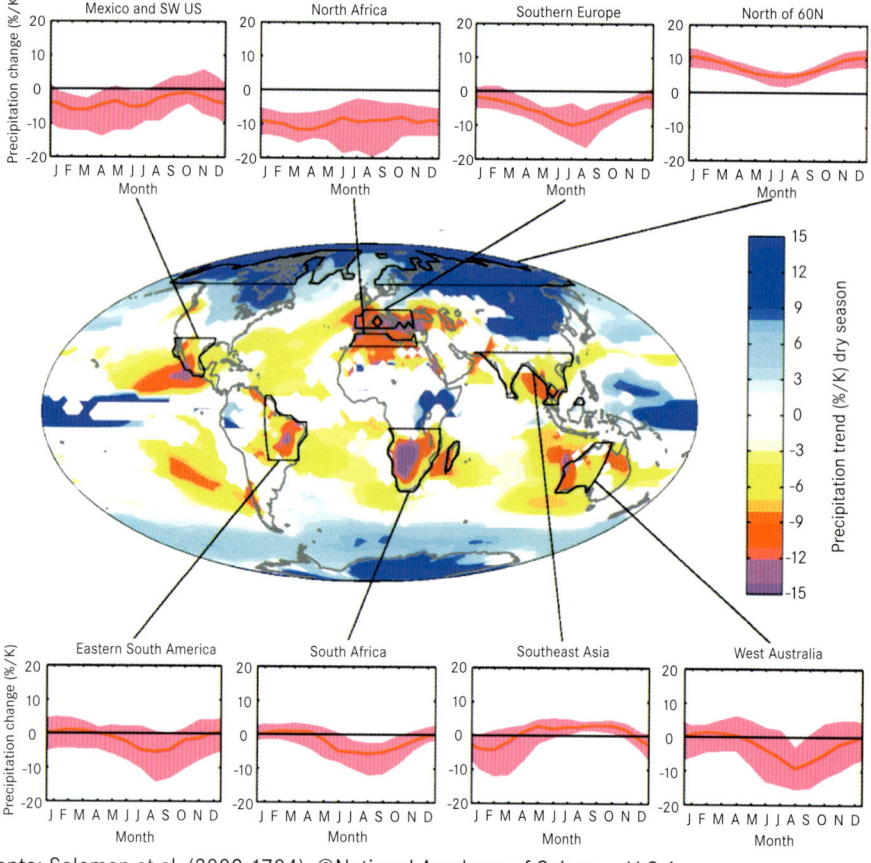

Fonte: Solomon et al. (2009:1704). ©National Academy of Sciences U.S.A.

As regiões brancas são aquelas onde há incerteza nos resultados. A escala de cores indica os percentuais de aumento ou diminuição da precipitação por ºC de elevação da temperatura. Variações ao longo do ano em diferentes regiões aparecem nas áreas assinaladas. Para a região Nordeste do Brasil, a redução do volume das chuvas na estação mais seca é da ordem de 5% por ºC de elevação. A seca provocada por uma elevação prolongada de 2ºC na temperatura poderia assumir proporções comparáveis às da catástrofe ecológica que atingiu os Estados Unidos na década de 1930, conhecida como Dust Bowl.

Outro efeito irreversível da mudança climática é a elevação do nível do mar. O estudo leva em consideração apenas o efeito preponderante da dilatação térmica dos oceanos e o derretimento de geleiras no topo de montanhas, que é bem conhecido. Não é levada em conta a contribuição do derretimento das geleiras da Antártica e da Groenlândia, por ser ainda menos estudada, embora os efeitos possam ser mais importantes, conforme comentado abaixo.

Os resultados aparecem na parte inferior da figura 1. Para picos de concentração entre 600 e 800 ppmv, a elevação devida apenas à expansão térmica dos oceanos atingiria de 40 centímetros a um metro, podendo chegar talvez até a uma dezena de metros em função do derretimento das geleiras da Antártica e Groenlândia (não levado em conta na figura 1). Os efeitos de elevações dessa ordem sobre populações da orla marítima poderiam ser catastróficos.

Convém frisar que alguns desses efeitos são quase irreversíveis, podendo agravar-se ainda mais, dependendo do que seja feito durante a próxima década. O planejamento sobre o controle de emissões tem levado em conta apenas os efeitos até o final deste século, ignorando os danos que ainda poderão sobrevir até o término do milênio.

Com relação à extinção de espécies, as estimativas recentes são de que a taxa de extinção atual já é de 100 a 1.000 vezes maior do que a média dos últimos 550 milhões de anos, e poderá ainda aumentar mais uma ordem de grandeza, comparando-se, nesse caso, às grandes extinções da história do planeta.

Um estudo recente do Massachusetts Institute of Technology (MIT) estima as probabilidades de diferentes elevações de temperatura em 2100, comparando um cenário em que as emissões continuam nos níveis atuais (nenhuma política de redução) com outro, em que se adota uma política agressiva de redução das emissões. Os resultados são apresentados sob a forma de duas roletas (figura 3), em que as áreas dos setores medem as probabilidades.

FIGURA 3

PROBABILIDADES ESTIMADAS, PARA 2100, DE ELEVAÇÕES DE TEMPERATURA SEM POLÍTICA DE REDUÇÃO DE EMISSÕES (À ESQUERDA) E COM POLÍTICA AGRESSIVA DE REDUÇÃO (À DIREITA)

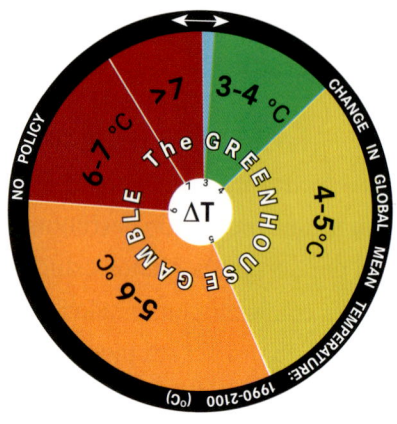
Warming possibilities in 2100
Under no policy scenario

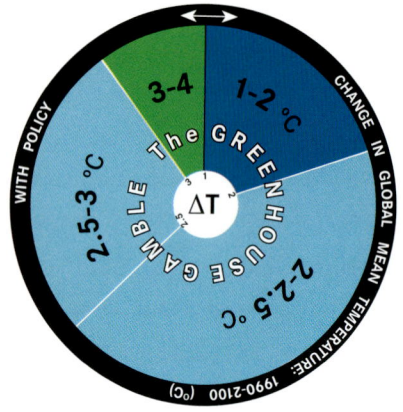
Warming possibilities in 2100
Under policy scenario

Fonte: MIT Tech Talk 53-26 (2009).

O resultado indica que se nada for feito a probabilidade de uma elevação inferior a 3°C é menor que 1%, e a de elevação catastrófica, acima de 7°C, chega a quase 10%. Tal elevação tornaria irreconhecível toda a face da Terra.

Efetivamente, em estudo recém-publicado na revista *Nature*, o climatologista Stephen Schneider[2] projeta as consequências de uma situação extrema, a triplicação do nível pré-industrial de CO_2 atmosférico, levando-o a atingir ~1.000 ppmv em 2100, valor próximo ao do modelo (sem qualquer redução) do MIT. As consequências em cinco áreas de risco definidas pelo IPCC em 2001 são comparadas com as projeções para uma duplicação do CO_2 na figura 4.

---

[2] SCHNEIDER, Stephen. The worst-case scenario. *Nature*, n. **458**, p. **1104-1105**, **30 Apr. 2009**.

FIGURA 4

NÍVEIS DE RISCO EM 2100 ASSOCIADOS COM DIFERENTES ELEVAÇÕES DE TEMPERATURA EM DIVERSOS SETORES — DUPLICAÇÃO (B1) OU TRIPLICAÇÃO (A1F1) DO CO_2 PRÉ-INDUSTRIAL

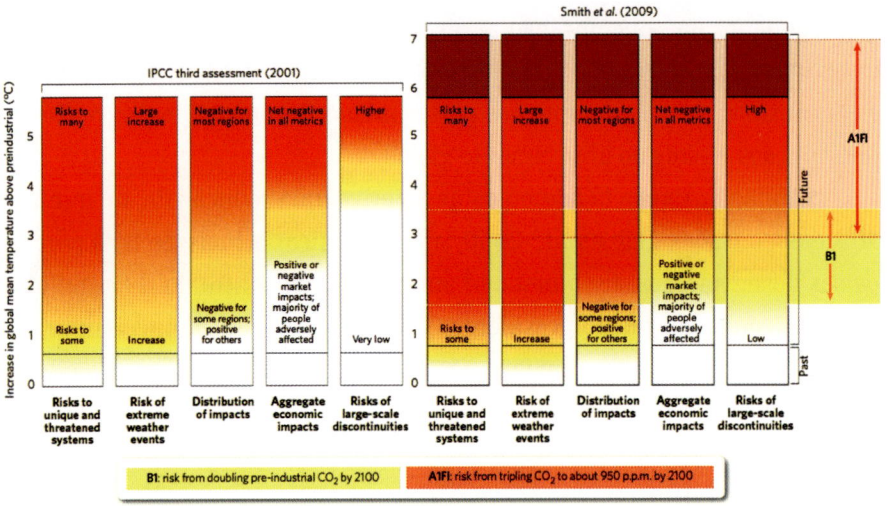

Fonte: Schneider (2009).

À esquerda, na figura 4, estão as projeções para o cenário B1 do IPCC feitas em 2001, no qual as emissões se estabilizam em 550 ppmv; à direita, as novas projeções, para os cenários B1 e A1F1, levando em conta dados e estudos atualizados, que levam a estimativas bem mais pessimistas. Os setores avaliados incluem espécies ameaçadas, eventos climáticos extremos, distribuição regional dos impactos, efeitos econômicos e risco de catástrofes. As cores são como sinais de trânsito, com amarelo para alerta e vermelho indicando perigo, tanto mais carregado quanto mais elevado o risco. Schneider observa que riscos de 5% a 10% são muito superiores àqueles que nos levam a adquirir apólices de seguros.

O agravamento desses resultados relativamente aos do IPCC/2007 já levou James Hansen, da Nasa, a recomendar que se estabeleça como nível máximo seguro do CO_2 atmosférico 350 ppmv, em lugar dos 450 ppmv adotados até agora como meta. Como o nível atual já é de 390 ppmv, isso implicaria que não basta limitar emissões futuras; seria preciso, desde já, iniciar a remoção de CO_2!

Até que ponto as previsões poderão ser afetadas pela crise financeira mundial desencadeada em 2008? O preço do barril de petróleo chegou perto de

US$ 150, mas baixou depois para cerca de US$ 35 em função da crise. Entretanto, à medida que as reservas vão-se esgotando, a tendência é de alta cada vez maior no longo prazo. As crises recentes no oriente médio voltaram a elevar os preços.

Embora a redução forçada das emissões possa retardar, durante a crise, o crescimento da concentração atmosférica do CO_2, também prejudica os investimentos necessários em fontes alternativas de energia, em prevenção e em controle, principalmente nos países menos desenvolvidos, os mais vulneráveis aos efeitos do aquecimento global.

A União Europeia já adotou como objetivo uma redução de, no mínimo, 50% das emissões globais até 2050, o que implicaria mais de 80% para os países desenvolvidos. Essa meta foi aprovada no encontro do G-8, em julho de 2009, com a adesão do presidente Obama. O novo presidente vem procurando reverter o desastre que foi o governo Bush, mas continua enfrentando séria oposição no Congresso.

Nas palavras recentes de Anthony Giddens e Martin Rees[3] (presidente da Royal Society),

> Os resultados científicos básicos sobre mudanças climáticas produzidas pela atividade humana e os perigos que trazem para nosso futuro permanecem intactos. O fato mais importante baseia-se em medições inatacáveis: a concentração de dióxido de carbono na atmosfera é maior do que jamais foi, pelo menos em meio milhão de anos. Cresceu 30% desde o início da era industrial, principalmente devido à queima de combustíveis fósseis.

Estudos, muitas vezes financiados pela indústria de combustíveis fósseis e políticos por ela sustentados, procuram contestar o aquecimento global, mas, como concluiu Richard Feynman em seu relatório sobre o desastre da nave espacial Challenger, a realidade acaba prevalecendo sobre a propaganda, porque não há como enganar a natureza.

Em janeiro de 2011, o aquecimento global provocou o desastre natural com o maior número de vítimas em nossa história, as chuvas torrenciais e desabamentos na região serrana do Rio de Janeiro. Nas três primeiras semanas desse ano, megainundações atingiram três continentes, em volume da ordem de todo um ano típico.

---

[3] GIDDENS, Anthony; REES, Martin. Wake the World. *Hot Topic*, 24 Sept. 2010.

2 Impacto global das mudanças climáticas

ENÉAS SALATI

Por que e quanto está aumentando a temperatura do planeta? Os fatores que levam a esse aumento de temperatura são as concentrações dos chamados gases de efeito estufa – dos quais o mais importante é o gás carbônico proveniente da combustão (especialmente de combustíveis fósseis, como o carvão mineral e o petróleo) – e também o desmatamento.

A figura 1 mostra as contribuições desses gases e de outros fatores para o aquecimento. Contribuições positivas estão em vermelho e as negativas (que reduzem o aquecimento) em azul.

O problema é que, quando se faz o balanço de todos os fatores positivos e negativos, sobra, na última linha, um valor da ordem de 1,61 watt por metro quadrado. Esse é o valor médio que está ficando retido por ano, nos últimos 10 anos, no planeta.

Em 1750 o valor era zero: a energia que chegava ao planeta era toda reirradiada para o espaço. Então a Terra estava num equilíbrio dinâmico, em que o efeito final era zero. Agora esse valor começou a aumentar, e a tendência é continuar aumentando.

O que significa 1,61 watt por metro quadrado? É uma energia por unidade de tempo e de área, que chamamos de forçante radiativa. Se multiplicarmos esse valor pela área da superfície do planeta Terra, obteremos, em um ano, $1,2 \times 10^{23}$ calorias. Isso corresponde, aproximadamente, à energia que seria liberada pela explosão de 10 bombas atômicas por segundo. Essa energia está ficando retida no planeta.

E quais as consequências da retenção dessa energia? Ela elevou em 0,5°C a temperatura dos oceanos, até mais ou menos 300 metros de profundidade; a atmosfera ficou mais ou menos 0,8°C mais quente, com o efeito imediato de derretimento do gelo no Ártico e no Antártico e, especialmente, na parte das geleiras que estão nos continentes; a evaporação aumentou a umidade do ar, ou seja, a quantidade de vapor de água por metro cúbico de ar; a energia utilizada na evaporação é liberada de novo na hora em que o vapor se condensa, acelerando a dinâmica dos processos atmosféricos. Rompemos, assim, um equilíbrio dinâmico, que vou chamar de milenar, porque data de há pelo menos 10 mil anos e persistiu até 1750.

FIGURA 1
CONTRIBUIÇÕES PARA O AQUECIMENTO

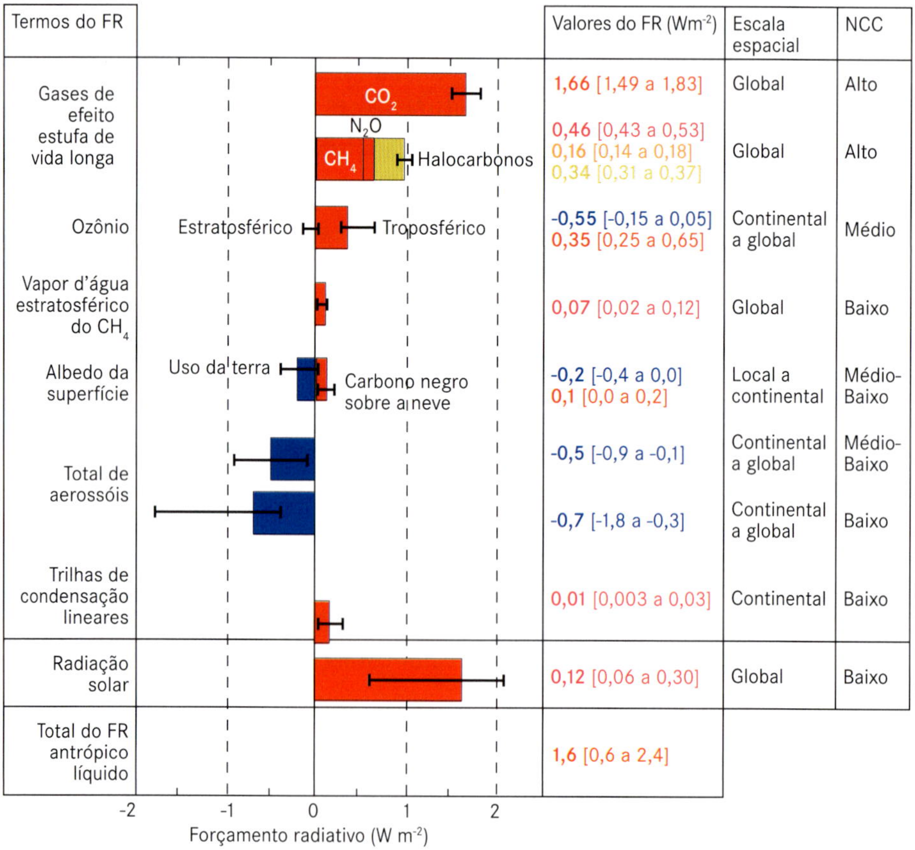

	Termos do FR		Valores do FR (Wm⁻²)	Escala espacial	NCC
Antrópico	Gases de efeito estufa de vida longa	CO_2 / N_2O / CH_4 / Halocarbonos	1,66 [1,49 a 1,83] / 0,46 [0,43 a 0,53] / 0,16 [0,14 a 0,18] / 0,34 [0,31 a 0,37]	Global / Global	Alto / Alto
	Ozônio	Estratosférico / Troposférico	-0,55 [-0,15 a 0,05] / 0,35 [0,25 a 0,65]	Continental a global	Médio
	Vapor d'água estratosférico do CH_4		0,07 [0,02 a 0,12]	Global	Baixo
	Albedo da superfície	Uso da terra / Carbono negro sobre a neve	-0,2 [-0,4 a 0,0] / 0,1 [0,0 a 0,2]	Local a continental	Médio-Baixo
	Total de aerossóis		-0,5 [-0,9 a -0,1]	Continental a global	Médio-Baixo
			-0,7 [-1,8 a -0,3]	Continental a global	Baixo
	Trilhas de condensação lineares		0,01 [0,003 a 0,03]	Continental	Baixo
Natural	Radiação solar		0,12 [0,06 a 0,30]	Global	Baixo
	Total do FR antrópico líquido		1,6 [0,6 a 2,4]		

Forçamento radiativo (W m⁻²)

Fonte: ©IPCC – WG1-AR4 (2007).

A figura 2 mostra a evolução das forçantes radiativas de CO_2 (dióxido de carbono), N_2O (óxido nitroso) e CH_4 (metano) nos últimos 10 mil anos e no período que se seguiu ao início da Revolução Industrial, de 1750 a 2000.

FIGURA 2

EVOLUÇÃO DAS FORÇANTES RADIATIVAS

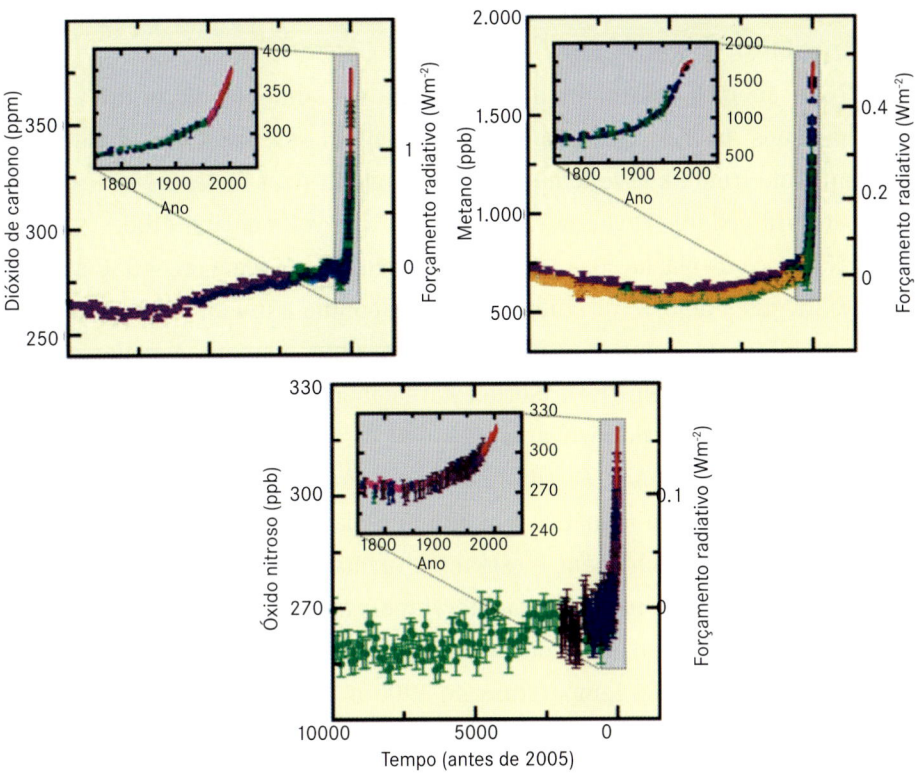

Fonte: IPCC (2007).

Durante milênios, os valores ficaram praticamente constantes. De repente, nesse pequeno intervalo que vai de 1800 até o presente, observa-se um aumento abrupto, que se vem acelerando nas últimas décadas. Para CO_2, a forçante aumentou de zero até 1,1; para CH_4, 0,4. A soma das três forçantes climáticas resulta naquele 1,61 watts por metro quadrado.

A partir de 1850 a temperatura média do planeta foi aumentando, aumentando, aumentando e, nas últimas décadas, vem tendo um aumento cada vez mais acentuado. O nível médio do mar também está subindo, embora mais devagar. Também já tivemos, no Brasil, o primeiro furacão, aquele que ocorreu em Santa Catarina. Se foi devido a uma mudança climática, a tendência será a de termos furacões mais fortes e mais frequentes.

O livro *Uma verdade inconveniente*, de Al Gore (2006), traz fotos comparativas do passado e do presente, mostrando que muitas geleiras do hemisfério Norte já desapareceram. Traz fotografias também da Patagônia, onde se vê grandes regiões que eram geladas e, hoje, estão sem gelo acumulado. Assim, os degelos já estão ocorrendo, e agora estão se acelerando, infelizmente.

Nós sabemos em quanto a temperatura vai aumentar no futuro? Não, não sabemos. Isso porque não sabemos qual vai ser o comportamento da humanidade frente a esse fenômeno. Se ninguém fizer nada, a elevação da temperatura poderá chegar ao valor de 6,4°C por volta do ano 2100.

Na época da glaciação, a temperatura média do planeta era 4,5°C a 5°C abaixo do que é hoje, e essa diferença correspondia a um ambiente completamente diferente, como se estivéssemos em outro planeta. A maior parte dos continentes do hemisfério Norte estava coberta de gelo, e o oceano mais de 120 metros abaixo do nível atual.

Mas eu, pelo menos, acredito na criatividade humana para resolver o problema. A mudança climática global que o planeta está vivendo é um fenômeno causado pelo homem, e este tem, intrinsecamente, a capacidade de encontrar soluções, conforme comentarei mais adiante.

A figura 3, construída com valores médios dos modelos climáticos, apresenta variações da temperatura de 1900 a 2000 nos continentes e os valores globais, terrestres e dos oceanos.

FIGURA 3

VARIAÇÕES DE TEMPERATURA (1900-2000)

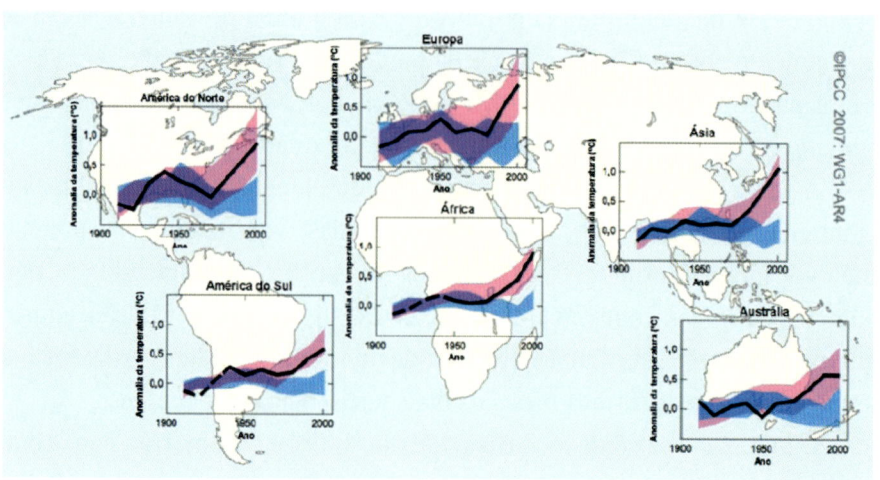

(continua)

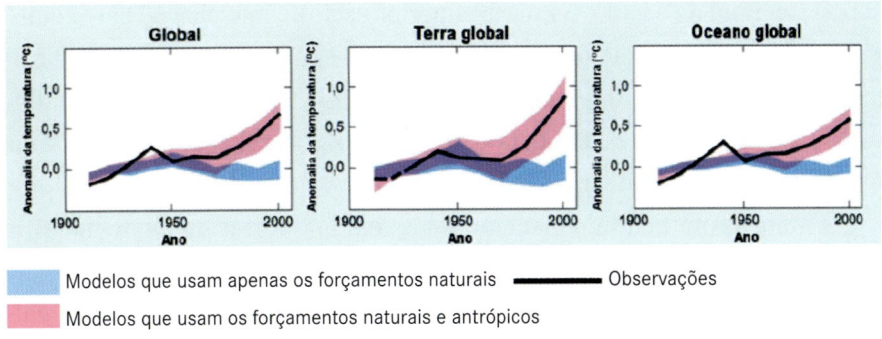

Modelos que usam apenas os forçamentos naturais — Observações
Modelos que usam os forçamentos naturais e antrópicos

Fonte: IPCC (2007).

Em preto estão os valores médios medidos. As faixas azuis correspondem aos cálculos do que teria acontecido se não existisse o efeito antrópico, ou seja, a contribuição humana. A largura das faixas reflete as incertezas nesses cálculos. As faixas vermelhas somam às azuis as contribuições da atividade humana. Vê-se claramente que só há acordo com os valores observados no século XX quando se inclui o efeito antrópico.

Foram feitas projeções para o futuro, baseadas em médias de muitos modelos climáticos. A figura 4 mostra os resultados, para o período de 2020 a 2029 e para o período de 2090 a 2099 — daqui uma ou duas décadas e

FIGURA 4
PROJEÇÕES DE DIFERENTES MODELOS

Fonte: ©IPCC – WG1-AR4 (2007).

depois, no final do século. Na parte superior estão os modelos de baixa emissão, no meio um modelo de emissão mais alta e, na parte inferior, o pior de todos, aquele em que ninguém faz nada, o mundo todo continua queimando carvão, acumulando gás da queima de petróleo, e o desmatamento continua – não apenas no Brasil, mas de forma global.

Então, assim ficaria o planeta: se alguém fosse tirar uma foto no infravermelho, iria encontrar mais uma dessas situações. Os dados são de um dos relatórios de 2007 do IPCC, uma organização internacional com mais de 500 pesquisadores, fundada em 1988 pela World Meteorological Organization (WMO) e pelo United Nations Environment Programme (Pnud), que vem estudando os problemas das mudanças climáticas globais desde 1990, quando foi publicado o primeiro relatório, de cuja redação eu participei. Esses trabalhos são muito benfeitos hoje, utilizando vários modelos baseados em diversos cenários do comportamento da humanidade.

Participei do IPCC quando foi redigido o relatório publicado em 1990. Antes da reunião, realizada no Rio de Janeiro em 1992, só havia um relatório mostrando que existiam problemas, mas muitos, à exceção de especialistas, achavam que os problemas não eram realmente importantes. De minha parte, quando percebi o aumento da concentração de CO_2 na atmosfera revelado pelas medições sistemáticas realizadas a partir de 1958 por Charles Keeling no topo de Mauna Loa, uma das ilhas do arquipélago do Havaí (veja a figura 4 do capítulo 6), ficou claro que o problema iria se agravar.

A revista *Veja* enumerou, em sua edição de 21 de junho de 2006, "as seis pragas do aquecimento global", que reproduzo com comentários:
- o Ártico e a Groenlândia estão derretendo. A cobertura de gelo da região, no verão, vem diminuindo ao ritmo de 8% ao ano há três décadas. Isso foi medido por meio de satélite;
- os furacões estão cada vez mais fortes. A ocorrência de furacões das categorias mais intensas duplicou nos últimos 35 anos;
- o Brasil entrou na rota dos ciclones. Nunca tinha havido registro de um ciclone no Brasil. Quando ocorreu em Santa Catarina, em 2004, o serviço de meteorologia não acreditava que pudesse ser um furacão;
- o nível do mar está subindo. Em algumas ilhas do Pacífico o mar chegou a avançar 100 metros na praia. Mas não é só esse o problema, o lençol freático também subiu e ficou contaminado: de onde se extraía água doce para beber, hoje se tira água salgada;

- os desertos avançam. O total de áreas atingidas pelas secas dobrou em 30 anos. Só a China está perdendo mais ou menos 10 mil quilômetros quadrados por ano, o equivalente ao território do Líbano;
- já se contam os mortos. A onda de calor na França, em 2003, matou cerca de 15 mil pessoas. Isso afeta especialmente as pessoas de idade avançada.

Na cidade de Piracicaba, onde fui professor na Escola Superior de Agricultura Luiz de Queiroz (Esalq/USP) durante 30 anos, há um posto meteorológico que funciona desde 1917 com dados muito bons, que foram sempre controlados pelo Departamento de Física. Comparando as diferenças que existem entre os períodos 1917-1988 e 1989-2003, verifica-se, em todos os meses, um aumento da temperatura média. A máxima aumentou menos que a média, mas a mínima aumentou mais, como se espera na ocorrência de um aumento das concentrações dos gases de efeito estufa.

A figura 5 mostra os resultados de um estudo análogo que acabamos de fazer para o Brasil todo, comparando as diferenças nas temperaturas média, máxima e mínima entre os períodos 1961-1990 e 1991-2004. Este estudo mostra o que está ocorrendo, em média, nas regiões Norte, Nordeste, Centro-Oeste, Sudeste e Sul. Em todas elas o fenômeno é o mesmo: a temperatura aumentou, em média, de 0,4°C a 0,5°C. A mínima teve um aumento grande na região Norte.

FIGURA 5
VARIAÇÕES DE TEMPERATURA NAS CINCO REGIÕES DO BRASIL
(1991-2004 E 1961-1990)

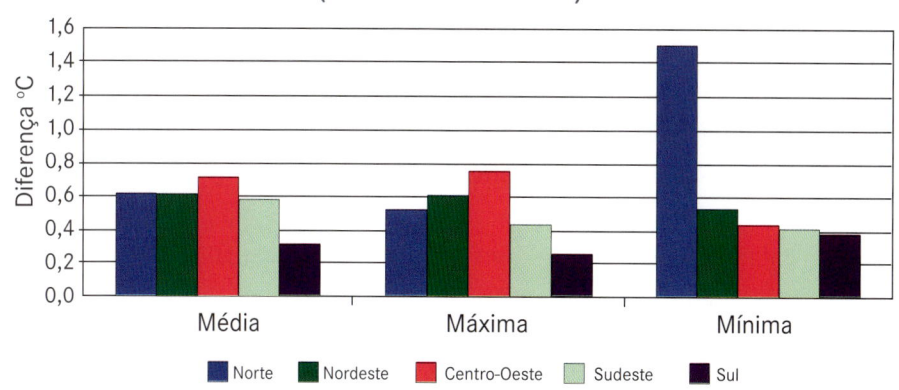

Os valores numéricos dessas variações estão reproduzidos na tabela 1. Ela também inclui as variações correspondentes da precipitação, que depende de muitos outros fatores além do balanço de radiação; depende de uma série de processos bastante complexos da natureza.

TABELA 1

VARIAÇÕES REGIONAIS ENTRE OS PERÍODOS: TEMPERATURA E PRECIPITAÇÃO

(1991-2004 E 1961-1990)

Regiões	Temperatura (°C)			Precipitação (mm)
	Média	Máxima	Mínima	
Norte	0,70 ± 0,2	0,52 ± 0,10	1,60 ± 0,20	57,62 ± 9,20
Nordeste	0,50 ± 0,02	0,50 ± 0,02	0,52 ± 0,04	-153,30 ± 11,10
Centro-Oeste	0,70 ± 0,04	0,75 ± 0,10	0,43 ± 0,05	- 5,52 ± 12,10
Sudeste	–	0,43 ± 0,05	0,40 ± 0,10	57,50 ± 15,60
Sul	0,30 ± 0,03	0,25 ± 0,10	0,38 ± 0,04	264,37 ± 11,50

Em um projeto coordenado pelo Ministério do Meio Ambiente realizamos um estudo para verificar os possíveis efeitos das mudanças climáticas globais sobre os recursos hídricos do Brasil. Nesse documento procuramos avaliar a variação da disponibilidade hídrica em algumas regiões do Brasil.

O balanço hídrico numa região depende de muitos fatores, mas, principalmente, é uma função das precipitações e da temperatura. Não só para atividades agrícolas como também para o equilíbrio dos sistemas florestais, o fator mais importante é o balanço hídrico, ou seja, a água que fica na região, sua distribuição durante o ano e as perdas por evaporação. No caso específico das atividades agrícolas, a temperatura, além do balanço hídrico, pode ser um fator limitante.

No trabalho em questão foram realizados os balanços hídricos para a Amazônia, para a bacia do rio Paraguai e do rio da Prata e para o Nordeste brasileiro (figura 6).

Os balanços hídricos projetados para os períodos 2011-2040, 2041-2070 e 2071-2100 foram comparados com os obtidos no período 1961-1990. Nesses estudos os excessos de água provenientes do modelo são proporcionais às vazões dos rios.

O estudo do balanço hídrico é mais relevante para entendimento do comportamento dos ecossistemas naturais do que apenas os valores das variações de temperatura e precipitação. Dependem dele o equilíbrio ecológico, a definição dos sistemas florestais e da fauna associada.

FIGURA 6

BALANÇOS HÍDRICOS — AMAZÔNIA, BACIAS DO RIO PARAGUAI,
DO RIO DA PRATA E DO NORDESTE DO BRASIL

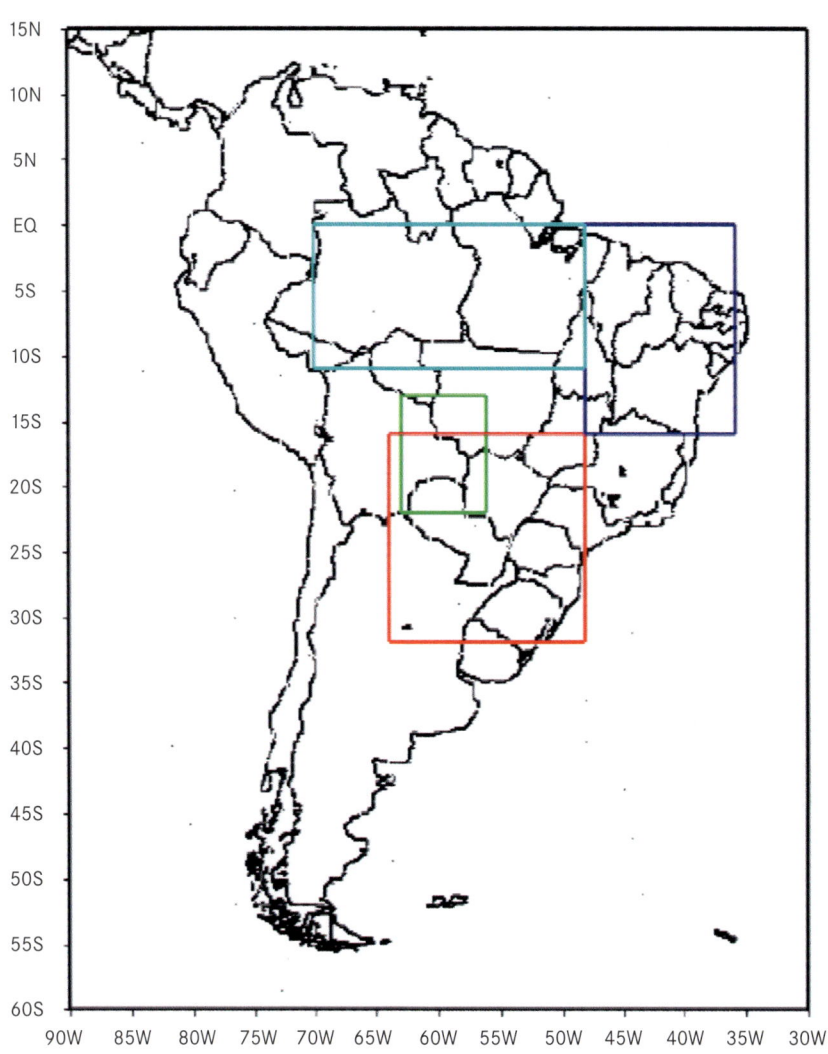

Regiões onde foram analisados os balanços hídricos:
- Amazônia
- Bacia do rio Paraguai
- Nordeste brasileiro
- Bacia do rio da Prata

A tabela 2 mostra os excessos de água do balanço hídrico (não confundir com as vazões dos rios, embora sejam proporcionais às mesmas) sobre a região amazônica brasileira, num cenário em que a água que sobra, com base no período 1961-1990, é da ordem de 721 mil litros por ano. Essa água reabastece o lençol subterrâneo ou está escorrendo pelos rios. As projeções para o futuro dependem do modelo adotado. Segundo o modelo HADCM3, do Hadley Center, cairia para 530,9 litros no período 2011-2040. O modelo GFDL é muito mais drástico.

TABELA 2

EXCESSOS PROJETADOS DE ÁGUA DO BALANÇO HÍDRICO
(REGIÃO AMAZÔNICA)

	Cenário A2 — Amazônia			
	Excessos	Totais	(mm/ano)	.
	1961-1990	2011-2040	2041-2070	2071-2100
Normais climatológicas	721	—	—	—
Modelo HADCM3	—	531	327	209
Modelo GFDL	—	235	92	26
Média dos modelos	—	619	533	467

Comparada aos excessos de 1961-1990, a média dos modelos, na qual as variações entre eles se compensam, apresenta uma diminuição dos recursos hídricos que passam para 618,7 no período 2011-2040, 532,4 no período 2041-2070 e 466,7 no período 2071-2100.

Com base nesse estudo, a figura 7 mostra, mês a mês, as projeções dos balanços hídricos para a Amazônia, empregando a média dos modelos e admitindo que é armazenada no solo a quantidade de água que ele pode suportar. Em azul, está a quantidade de água excedente, que está escorrendo no rio ou recarregando o aquífero subterrâneo; em rosa, a quantidade retirada; em vermelho, a deficiência; e em verde a reposição. No período mais seco não há água suficiente no solo para a capacidade de retirada das plantas e começa a haver um problema sério. É patente a tendência à diminuição de vazão da bacia na região amazônica.

FIGURA 7
BALANÇOS HÍDRICOS MENSAIS
(REGIÃO AMAZÔNICA)

Período: 1961-1990

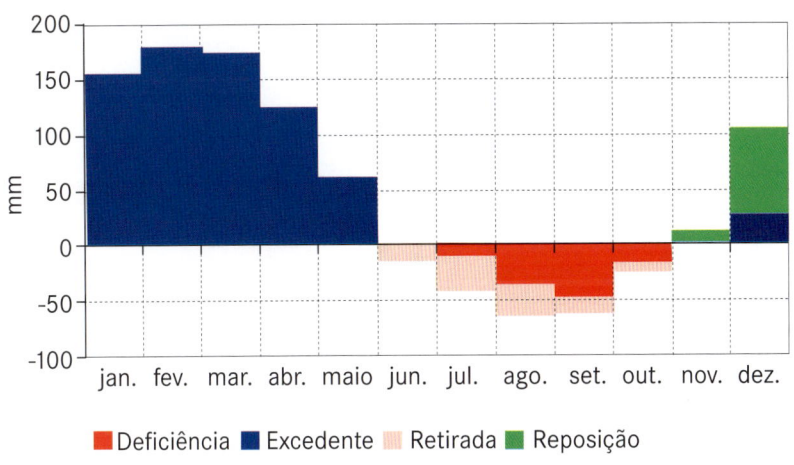

Período: 2011-2040

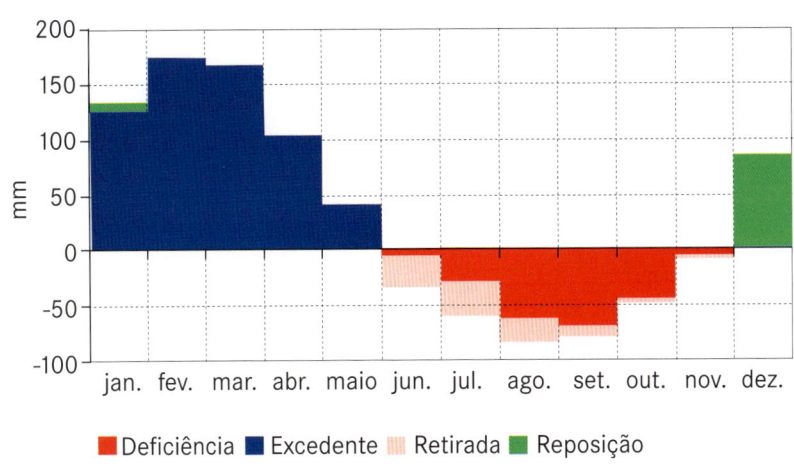

(continua)

Período: 2041-2070

Deficiência, excedente, retirada e reposição hídrica ao longo do ano

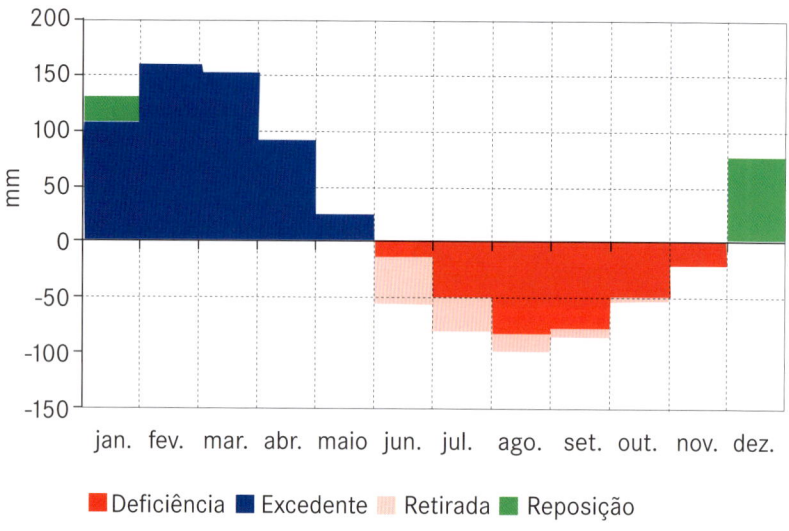

Período: 2071-2100

Deficiência, excedente, retirada e reposição hídrica ao longo do ano

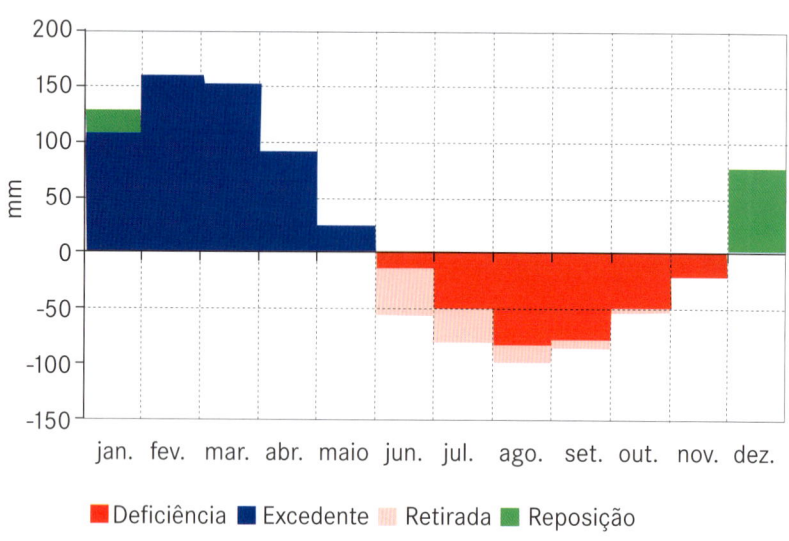

Na bacia do Paraguai, na região representada pelo quadro verde da figura 6, que corresponde à região do Pantanal brasileiro e abrange uma parte do Paraguai, o mesmo estudo projeta uma redução da vazão atual, em média, de uns 20%. No Nordeste brasileiro, região representada no quadro azul da figura 6, já se verifica uma situação complicada, mas, se adotássemos o modelo do Hadley Center, deixaria de ser uma região semiárida, para tornar-se um deserto. Usando a média dos modelos, encontrar-se-ia uma pequena melhora de 2011 até 2040, mas, depois, a vazão começaria a diminuir e, no final do século, a situação seria muito crítica.

Atualmente, da precipitação de água no nordeste, 92% são perdidos por evapotranspiração, ou seja, pela evaporação da água do solo e transpiração das plantas, sobrando apenas 8% para recarga dos aquíferos e para alimentação dos rios intermitentes da região. Assim, qualquer mudança nesse balanço é muito crítica: 1 a 2ºC de diferença na temperatura são suficientes para que haja uma diferença enorme no resultado.

Finalmente, na bacia do Prata, identificada pelo quadro vermelho da figura 6, que inclui o Sul do Brasil, o norte da Argentina e o Paraguai, há muita água hoje, mas os dados disponíveis para a realização de estudos climáticos futuros eram insuficientes para a realização das previsões para o território brasileiro.

Também analisei os resultados de outra forma, empregando a definição de "meses secos". Para isso considera-se a razão entre evapotranspiração real (aquela que realmente ocorre) e a propensão (aquela que poderia ocorrer se houvesse água suficiente). Define-se como mês seco aquele em que essa razão é menor do que 40%. Isso implica que há um déficit superior a 60%. É exatamente aquele valor em que as plantas começam a morrer. Calculei, então, o excesso de água com base nessa definição.

Nessa base, para a bacia amazônica hoje não há déficit de água algum: não há meses secos. Empregando a média dos modelos continua não havendo nas projeções até 2100. Mas a vazão dos rios vai diminuindo. Aplicando o mesmo método ao Nordeste do Brasil, que já é seco, o déficit projetado vai aumentando, até a região ficar praticamente sem água por mais de metade do ano.

Para terminar: apesar de todos os problemas que enfrentamos, acho que podemos ser otimistas. Acredito na juventude, na criatividade dos mais novos. À medida que o "aperto" vai crescendo, a criatividade humana encontra soluções. Já temos tecnologias alternativas para produção de energia sem a utilização de combustíveis fósseis, e também já existe um movimento geral para a manutenção e reposição das florestas.

A grande solução seria a fusão termonuclear, mas ela ainda deve demorar bastante. Mas há muitas alternativas. Apesar da oposição à energia nuclear, ela é uma tecnologia madura e está disponível em grande escala. Por outro lado, vem crescendo de maneira acelerada a utilização da energia solar para produção de energia elétrica pela utilização de espelhos parabólicos. Os primeiros grandes projetos neste sentido foram feitos nos Estados Unidos, e vêm sendo implantados em grande escala na Espanha. No Brasil já existem projetos e estudos nesse sentido, inclusive conjugando a energia solar com a energia proveniente da queima de biomassa. Para produção de eletricidade seria utilizada energia solar durante o dia e, à noite, a biomassa.

A energia elétrica produzida por painéis fotovoltaicos, embora mais cara, vem sendo instalada em diversas regiões do planeta. No estado do Texas, nos Estados Unidos, existe um incentivo para a implantação de painéis fotovoltaicos no telhado das residências, para gerar eletricidade – pode-se economizar energia, e o excesso é comprado pela empresa distribuidora de eletricidade da região.

Já existe, no Brasil, um parque industrial para produção de painéis destinados à captação de energia solar para aquecimento de água em substituição, por exemplo, aos chuveiros elétricos. Não falta energia solar. É um absurdo aquecer água para o banho gastando energia elétrica, uma energia nobre, quando há energia solar abundante em toda parte.

A utilização da energia eólica (dos ventos) também está se expandindo. No Brasil já existem instalações nas regiões Sul e Nordeste.

Uma possibilidade de diminuição das emissões dos gases de efeito estufa, especialmente o CO_2 proveniente da queima de carvão mineral para a geração de eletricidade nas unidades termoelétricas, é a injeção desse gás em formações geológicas apropriadas. Experiências já estão sendo feitas nesse sentido.

Outros projetos também têm sido desenvolvidos com o intuito de refletir para o espaço sideral a energia solar incidente, de tal forma a compensar aquela que está ficando retida no planeta pelo aumento da concentração dos gases de efeito estufa na atmosfera pelas ações antrópicas. Os estudos preliminares demonstram que é possível colocar superfícies refletoras sobre os açudes existentes no Nordeste brasileiro. Essas coberturas, além de refletir a luz, evitariam a perda, por evaporação, de água acumulada nos açudes, o que, naquela região, corresponde a uma perda de uma coluna de água de 3 metros.

É importante salientar que estes estudos foram feitos com os dados disponíveis na ocasião do preparo deste trabalho. Atualmente existem dados mais precisos, e outros trabalhos estão sendo realizados no sentido de melhor entender e calcular os efeitos das mudanças climáticas globais no Brasil. Os meus trabalhos são feitos com esse foco, e estou convencido de que não mudaram as tendências gerais das informações aqui apresentadas.

3   A ciência das mudanças climáticas

PEDRO LEITE DA SILVA DIAS

Participei como membro do grupo 1 do Painel Intergovernamental sobre Mudança Climática (IPCC), responsável por analisar as bases científicas das mudanças climáticas, e minha principal contribuição foi no capítulo que analisa os efeitos dos ciclos biogeoquímicos no clima terrestre.

Vou iniciar com uma descrição do funcionamento da atmosfera. Na parte final discutirei o relatório do IPCC, mostrando as evidências da mudança do clima induzidas pelas atividades humanas.

Começo, então, pelos princípios básicos sobre o funcionamento dos sistemas climáticos. É preciso começar pelo balanço de energia. Trata-se de um balanço análogo ao de uma conta bancária: a conta tem que fechar no final. O que entra e o que sai de energia, de água – do ponto de vista global e do ponto de vista regional – devem ser equilibrados. Vou também focar o balanço regional de energia na Amazônia, uma região particularmente interessante, bastante sensível do ponto de vista do balanço de energia.

O clima pode ser interpretado como uma máquina térmica (figura 1). A atmosfera tem um reservatório quente na superfície da Terra, onde a temperatura é alta; no topo da atmosfera a temperatura é baixa. Como faz uma máquina térmica, ela executa trabalho, representado pelos sistemas meteorológicos: ciclones, anticiclones, furacões etc., que observamos no dia a dia. A intensidade desses sistemas vai depender da quantidade de trabalho que a máquina (clima) executa. A intensidade desse trabalho é função da diferença de temperatura entre a superfície e o topo.

FIGURA 1

BALANÇO ENERGÉTICO DA RADIAÇÃO SOLAR

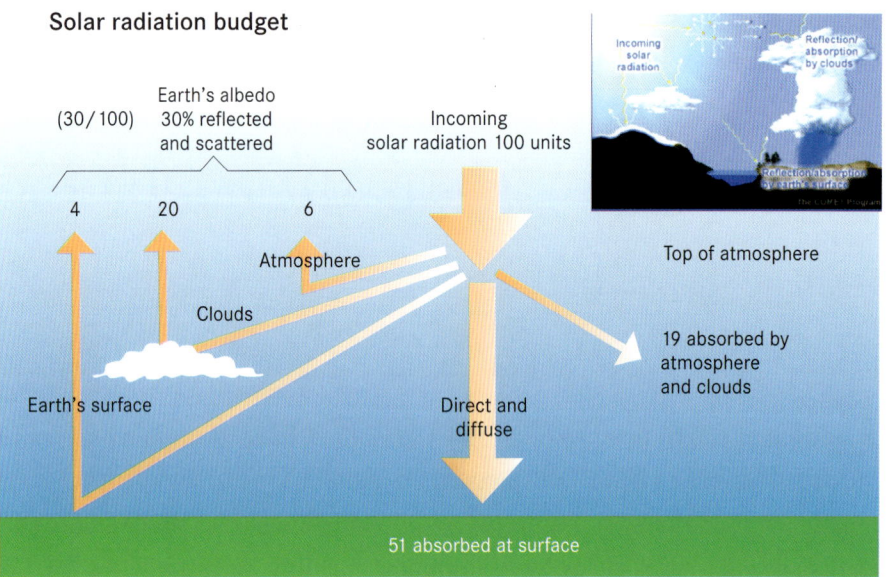

Fonte: <education.gsfc.nasa.gov>.

O aquecimento global, resultante do aumento da concentração de gases de efeito estufa, tende a aquecer a parte inferior e a esfriar a parte superior da atmosfera. Portanto, ela fica com mais energia disponível para converter em trabalho. Daí segue a expectativa de que os furacões, ciclones etc. passem a ser mais intensos num cenário de mudança climática induzida pelo aumento do efeito estufa causado pelas emissões de gases decorrentes das atividades do homem.

Vou discutir também o papel das nuvens, fundamental no restabelecimento do equilíbrio da atmosfera. O balanço de energia radiativa, ao aquecer embaixo e esfriar em cima, torna a atmosfera instável: o ar sobe e forma, eventualmente, a nuvem. A formação da nuvem implica uma mudança de fase da água, que está na parte inferior da atmosfera sob forma de vapor e, quando se condensa e forma a nuvem, libera energia. Portanto, as nuvens promovem a transferência de calor da parte inferior da atmosfera para os níveis mais altos, onde, do ponto de vista radiativo, ocorre o resfriamento.

A liberação de energia na formação das nuvens altera o estado da atmosfera (ventos, temperatura e pressão). Podemos fazer uma analogia com o que acontece ao jogarmos uma pedra num pequeno lago. A perturbação provocada pela pedra ao atingir a superfície da água tende a produzir ondas concêntricas. Essas ondas transferem energia a uma distância longa da origem da perturbação. Na atmosfera o processo de propagação de energia é mais complicado, mas a energia também se propaga por longas distâncias (até da ordem de dezenas de milhares de quilômetros). Portanto, algo que aconteça, por exemplo, na região equatorial, na Amazônia, acaba tendo um impacto remoto, podendo atingir o globo terrestre inteiro.

Daí a importância da análise das origens das mudanças climáticas regionais. Se houver uma alteração significativa na região amazônica, por exemplo, pode haver uma mudança na circulação atmosférica em regiões do hemisfério Norte ou do hemisfério Sul.

Do ponto de vista de balanço energético (figura 1), a fonte de energia principal é o Sol. Suponhamos que 100 unidades de energia cheguem ao topo da atmosfera. Apenas uma parte (cerca de 51%) atinge a superfície. Parte da energia que entra no topo da atmosfera é refletida pelas moléculas de água, que retornam cerca de 6% da energia incidente de volta para o espaço. As nuvens, em média global, refletem em torno de 20% e a superfície cerca de 14%. Da energia solar que entra no topo da atmosfera, 19% são absorvidos pela atmosfera e pelas nuvens, aquecendo o ar.

A figura 2 mostra o balanço de forma mais detalhada.

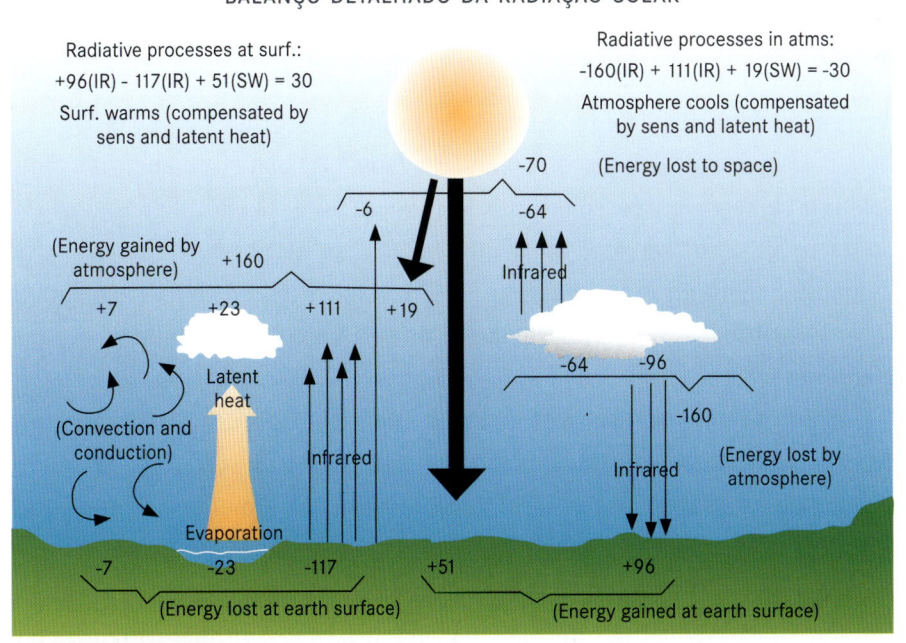

FIGURA 2

BALANÇO DETALHADO DA RADIAÇÃO SOLAR

Radiative processes at surf.:
+96(IR) − 117(IR) + 51(SW) = 30
Surf. warms (compensated by sens and latent heat)

Radiative processes in atms:
−160(IR) + 111(IR) + 19(SW) = −30
Atmosphere cools (compensated by sens and latent heat)

(Energy lost to space)
−70 −6 −64

(Energy gained by atmosphere) +160

+7 +23 +111 +19   Infrared

Latent heat
(Convection and conduction)
Evaporation

−64 −96
−160

Infrared   Infrared   (Energy lost by atmosphere)

−7 −23 −117   +51   +96
(Energy lost at earth surface)   (Energy gained at earth surface)

Fonte: Google Images.

Ao aquecer, a superfície emite radiação na forma de onda longa, ou seja, de calor. Parte dessa energia na forma de onda longa é absorvida por alguns gases que constituem a atmosfera. Esse é o chamado "efeito estufa", que funciona como um cobertor, o qual mantém a superfície da Terra a uma temperatura mais alta em comparação com uma situação sem atmosfera.

Não é correto dizer que "o problema é o efeito estufa". Se não fosse o efeito estufa, nós não estaríamos aqui. A temperatura média da Terra seria em torno de −15°C ou −18°C, o que inviabilizaria a vida como a conhecemos hoje. O problema é o aumento do efeito estufa, isto é, o aumento da espessura do cobertor.

O que é esse cobertor? Ele é formado pelos chamados gases de efeito estufa: o CO_2 (um dos principais), vapor de água, metano e vários outros gases que aparecem em pequenas concentrações em nossa atmosfera. O problema é o aumento da concentração do CO_2, devido, principalmente (do ponto de vista da média global), à emissão por queima de combustíveis fósseis. Então, voltando ao balanço da figura 2, das 117 unidades de energia que saem do solo, 111 são absorvidas pela atmosfera e só seis conseguem sair, porque a atmosfera tem um cobertor bem espesso.

Ao absorver energia radiativa, a atmosfera se aquece e passa a emitir mais energia: emite 64 unidades para cima e 96 para baixo. Portanto, ao fazer o balanço energético, o resultado é que, do ponto de vista da superfície, esta ganha energia na forma de radiação solar direta e pela emissão de energia radiativa na forma de onda longa da atmosfera. A atmosfera perde energia do ponto de vista radiativo e, portanto, se resfria.

É preciso equilibrar a conta bancária (isto é, o balanço de energia). Para fechar o balanço, o excesso de calor da superfície é transferido à atmosfera na forma de calor sensível (sete unidades) e na forma de evaporação (23 unidades), como mostrado na figura 2. Com isso fechamos o balanço global de energia (figura 3). A superfície e a atmosfera conversam entre si para manter esse equilíbrio.

Outro problema é que a distribuição de radiação solar não é uniforme de norte a sul. Chega muito mais radiação solar à região equatorial do que à região polar (nesta, não se vê o sol durante aproximadamente seis meses do ano). Portanto, há excesso de energia na região equatorial e um déficit nas latitudes altas (figura 3a). Novamente é preciso fechar o balanço de energia. Não é possível manter um sistema climático que, continuamente, ganha energia na região equatorial: haveria contínuo aumento de temperatura e, eventualmente, o sistema atingiria um nível de instabilidade. Então, para fechar o balanço de energia é preciso transportar calor da região equatorial para os polos.

FIGURA 3

BALANÇO GLOBAL DE ENERGIA

(a) Earth's energy balance

yearly average radiation — radiation from sun — surplus — radiation emitted by earth — deficit — heat transfer — SP 60°s 30°s EQ 30°n 60°n NP

The tropics act as an energy source in the atmosphere to compensate for the energy loss at higher latitudes

Fonte: N. Atkins, Survey of Meteorology.

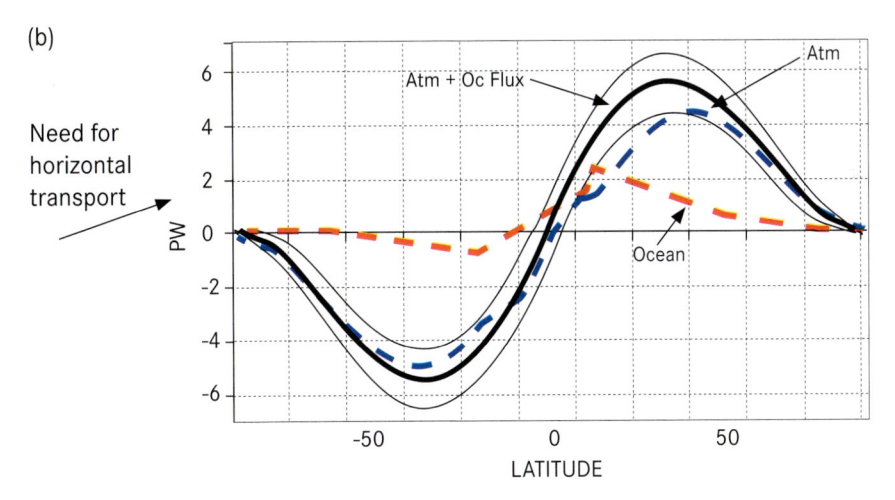

(b) Need for horizontal transport — Atm + Oc Flux — Atm — Ocean — PW — LATITUDE

Fonte: C. Wunch, J. Climate 18, 4374 (2005).

O transporte total para diferentes latitudes é a curva preta da figura 3b. Parte do transporte de energia é efetuada pelas correntes oceânicas (curva vermelha) e parte pela atmosfera (curva azul). Temos aqui a noção de que o sistema climático não é só a atmosfera; o oceano tem um papel fundamental no transporte de calor.

Do excesso de calor da região equatorial, uma parte vai para o norte, não na forma de correntes de vento (correntes aéreas), mas de correntes oceânicas. Água quente sai do equador e vai para latitudes mais altas. Esse é um processo interessante: ele não é zonalmente simétrico, quer dizer, varia ao longo de um círculo de latitude, basicamente pelo efeito dos continentes. Mesmo que estivéssemos em um planeta só com água na superfície, o transporte de energia não seria totalmente simétrico. A simetria é quebrada pela formação de ondas, de turbulências etc. Nesse processo forma-se a chamada "zona de convergência intertropical", que é a região onde se encontram as massas do hemisfério Norte e do hemisfério Sul (figura 4).

FIGURA 4
A ZONA DE CONVERGÊNCIA INTERTROPICAL

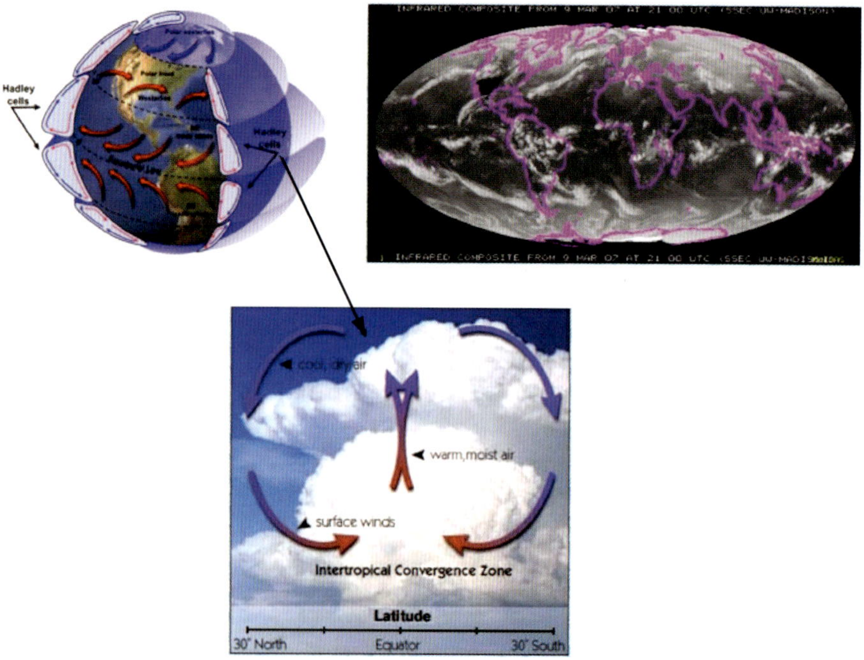

Fonte: Nasa.

Nessa região em torno do equador o ar converge, sobe e forma as nuvens. Por continuidade, o ar que sobe tem que descer em algum lugar, e normalmente desce em torno de 30° ao sul e norte do equador. Nessas faixas de latitude (figura 4) normalmente não há nuvens, e é onde se encontram os desertos (como, o Saara). Devido à presença dos continentes surgem heterogeneidades nessa distribuição, como ilustrado na figura 5.

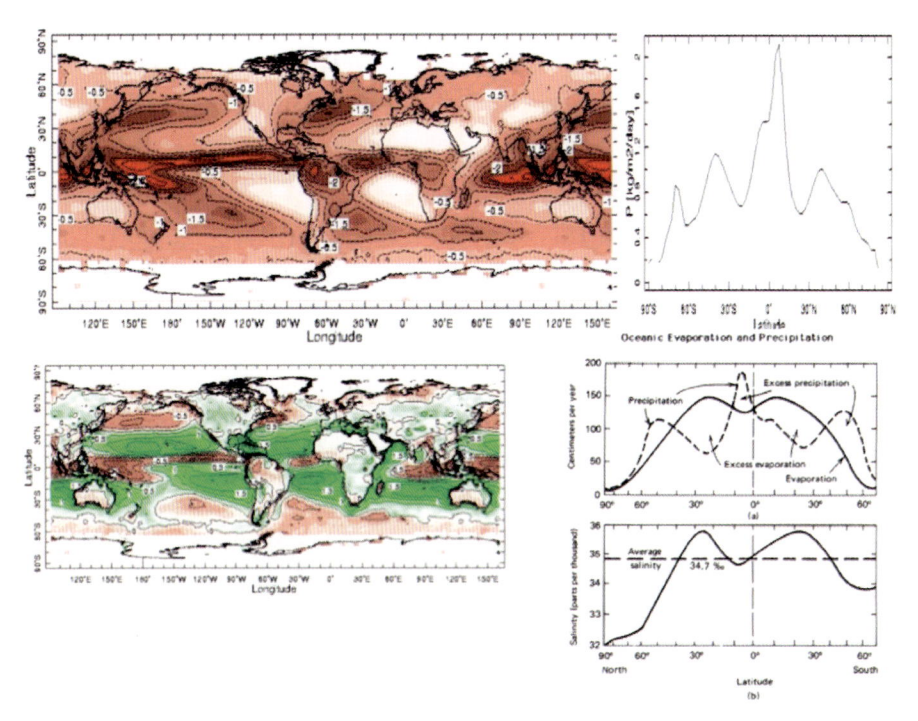

FIGURA 5

DISTRIBUIÇÃO DA PRECIPITAÇÃO

Do ponto de vista da precipitação, há uma grande quantidade de chuva, em média, na região equatorial, representada pela faixa mais escura na figura, que indica muita chuva nos continentes e na região da Indonésia. A figura 5 mostra a distribuição da chuva como função da latitude, desde o Polo Sul até o Polo Norte. Chove muito na região equatorial, chove menos em torno dos 30°, pelo mecanismo já mencionado, e volta a chover mais nas latitudes em torno de 40° sul e norte, onde está localizado o chamado cinturão dos ciclones extratropicais, que produzem tempestades bastante violentas.

A evaporação tem um comportamento diferente da precipitação. É menor na região equatorial, onde os ventos são mais fracos; tende a ser maior em torno de 25° a 30° (norte e sul), como pode ser visto na figura 5. Nestas latitudes há muita evaporação e pouca precipitação. No equador, onde chove muito, há um déficit de água. De onde vem a água da chuva da região equatorial? Ela provém do excesso de evaporação nas faixas latitudinais em torno de 30°, que alimentam a zona de convergência intertropical.

A figura 6 fornece uma visão mais grosseira do funcionamento do sistema atmosférico no período de verão do hemisfério Sul. Em azul estão representadas as regiões com mais chuvas (esta figura representa a quantidade de energia emitida para o espaço pela Terra; regiões com nuvens altas, mais frias, emitem menos energia – cor azul). Vê-se que a chuva não é uniformemente distribuída; concentra-se na região da Indonésia, na América do Sul e na África.

FIGURA 6

ENERGIA IRRADIADA PELA TERRA

Radiação de onda longa (jan. 1999)

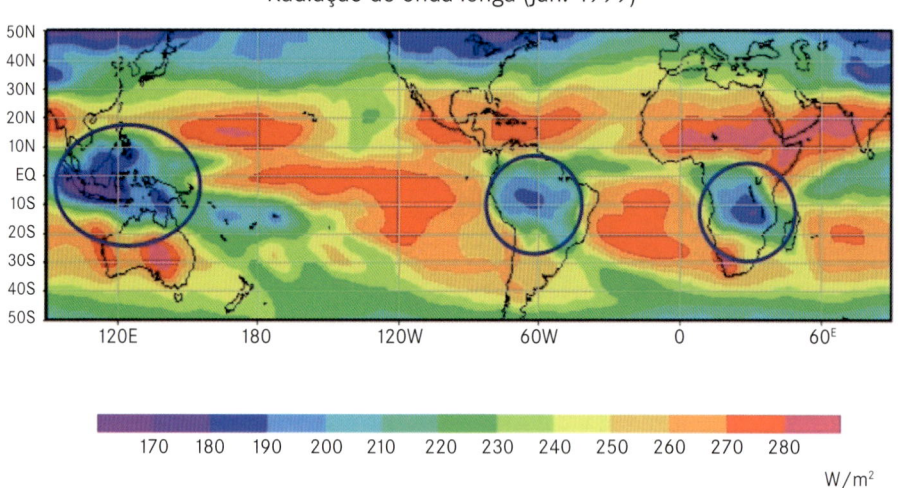

Fonte: Nasa.

Do ponto de vista global, é preciso fechar o balanço de energia e de água: o que entra tem que ser igual ao que sai. Por quê? Porque a temperatura média da Terra muda muito pouco de um ano para o outro, e a chuva, na média global, tem que ser igual à evaporação, já que não há uma fonte de água externa ao planeta ou no interior dele.

Numa determinada região, como a Amazônia, por exemplo, não há necessidade de fechamento do balanço energético. Um eventual excesso de energia pode ser exportado para outras regiões. Provavelmente em alguma região vizinha haverá um déficit, e a sobra de energia da Amazônia deverá ser transferida para tal região.

Na região amazônica chove muito, o que implica a liberação de muita energia e, portanto, aquecimento (porque, no processo de formação de nuvens, a condensação do vapor de água libera muita energia). O excesso energético na Amazônia leva, então, ao transporte de energia para regiões vizinhas. A energia transferida vai, basicamente, na forma de energia potencial. Por que potencial? Porque a nuvem eleva o ar até 10 quilômetros ou mais, fornecendo-lhe energia potencial.

O ar que sobe nas nuvens na Amazônia pode descer no Nordeste do Brasil, ou no Atlântico Sul onde, do ponto de vista do balanço de energia, há déficit energético. No quadro 1, que ilustra o balanço regional de energia na Amazônia, a unidade é watts por metro quadrado. Em preto tem-se o balanço energético em janeiro; em vermelho-alaranjado, o balanço em julho. À esquerda da linha tracejada, têm-se os termos do balanço energético devido à radiação de onda curta (visível); à direita, a radiação de onda longa, infravermelha (calor) e o ganho por liberação de calor latente no processo de formação da chuva.

QUADRO 1
BALANÇO REGIONAL DE ENERGIA NA AMAZÔNIA

Lat: 10 S Lon: 60W	Season	Precipitation	Temperature	Evaporation	Cloudiness
	January	6.7 mm/day	25 °C	3.0 mm/day	50%
	July	1.5 mm/day	27 oC	3.5 mm/day	30%
Amazon Region (energy W/m²)		Precip. Water 5.0 cm 3.5cm	Albedo 7% 10%		Cirrus 30% 15%

SHORT WAVE | **LONG WAVE**

AVAIL TOP	500 380	REFLECT TOP	169 99			
ABSORB ATMOS	60 45	REFLECT ATMOS	50 35	NET LOSS ATMOSPH 126 153	GAIN PRECIP 194 49	NET GAIN 259 7
ABSORB CLOUDS	15 8	REFLECT CLOUDS	100 42		SENS HEAT 116 63	REQUIR VERT MOTION -200mb/day -0
AVAIL SURFACE	275 220	REFLECT SURFACE	19 22			
TRANS SURFACE	0 0	ABSORB SURFACE	256 198	NET LOSS SURFACE 53 77	SENS HEAT 116 63	LATENT HEAT 58 67

Rad. Comp. 60 + 15 - 126 = -51   45 + 8 - 153 = -100
Precip. (194) + Sens. Heat (116) = 310   (44) = (53) = 107

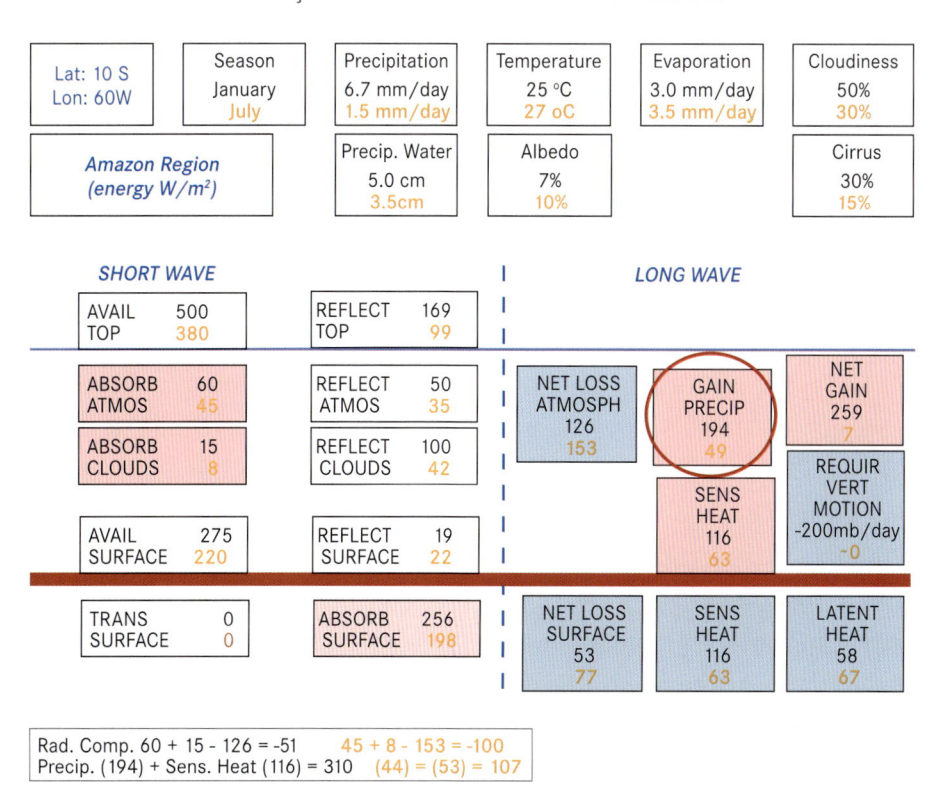

A radiação solar disponível (no topo) corresponde a aproximadamente 500 watts por metro quadrado. O quadro 1 mostra a energia absorvida na Amazônia: 60 watts por metro quadrado pela atmosfera, no período de verão; 15 watts por metro quadrado pelas nuvens, totalizando 75 watts por metro quadrado. A superfície absorve 256 watts por metro quadrado, um pouco mais de 50% do que chegou ao topo da atmosfera nesse período de verão.

Em termos de radiação de onda longa, as caixas com fundo azul no quadrante inferior direito indicam o que é perdido do ponto de vista energético; com fundo claro, são mostrados os ganhos. Na atmosfera, perdem-se 126 watts por metro quadrado em onda longa; como o sistema ganha 75 watts por metro quadrado em onda curta, o balanço é 51 watts por metro quadrado de perda radiativa (penúltima linha à esquerda no quadro 1). A atmosfera ganha 194 watts por metro quadrado pela formação de chuva e 116 watts por metro quadrado em forma de excesso de calor que vem da superfície, resultando num ganho total de 310 watts por metro quadrado (última linha).

Se esses 194 watts por metro quadrado, associados à formação de chuva, ficassem retidos na atmosfera amazônica, a temperatura regional aumentaria 30°C a 40°C ao longo de um mês. Isso não acontece: o excesso de energia é transferido às regiões vizinhas, que estão com déficit energético. A atmosfera promove esta transferência de energia através da conversão do excesso de calor em energia potencial, elevando a massa de ar na região amazônica. Nesse processo de elevação da massa de ar, a pressão diminui, o ar se expande e, com isso, sofre resfriamento. É este resfriamento por expansão do ar que evita que a temperatura da Amazônia aumente 30°C durante um mês.

A mensagem é a seguinte: a atmosfera está em constante busca de equilíbrio. Se o equador ganha muita energia, esta região vai exportar o excesso para outras partes da Terra. Se uma determinada região tem falta de água, ela busca água das regiões vizinhas para fechar o balanço.

Quais são as consequências fundamentais do balanço de energia da atmosfera? A superfície é aquecida por absorção de radiação solar; o ar próximo à superfície é aquecido, sobe e se resfria, perdendo calor para o espaço, por radiação. Portanto, se há excesso de calor aqui (na parte inferior da atmosfera) e resfriamento na parte superior, é preciso transferir calor de baixo para cima, para fechar o balanço. Se a superfície aquecer muito, terá de haver mais transporte vertical de calor da superfície para a atmosfera.

Ao analisar o processo no sentido norte-sul, há ganho de energia na região equatorial e um déficit na região polar, em latitudes mais altas. Para fechar o balanço, o excesso do equador tem que ir para o norte e para o sul. Os oceanos têm um papel fundamental nesse transporte; no sistema climático não se pode isolar a atmosfera.

Podemos empregar o conceito de máquina térmica (figura 7) para entender melhor o que acontece com o clima.

Temos um reservatório frio, com a temperatura da atmosfera (T_C), e um reservatório quente, com a temperatura da superfície (T_H). Esse sistema equivale a uma máquina térmica que executa trabalho. A segunda lei da termodinâmica nos diz que esse trabalho não pode exceder a energia equivalente à quantidade de calor transferida multiplicada pela eficiência de Carnot, a razão entre a diferença de temperaturas ($T_H - T_C$) e a temperatura T_H. Então, se aumenta essa diferença de temperatura, é possível aumentar o trabalho executado. Isso se manifesta na atmosfera como um aumento da intensidade das tempestades.

FIGURA 7

MÁQUINA TÉRMICA

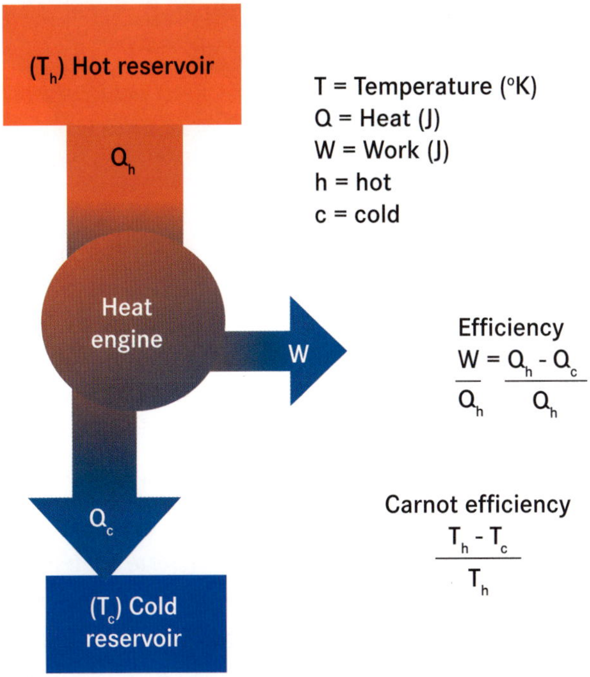

(Th) Hot reservoir
Qh
Heat engine
W
Qc
(Tc) Cold reservoir
T = Temperature (°K)
Q = Heat (J)
W = Work (J)
h = hot
c = cold
Efficiency
W/Qh = (Qh - Qc)/Qh
Carnot efficiency
(Th - Tc)/Th

Fonte: Math Zaid.

As nuvens têm um papel fundamental no transporte de calor da superfície para cima. São vários tipos de nuvens que atuam nesses processos (figura 8). As da foto superior à esquerda, em forma de cogumelos, são chamadas de cúmulos-nimbos. Essa foto foi feita num voo a cerca de 16 quilômetros de altitude, bem no topo das nuvens, na Amazônia. São nuvens muito altas, que às vezes chegam a até 20 quilômetros de altura. Ao mesmo tempo há nuvens rasas, que convivem com nuvens altas num processo cooperativo.

FIGURA 8

TIPOS DE NUVENS

No processo de formação, uma nuvem não arrisca sua vida em ar seco. Se a nuvem se forma numa região com ar muito seco, a água evapora e a nuvem não sobrevive. O ciclo de vida das nuvens é o seguinte: normalmente começa com essas pequenas nuvens rasas, que tiram água da camada da atmosfera perto da superfície e a jogam mais acima, onde a evaporação liquida com a nuvem. Toda a massa de ar que está dentro da nuvem (que contém água líquida) mistura-se com o ar externo (seco), e nesse processo há troca de calor e água entre a nuvem e o ambiente externo. Ocorre o umedecimento da atmosfera e, acima das nuvens, há uma camada de ar mais seco. Outra nuvem, que vem logo depois da primeira, entra naquele ambiente umedecido pela nuvem anterior e já encontra uma atmosfera um pouco mais úmida e, portanto, mais favorável a seu crescimento. É o trabalho executado pela nuvem anterior que permite que uma nova nuvem consiga crescer um pouco mais do que a anterior, e assim por diante, até que apareçam as nuvens maiores (tipo cúmulos-nimbos).

Em geral, no continente, o período da manhã começa com nuvens rasas e pequenas, que vão crescendo, crescendo, até que, no final da tarde, aparecem nuvens de grande extensão vertical, chegando, às vezes, perto de 20 quilômetros de profundidade. É nesse processo de crescimento da nuvem que se transporta o calor daqui de baixo lá para cima, e ocorre, simultaneamente, o processo de mistura do ar que vem de baixo da atmosfera com o ar que está mais acima. É como se fosse um liquidificador ou um aspirador de pó. As nuvens constituem uma máquina térmica fascinante.

As nuvens organizam-se, aparecem regiões sem nuvens (buracos na nebulosidade), alinham-se ou ficam distribuídas de forma aparentemente aleatória. Em períodos de uma hora já há mudanças brutais. Esse processo, ou a turbulência associada às nuvens, é apenas aparentemente caótico: existe ordem nesse sistema. A atmosfera acaba optando por algum grau de organização, porque dessa forma ela resolve o problema do desequilíbrio entre a temperatura no solo e em grandes altitudes de maneira muito mais eficiente e mais rápida.

As estruturas de nuvens são extremamente eficientes para eliminar a instabilidade termodinâmica na atmosfera. Em resumo, para estabilizar o sistema é necessário o transporte vertical, na atmosfera, de calor e de água. O calor na superfície gera inicialmente turbulência seca, porque o vapor da água resultante da evaporação ainda não se condensou. É por estar nessa zona de turbulência seca que um avião sacode tanto antes de pousar. Então, é um processo turbulento que promove o transporte vertical de calor e de umidade próximo da superfície.

Acima da base das nuvens também temos transporte turbulento, porém induzido pelas nuvens. O ar que sobe dentro da nuvem, por continuidade, induz as correntes de ar descendentes entre as nuvens. O ar que desce sofre compressão e, portanto, um aquecimento. O ar, ao descer, também promove secagem da atmosfera, pois lá em cima é mais seco que embaixo. O ciclo do ar que sobe dentro das nuvens e desce ao redor delas transporta verticalmente calor e umidade na atmosfera por meio de um processo turbulento na escala espacial e temporal das nuvens.

No processo de formação das nuvens, na condensação do vapor de água, há liberação de energia, que aquece a atmosfera. A energia liberada na coluna de ar da nuvem gera ondas na atmosfera, em um processo análogo ao que acontece ao se jogar uma pedra na água. Neste caso a propagação é isotrópica, e as ondas tendem a ser concêntricas. As ondas que se formam na atmosfera são mais complicadas do que as que se propagam na água, em parte devido aos efeitos da rotação da Terra.

A figura 9 ilustra um exemplo associado ao que aconteceu em janeiro de 2007. A chuva estava concentrada nas áreas sombreadas em tons de azul. Choveu muito no Pacífico e no Sudeste do Brasil, onde quase a metade da chuva do ano todo ocorreu no mês de janeiro, em Minas Gerais e no norte de São Paulo. Choveu muito também em Madagascar, na África. Os contornos, na figura 9, são linhas de nível da pressão: L (*low*) para pressão baixa e H (*high*) para alta pressão. Havia um centro de alta pressão no Sudeste asiático, e um de baixa pressão na costa da Califórnia. Normalmente centros de baixa pressão estão associados a tempestades.

FIGURA 9

ANOMALIA DE PRECIPITAÇÃO (JANEIRO 2007)

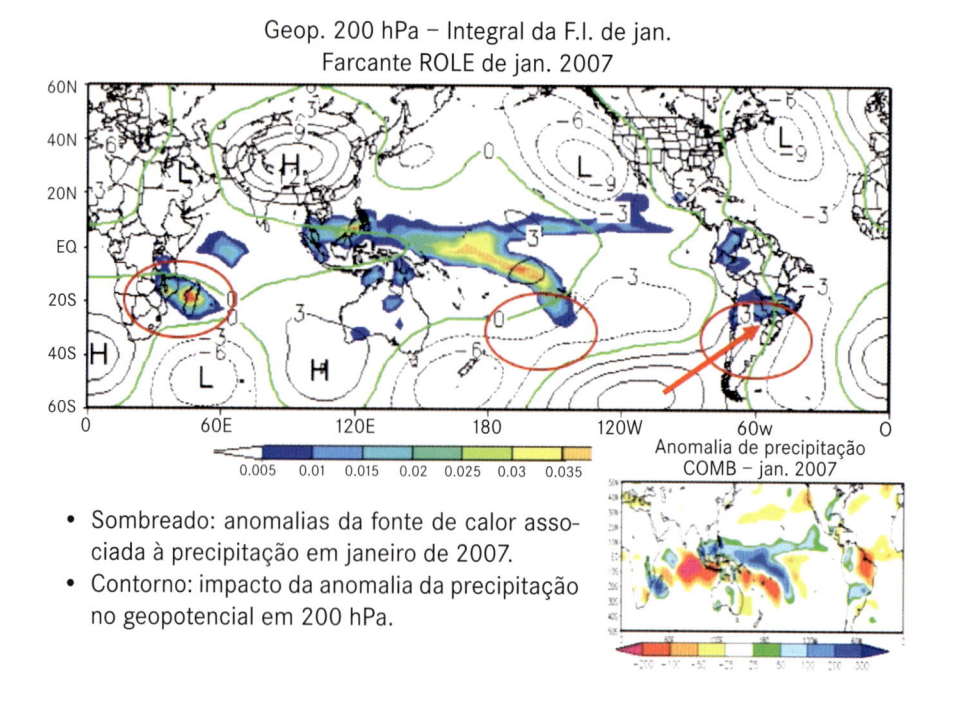

- Sombreado: anomalias da fonte de calor associada à precipitação em janeiro de 2007.
- Contorno: impacto da anomalia da precipitação no geopotencial em 200 hPa.

Pode-se, através de modelos matemáticos, analisar a importância relativa de cada uma dessas regiões. O evento de janeiro de 2007 foi disparado pela fonte de Madagascar. Essa fonte de Madagascar disparou um trem de onda, como acontece com a pedra jogada dentro da água. Na atmosfera é mais complicado: formam-se ondas que se propagam no hemisfério Sul, mas se propagam também no hemisfério Norte. O que acontece em Madagascar acaba tendo influência no Brasil.

A Indonésia teve um papel fundamental ao estabelecer o padrão de alta e baixa no hemisfério Norte. Mas o trem de onda no hemisfério Sul também deu origem a uma alta na Argentina. A fonte de energia associada às chuvas em Madagascar e a fonte na Indonésia induziram uma alta pressão na Argentina (figura 9). Foi essa alta pressão que empurrou o ar e promoveu sua convergência na região Sudeste do Brasil, levando às chuvas excepcionais em janeiro. Por fim, esse evento de janeiro acabou enviando um trem de onda para a Europa, o que também provocou anomalias climáticas no inverno europeu.

Quando comecei a me interessar por este assunto, em fevereiro de 1988, eu estava numa conferência no Rio de Janeiro. Nesse período ocorreram chuvas excepcionais, que causaram enchentes e deslizamentos. Logo depois, no Carnaval do mesmo ano, houve mais um episódio parecido com o de janeiro de 2007, só que a chuva, em vez de se concentrar em Minas Gerais, ocorreu no Rio de Janeiro. Aconteceram vários deslizamentos e morreram mais de 200 pessoas. Ao ler as notícias no jornal, percebi que mais ou menos no mesmo período das chuvas intensas havia neve excepcional em Israel. Fiquei com isso na cabeça: será que a neve em Israel teve alguma relação com o excesso de chuva no Rio de Janeiro?

Uma grande vantagem de ter alunos é que o aluno resolve esses problemas filosóficos que os professores têm. Propus o tema para a tese de doutoramento de uma aluna. Anos depois ela veio com as respostas e mostrou que, de fato, o episódio excepcional de neve em Israel tinha uma conexão com esse excesso de chuva aqui no Brasil. A mensagem é que alterações climáticas numa determinada região podem atingir outras regiões por esses processos de propagação de energia na atmosfera.

A atmosfera busca as formas mais eficientes para promover o equilíbrio de energia. Nesse processo eventualmente vão aparecer furacões e tornados (figura 10), que são formas extremamente eficientes de promover trocas de energia.

FIGURA 10

FURACÕES E TORNADOS

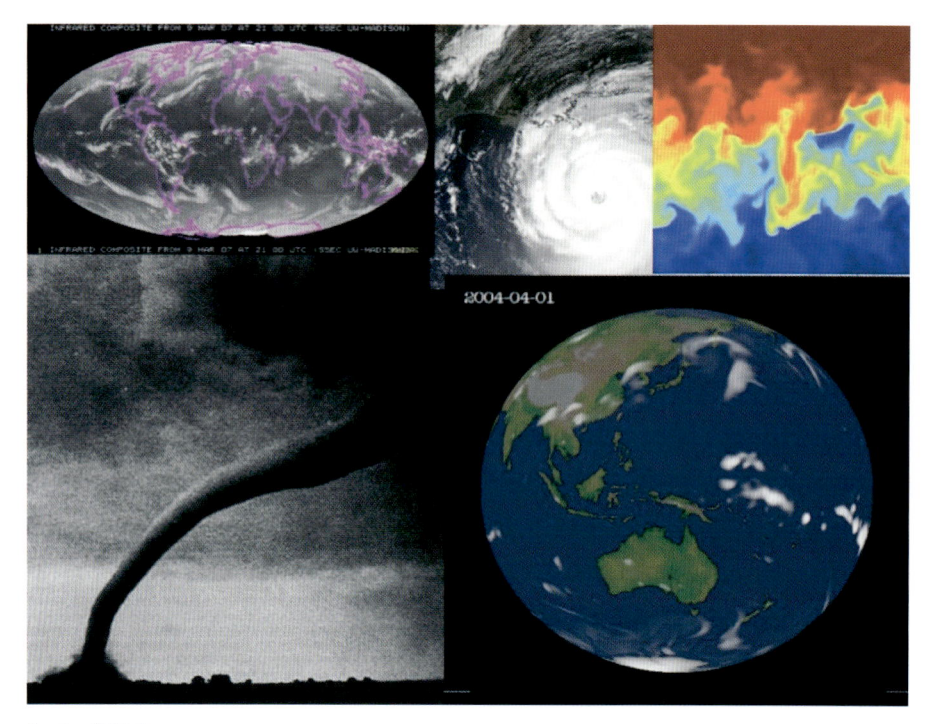

Fonte: NOAA.

Um furacão esfria a superfície e aquece a atmosfera. Quando se forma um furacão, ao girar o ar próximo da superfície ele suga água fria de camadas profundas do mar, trazendo-a para a superfície, e equilibra o sistema; ao elevar o ar, aquece as partes mais altas da atmosfera, onde há mais resfriamento radiativo.

Furacões normalmente só se formam onde as condições dinâmicas e termodinâmicas são favoráveis. As condições termodinâmicas são as da máquina térmica já discutida anteriormente. Quanto às condições dinâmicas, um furacão, para ter aquela estrutura típica de espiral bem vertical, não se forma numa região onde o vento aumenta de intensidade com a altura: requer ventos fracos que soprem sempre na mesma direção.

Se há muita variação do vento com altitude, não é possível a formação de furacão. Mas podem-se formar linhas de instabilidade, tempestades (violentas também, porém menos do que furacões em geral). Em cima dos continentes também não dá para fazer um furacão, porque a perda de energia por atrito é muito grande. É preciso que haja sinergia entre a termodinâmica e a dinâmica. Em latitudes mais altas, em função do regime de ventos que lá prevalecem, formam-se os ciclones extratropicais ou subtropicais, que têm certa analogia com furacões.

Conforme vimos (figura 3), outro fator de desequilíbrio é o aquecimento na região equatorial e o resfriamento em latitudes mais altas. É preciso transportar calor também na horizontal. Os fenômenos El Niño e La Niña (figura 11) também são formas de remover o excesso de calor da região tropical e transportá-lo para as latitudes mais altas.

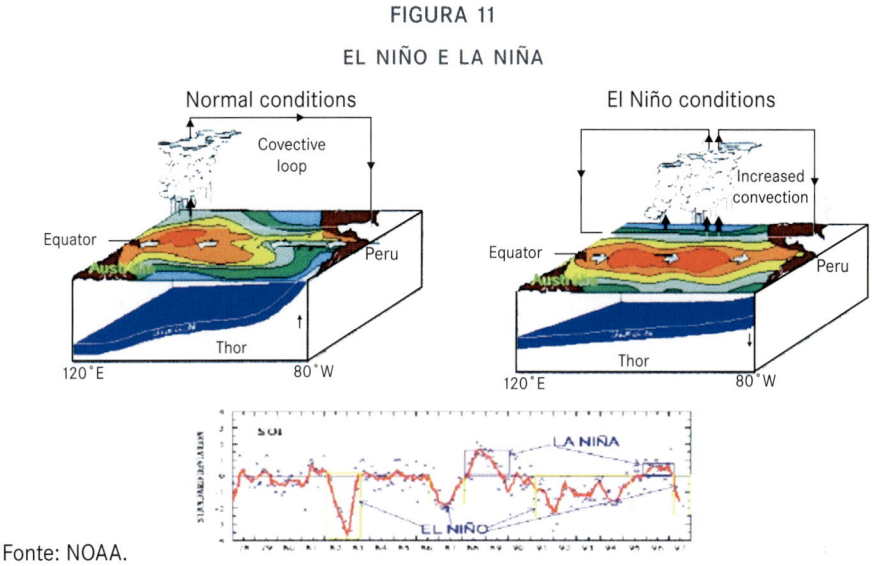

FIGURA 11

EL NIÑO E LA NIÑA

Fonte: NOAA.

Os Niños (em alaranjado) e Niñas (em azul) ocorrem em intervalos típicos de três a sete anos (parte de baixo da figura 11). A atmosfera vai sendo aquecida na região equatorial e fica muito instável; vale-se, então, de correntes no oceano para remover o excesso de calor da região equatorial e transferi-lo para latitudes mais altas.

Quais os efeitos do aquecimento global provocado pelo aumento da concentração de gases de efeito estufa? O aquecimento da superfície eleva a temperatura do reservatório quente na analogia da máquina térmica discutida anteriormente. A expectativa é de que, para chegar ao equilíbrio, o aquecimento global leve a furacões mais intensos, a linhas de instabilidade mais intensas, a Niños e Niñas mais intensos.

Um exemplo interessante vem de uma aluna minha, que comparou a intensidade dos Niños, no clima do presente, com a situação há 6 mil anos, do ponto de vista de modelos climáticos. Naquela época, a energia solar disponível era um pouco menor do que no presente, porém, no passado, os Niños eram mais frequentes. Ao analisar a forçante solar encontra-se que, nesse período, ela era menos intensa do que hoje na região equatorial.

Naquela época, por motivos associados à órbita da Terra, tinha-se uma forçante radiativa menor (diferença de temperatura entre equador e polos). Essa forçante menor levou a Niños e Niñas menos intensos, porém mais frequentes. Hoje, a forçante é maior, há mais energia nos Niños e Niñas, que ocorrem mais esporadicamente e são mais intensos individualmente, porque a energia total é maior. Essa é uma razoável evidência de que esse é, de fato, o modo de funcionamento do sistema atmosférico.

Com os furacões há um processo análogo: aquecendo-se mais a superfície, eles ficam mais intensos. Foi o que aconteceu em 2005, no Caribe. Temperaturas altas na superfície do mar produziram furacões extremamente violentos. No caso do Catarina, em março de 2004, a água em nossa costa não estava mais quente que o normal, mas o ar estava muito mais frio. O que interessa, do ponto de vista da máquina térmica, é a diferença de temperatura entre os reservatórios quente e frio. Não havia muito vento na costa de São Paulo, Paraná e Santa Catarina – o que resultou no furacão Catarina.

Vou comentar, agora, o relatório do grupo 1 do IPCC, que se refere aos conhecimentos científicos sobre o tema. Participei do segundo relatório, em 1996, e deste agora, em 2007. As principais conclusões deste último relatório estão reproduzidas no quadro 2.

QUADRO 2

CONCLUSÕES DO GRUPO 1 DO IPCC (2007)

Global warming is unequivocal	
Since 1970, rise in:	Decrease in:
• Global surface temperatures	NH Snow extent
• Tropospheric temperatures	Arctic sea ice
• Global SSTs, ocean Ts	Glaciers
• Global sea level	Cold temperatures
• Water vapor	
• Rainfall intensity	
• Precipitation extratropics	
• Hurricane intensity	

(continua)

Global warming is unequivocal	
Since 1970, rise in:	Decrease in:
• Drought • Extreme high temperatures • Heat waves	

Fonte: IPCC.

É inequívoco que o aquecimento global está acontecendo, e que a causa é humana. Que razões o IPCC tem para fazer essa afirmação? O que aconteceu, principalmente de 1970 em diante, em termos de mudanças de temperatura, mudanças na precipitação e decréscimo do gelo. Uma das coisas que mais me impressionaram neste último relatório do IPCC foi a evidência do que está ocorrendo na calota polar e nas geleiras.

A figura 12 representa a variação anômala de temperatura sobre a superfície terrestre (curva vermelha) e dos oceanos (curva azul) nos últimos 150 anos. Nos últimos 20 a 30 anos, não só as temperaturas do ar e da água subiram, mas aumentou a rapidez do processo de aquecimento. E os anos mais quentes ocorreram, todos no último decênio.

FIGURA 12

ANOMALIA DE TEMPERATURA (1850-2000)

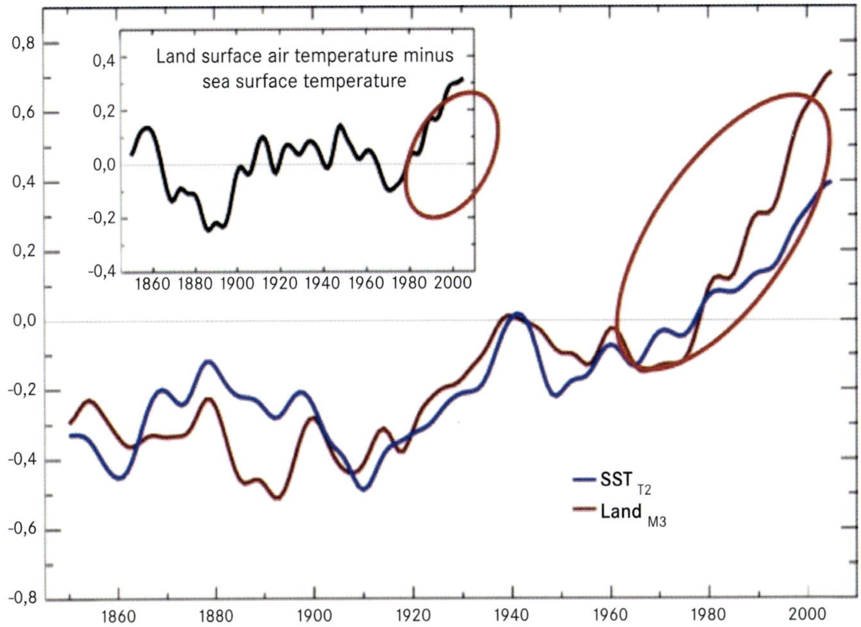

Fonte: IPCC.

A CIÊNCIA DAS MUDANÇAS CLIMÁTICAS

Ocorrem também (figura 13) mudanças no padrão de precipitação: aumento da chuva em latitudes mais altas e diminuição na região equatorial (quadros na parte de baixo). Em praticamente todas as regiões do globo há indícios de que as chuvas estão ficando mais intensas, concordando com nossa expectativa. Ocorrem mais casos extremos, não só de chuvas, mas também de secas. Os furacões também ficaram mais intensos neste último período.

FIGURA 13

VARIAÇÕES NA PRECIPITAÇÃO

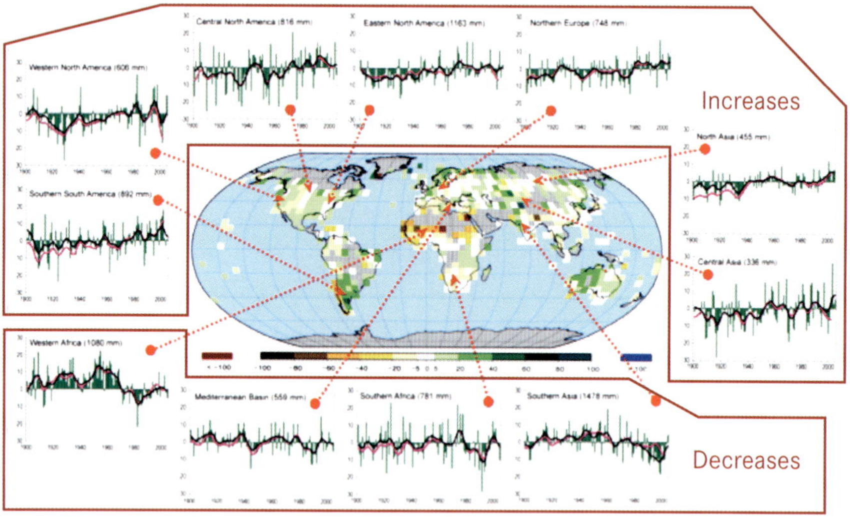

Fonte: IPCC.

O conteúdo de calor dos oceanos também vem aumentando nas últimas três décadas, e decresceu a salinidade. Por que esta última diminuiu? Porque há mais degelo, entra mais água doce nos oceanos e chove mais na média global. As observações oceânicas vão de 600 a 700 metros de profundidade; portanto, o degelo já está tendo um impacto significativo no próprio oceano.

A área coberta por neve também diminuiu significativamente nas últimas três décadas, bem como o gelo no Ártico. Há várias estimativas de que, já entre 2040 e 2050, vamos ter o primeiro verão do hemisfério Norte sem gelo no Polo Norte. Isso é realmente notável e já aconteceu no passado, só que em escala de tempo associada às mudanças da órbita da Terra, dezenas de milhares de anos. Agora está ocorrendo numa escala de tempo de menos de 100 anos! Também há diminuição substancial das geleiras em todo o globo.

A figura 14 mostra o que está ocorrendo com a Groenlândia. O gelo na parte central está aumentando, porque neva mais. Aumenta, portanto, o gelo na parte central da Groenlândia. Porém, a água mais quente nas bordas corrói as extremidades desse gelo. Modelos climáticos indicam que esse processo de degelo na Groenlândia já aconteceu no passado: empilha-se o gelo na parte central do continente e derrete-se o gelo nas bordas. Em consequência, o gelo escorrega para o mar.

FIGURA 14

REDUÇÃO NAS GELEIRAS

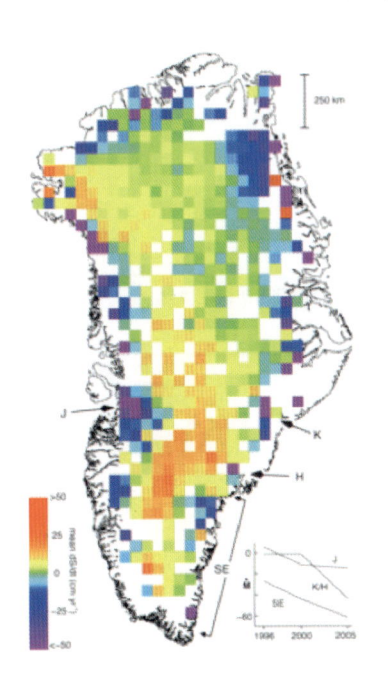

A Groenlândia ganha massa no interior, mas perde nos contornos

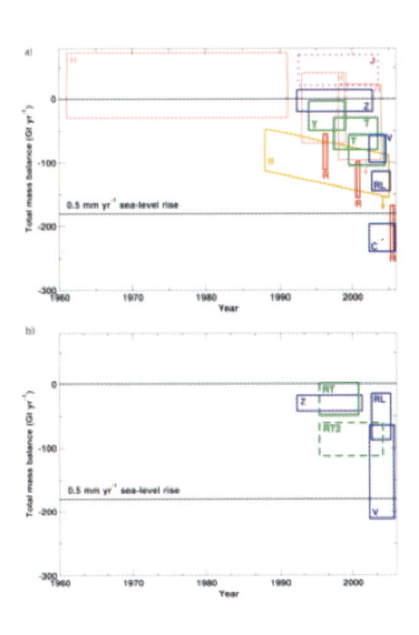

A perda de massa da Groenlândia está se acentuando

Fonte: IPCC.

Esse processo gera uma das grandes dúvidas que os cientistas têm: se pode acontecer uma catástrofe, ou seja, um degelo repentino ou rápido, ao longo de 60 a 100 anos, de todo o gelo da Groenlândia. Se isso ocorrer, significará

6 metros de elevação do nível do mar! A expectativa, baseada no que sabemos hoje, é que não vai acontecer neste século, mas, possivelmente, em 300 anos. Essa é uma das grandes preocupações para o futuro. E não é só na Groenlândia, também na Antártica, onde ocorreram mudanças significativas do gelo.

Em 2002 houve o rompimento do gelo marítimo na Antártica. Gelo que está sobre o mar, ao derreter, não muda o nível das águas, visto que ele já está boiando; o problema do aumento do nível do mar é o gelo que vem do continente para a água, que é o caso da Groenlândia. O episódio de 2002 na Antártica, com o rompimento do gelo marítimo, levou ao deslizamento do gelo que estava no continente Antártico. Há uma estimativa de que esse episódio tenha elevado o nível do mar entre 1 e 2 milímetros em apenas 20 dias.

Os gráficos da figura 15 mostram as variações das concentrações de CO_2 (em vermelho), N_2O (em verde) e CH_4 (em azul) nos últimos 650 mil anos, obtidas a partir da análise das bolhas de ar em colunas de gelo da Antártica. A concentração de CO_2 já está em 370 ppm, enquanto, historicamente, não passou de 260 a 270 ppm. Com o metano ocorre a mesma coisa: um aumento brutal nestes últimos anos.

FIGURA 15

CONCENTRAÇÕES DE GASES DE EFEITO ESTUFA (650 MIL ANOS)

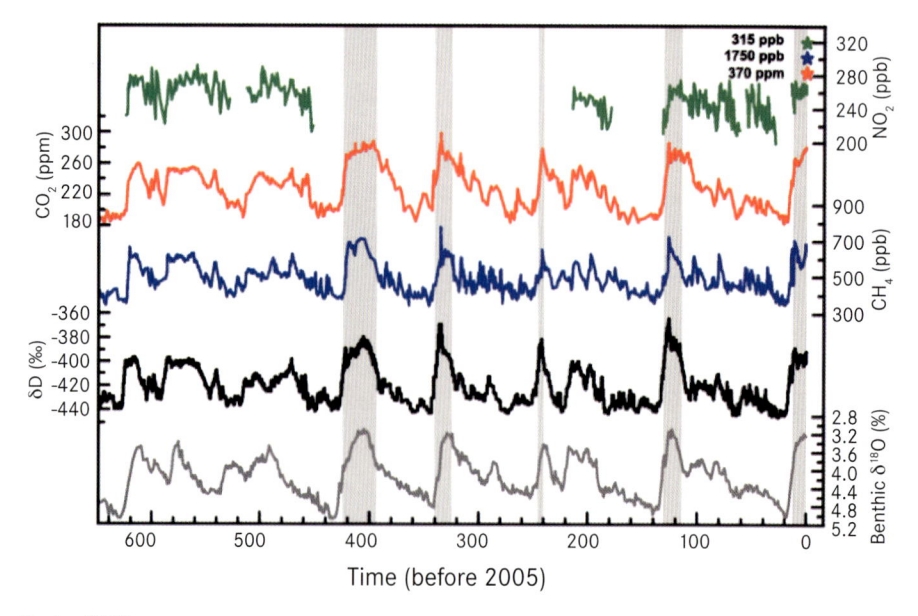

Fonte: IPCC.

A grande novidade do último relatório do IPCC é o gráfico da figura 1 (p. 20), em que se quantificam os efeitos das forçantes radiativas devido aos gases de efeito estufa. Em vermelho, à direita do zero (linha vertical), está representado o aquecimento; em azul, à esquerda, o resfriamento. Os aerossóis tendem a esfriar a atmosfera, mas prevalece o efeito do aquecimento.

As barras horizontais representam os erros. No relatório de 2001 havia barras de erro tão grandes que o resultado podia vir desde o lado negativo até o positivo. Mas as barras de erro diminuíram substancialmente no relatório de 2007. É por esta razão que o relatório do IPCC de 2007 afirma que "o efeito do homem é inequívoco".

Os modelos climáticos também evoluíram muito desde o primeiro relatório até o mais recente. No primeiro relatório, de 1988, os modelos climáticos tinham o globo dividido em quadrículas de 500 x 500 quilômetros. Hoje os modelos reproduzem o clima em quadrículas da ordem de 110 x 110 quilômetros, permitindo descrever muito melhor os fenômenos atmosféricos.

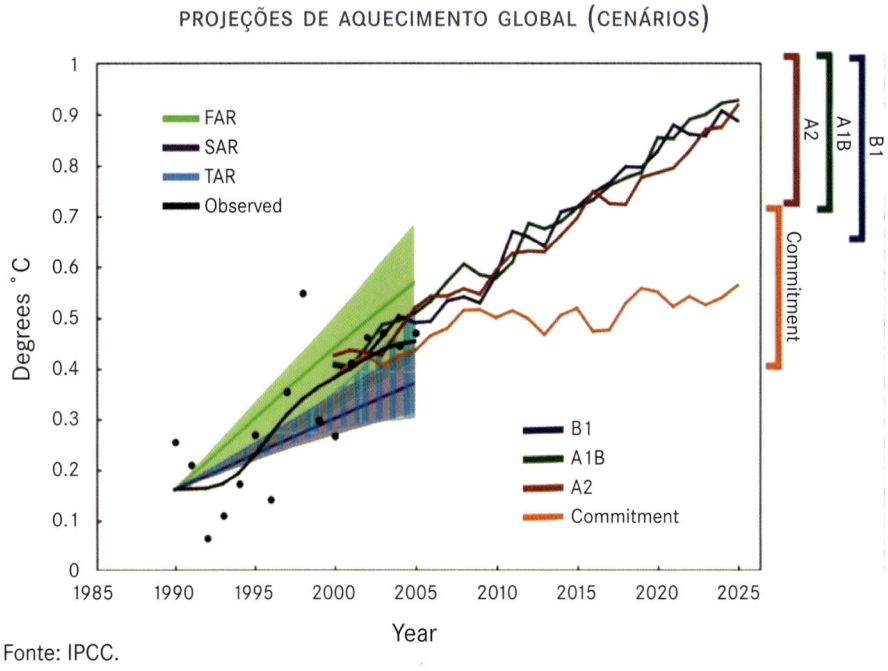

FIGURA 16
PROJEÇÕES DE AQUECIMENTO GLOBAL (CENÁRIOS)

Fonte: IPCC.

A figura 16 mostra projeções para o futuro, baseadas em diferentes cenários de emissão de gases de efeito estufa. Se parássemos totalmente as emissões agora, o que aconteceria? Segundo a curva laranja, a Terra ainda iria aquecer um pouco e, depois, se estabilizaria em uma temperatura de cerca de 0,5°C acima da temperatura atual. Só que isso não vai acontecer, pois até hoje não houve um acordo internacional mais efetivo no sentido de restringir as emissões de gases que contribuem para o aumento do efeito estufa. Os pontos pretos são as observações, e a linha preta representa as projeções que os modelos fizeram com base nos dados de 1990. Na média, as temperaturas observadas estão muito próximas do que os modelos previram, o que lhes confere mais confiabilidade.

A figura 17 é um gráfico que me impressiona muito; foi reproduzido na revista *Science,* em 2006. No eixo horizontal é representado um parâmetro que define se o modelo climático consegue ou não reproduzir o clima atual. À direita estão os modelos que têm um erro maior na representação do clima atual. No eixo vertical está a expectativa de cada modelo para o aumento de temperatura média da Terra nos próximos 100 anos. A inclinação dessa reta significa o seguinte: os modelos que menos erram na reprodução do clima atual são aqueles que predizem a maior variação de temperatura nesse período. Os que erram muito no clima atual predizem menor aquecimento. Isso é preocupante.

FIGURA 17

COMPARATIVO DE ERROS DE MODELOS

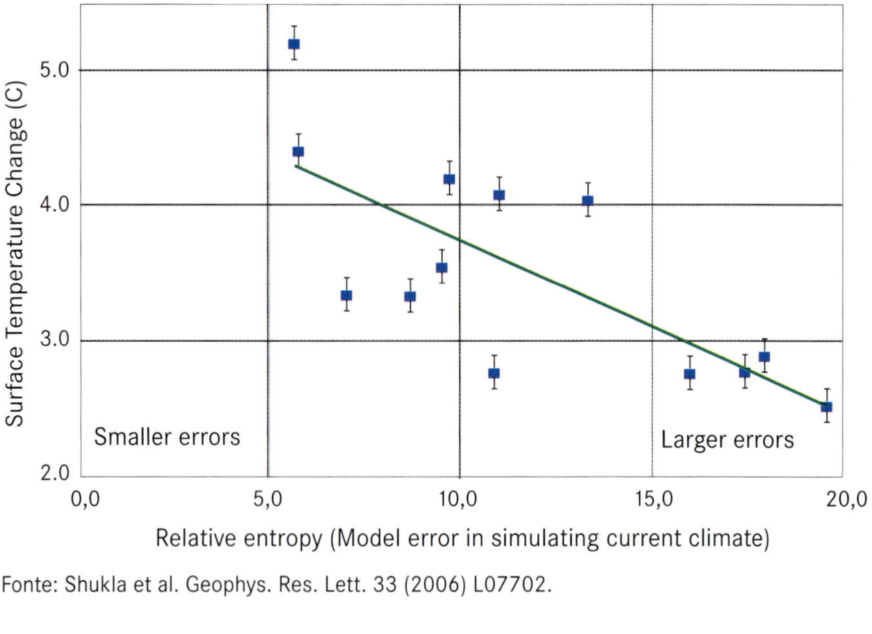

Fonte: Shukla et al. Geophys. Res. Lett. 33 (2006) L07702.

Temos hoje, certamente, uma confiança muito maior nas projeções climáticas, porque são baseadas num número grande de modelos os quais permitem uma visão probabilística do que vai acontecer no futuro, mas temos de reconhecer que existem ainda problemas. Aspectos relacionados com o comportamento das nuvens, especialmente em escalas menores, constituem um exemplo dos problemas que podemos enfrentar. Há muito trabalho ainda a ser feito no sentido de reduzir a incerteza dos modelos climáticos, apesar do enorme progresso que fizemos desde o primeiro relatório do IPCC em 1988.

Os modelos estão ficando cada vez mais complexos. A evolução dos aspectos incluídos nos modelos ao longo das últimas décadas está representada na figura 18. Nos anos 1970 um modelo climático representava somente os processos físicos e dinâmicos na atmosfera. Agora temos a atmosfera, os aerossóis, os efeitos da poluição, da vegetação, dos oceanos, das espécies químicas. Todos eles interagem entre si através da não linearidade existente no sistema. Assim, os modelos vêm-se tornando cada vez mais complexos, como mostra a figura 18.

FIGURA 18
ABRANGÊNCIA CRESCENTE DOS MODELOS CLIMÁTICOS

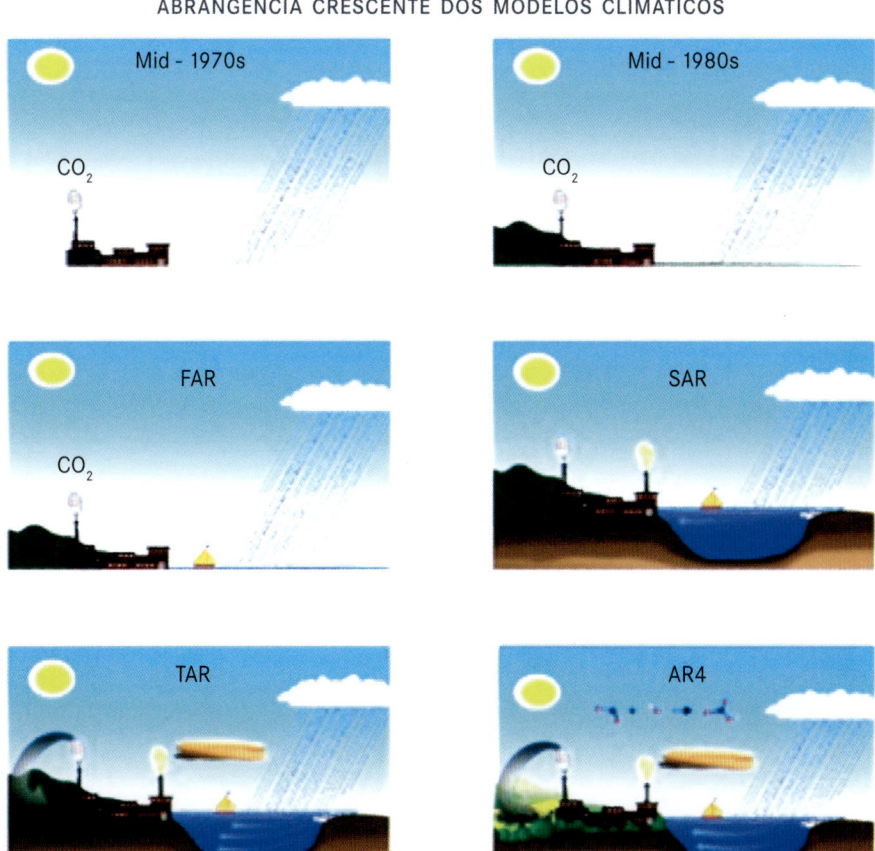

Fonte: National Earth Science Teachers Association.

Ainda está faltando uma peça fundamental nessa visão do sistema atmosférico: temos de incluir o efeito do homem. É preciso levar em conta o acoplamento entre o modelo de crescimento econômico e o modelo climático, porque o modelo econômico é fundamental para dar uma estimativa do que vai acontecer com as emissões de gases de efeito estufa.

No futuro teremos modelos que incluirão maior complexidade da economia e do impacto que esta tem nas emissões de gases de efeito estufa, de forma interativa com o clima. Só que, com isso, tem-se um sistema mais complexo e, nesse caso, o comportamento caótico fica mais evidente, tornando a validação e a interpretação desses modelos cada vez mais difíceis. Existem incertezas em função desses comportamentos mais caóticos, uma das quais é o que vai acontecer com a Groenlândia, como já foi mencionado.

Entretanto, não podemos ficar de braços cruzados, nem esquecer, apesar das incertezas, o princípio básico da precaução. Quando o risco é grande, temos de nos proteger. Os próximos relatórios do IPCC já deverão incluir a questão da economia, ou seja, o papel do homem será parte integrante da dinâmica do sistema climático.

4 A crise mundial da água

JOSÉ GALIZIA TUNDISI

Escolhi o título "A crise mundial da água" de propósito, porque temos discutido, entre os especialistas, se realmente enfrentamos uma crise mundial da água ou se é muito mais uma crise de gestão dos recursos hídricos do que propriamente uma crise de escassez. Nossas conclusões têm sido de que existem os dois aspectos: uma crise de escassez localizada em algumas regiões e uma crise mundial de gestão.

O principal problema da água, em nosso entendimento, é a crise mundial de gestão: má gestão de recursos hídricos e abordagens que têm produzido desastres e efeitos indiretos, não percebidos ou só percebidos depois de muito tempo. Em dezenas de casos houve uma gestão equivocada, ocasionando um processo de degradação muito mais acelerado.

Sou presidente do Instituto Internacional de Ecologia (IIE), situado em São Carlos (SP), que tem trabalhado com problemas de gestão de água, pesquisa em limnologia e gestão de bacias hidrográficas. Também temos trabalhado muito em consultoria, gerindo projetos polêmicos aqui mesmo, no Brasil, como a transposição do rio São Francisco e a questão dos reservatórios da Amazônia, problemas que vou abordar aqui. Vou, ainda, discutir um pouco outro projeto que estou coordenando agora, um projeto mundial de águas apoiado por 96 academias de ciências de todo o mundo.

Quais são os principais desafios para o desenvolvimento? Precisamos, evidentemente, reduzir a pobreza, duplicar a produção de alimentos sem uso excessivo de substâncias químicas sintéticas ou degradação de ecossistemas, gerar energia sem degradação ambiental, proporcionar acesso a água de excelente qualidade e saneamento básico universal, além de desenvolver ambientes urbanos saudáveis.

Há uma urbanização acelerada no planeta. Mais da metade da população da Terra vive hoje em centros urbanos de grande densidade populacional. Em 2025 vamos ter 33 megacidades com mais de 8 milhões de habitantes, 500 megacidades com mais de 1 milhão de habitantes e com enormes problemas de contaminação do ar, da água e do solo.

Todos esses desafios passam, sem dúvida, por um processo de gestão da quantidade e da qualidade da água. Sempre que se tomou a decisão de melhorar a qualidade da água e fazer saneamento básico, houve queda drástica dos índices de mortalidade infantil e aumento da expectativa de vida. O caso mais significativo é o da França, onde a expectativa de vida na metade do século XIX era de 45 anos e passou para 60 anos no início do século XX, exatamente porque desenvolveu, na época, um enorme e eficiente projeto de saneamento básico, resultando em quedas acentuadas da mortalidade infantil e melhoria das condições de vida.

Em 1995, com a população da Terra em quase 6 bilhões de habitantes, a escassez de água potável era de 3% e o estresse era de 5%. Distinguimos escassez de estresse: escassez numa região significa que realmente falta água; estresse hídrico significa uma deficiência relativa de água durante determinados períodos. Em 2050, com uma população de quase 10 bilhões de habitantes, prevê-se uma escassez de 18% e um nível de estresse de 24% – a eficiência relativa será de apenas 58%.

Estamos acostumados a ouvir que escassez de água está relacionada com falta de água, com menor precipitação. Estive na Jordânia recentemente. A Jordânia tem uma precipitação anual de 600 milímetros nas regiões mais ao norte, próximas da fronteira com a Síria; no deserto a precipitação é de, no máximo, 50 milímetros por ano. Isso é o que cai provavelmente numa das chuvas de verão no Rio de Janeiro ou em São Paulo, na região Sudeste.

Evidentemente há uma escassez derivada de um ciclo hidrológico que tem pouca água em períodos de seca prolongada. Mas também há outro tipo de escassez, a causada por poluição. Se a água estiver contaminada e não puder ser utilizada, isso também produz escassez. Por exemplo, se a única fonte de água da região metropolitana de São Paulo fosse o rio Tietê, praticamente não poderia ser utilizada. Aliás, não é, embora o rio Tietê tenha uma vazão média de 110 metros cúbicos por segundo. O Tietê está tão contaminado, tão poluído, que é impossível tratar essa água para despoluí-la. É preciso recorrer a outras fontes. Então, a escassez deriva não só do ciclo hidrológico, mas também da contaminação, o que precisa ser considerado nas avaliações.

A figura 1, do World Resources Institute, mostra a distribuição regional do estresse previsto para 2025. A escala de cores cresce do azul mais fraco para o vermelho, e vemos que há muitos países na região mais vermelha, onde existe estresse hídrico que se vai agravar. O Brasil está em situação favorável, o que traz vantagens competitivas que comentarei mais adiante.

FIGURA 1
ESTRESSE DA ÁGUA PREVISTO PARA 2025

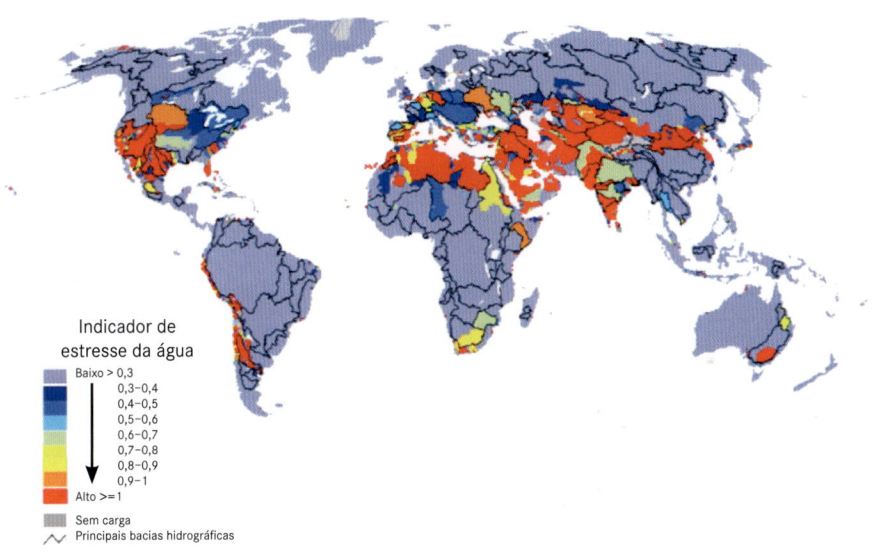

Indicador de estresse da água
- Baixo > 0,3
- 0,3–0,4
- 0,4–0,5
- 0,5–0,6
- 0,6–0,7
- 0,7–0,8
- 0,8–0,9
- 0,9–1
- Alto >=1
- Sem carga
- Principais bacias hidrográficas

Fonte: Rogers et al. (2006).

Quando olhamos o ciclo da água (figura 2), vemos que um total de 110.300 quilômetros cúbicos por ano está disponível. Desse total, uma parte (coluna da esquerda) chamada "água azul" vem do ciclo hidrológico por precipitação, do qual nos apropriamos de 18.200 quilômetros cúbicos por ano, cerca de 26%. Outra parte (coluna da direita), chamada "água cinza", é aquela que escorre pelos rios, pelos aquíferos etc., e a apropriação humana dessa água é de cerca de 6.780 quilômetros cúbicos por ano. Então nós temos uma apropriação total de água de 24.980 quilômetros cúbicos por ano, o que representa 23% da quantidade acessível.

FIGURA 2
AS QUANTIDADES DE ÁGUA UTILIZADAS

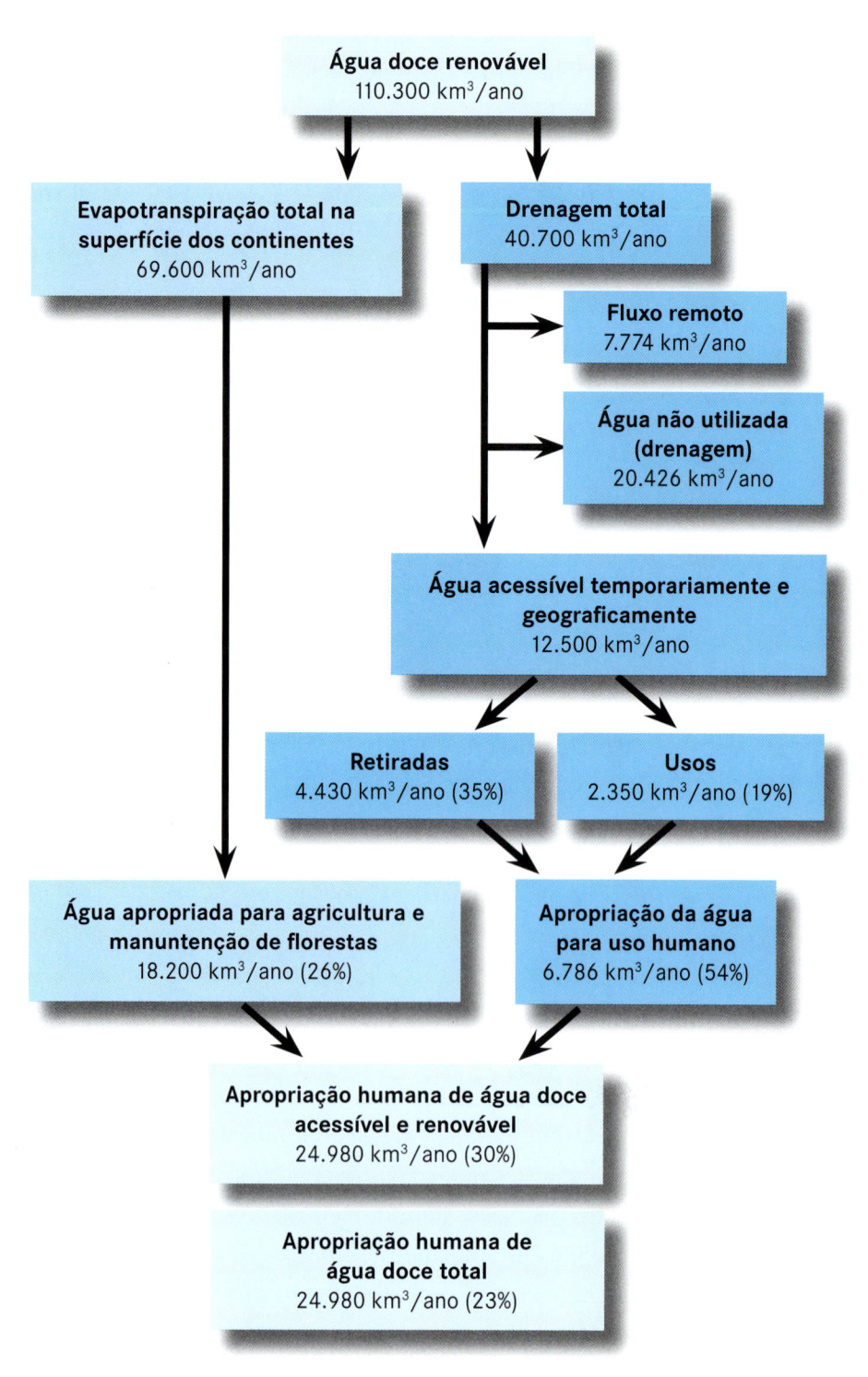

Água doce renovável
110.300 km³/ano

Evapotranspiração total na superfície dos continentes
69.600 km³/ano

Drenagem total
40.700 km³/ano

Fluxo remoto
7.774 km³/ano

Água não utilizada (drenagem)
20.426 km³/ano

Água acessível temporariamente e geograficamente
12.500 km³/ano

Retiradas
4.430 km³/ano (35%)

Usos
2.350 km³/ano (19%)

Água apropriada para agricultura e manuntenção de florestas
18.200 km³/ano (26%)

Apropriação da água para uso humano
6.786 km³/ano (54%)

Apropriação humana de água doce acessível e renovável
24.980 km³/ano (30%)

Apropriação humana de água doce total
24.980 km³/ano (23%)

O que a espécie humana tem feito é usar a água azul (que vem do ciclo hidrológico) e a água cinza (que vem da drenagem) para produzir a chamada "água escura", aquela que sai dos esgotos e sai contaminada. E esta é uma água que, se não for tratada, vai produzir um conjunto de efeitos através de vários processos diretos e indiretos.

Há também outro aspecto, a questão cultural. Quando falamos em água como líquido importante para atividades econômicas, para atividades agrícolas etc., temos que lembrar que a água é também, em muitos países, um elemento cultural e religioso. Certa vez vi, no rio Ganges, uma quantidade enorme de gente; e vi casamentos em grupo, milhares de pessoas, dentro da água. Evidentemente isso tem uma conotação importante para essas pessoas, mas também é um elemento de transmissão de doenças e de decomposição dos recursos hídricos que deve ser considerado. Assim, é impossível, hoje, pensar num sistema hídrico somente como um elemento importante para a sobrevivência. Ele é importante do ponto de vista econômico, mas também do ponto de vista cultural e religioso.

Vou citar dados, alguns deles precisando atualizar, mas que dão uma ideia dos custos da água potável. A porção da população mundial que não tinha acesso à água potável em 2000 era de 28%, cerca de 1,7 bilhão de pessoas. Isso é uma vergonha. O número de pessoas que morriam anualmente devido à poluição e contaminação das águas, em 1996, era de 5 milhões. Isso mudou, mas não substancialmente. A percentagem de esgotos domésticos despejados sem tratamento em rios, lagos, águas costeiras era, naquele ano, de 90% nos países em desenvolvimento. Isso também mudou, mas muito pouco. Despesas mundiais anuais com água engarrafada, em 1999, eram da ordem de US$ 42 bilhões por ano.

As pessoas estão deixando de beber água tratada para beber água engarrafada. Por quê? Porque há receio, desconfiança em relação ao sistema de tratamento. Eu posso medir isto quando viajo. Em alguns países da América Latina não tomo água da torneira no hotel, bebo água mineral. Nos EUA, em alguns estados, tomo água da torneira, assim como faço na Inglaterra, na França. Na Rússia, nem pensar; na Itália também não.

Os custos da compra de querosene em Jacarta, capital da Indonésia, para a fervura de água, eram de US$ 52 milhões por ano em 1987. As pessoas precisam ferver a água, que não é tratada e tem pouca confiabilidade. É um dado que ainda permanece.

A dessalinização da água é, hoje, uma tecnologia em pleno desenvolvimento. Seu custo, em 1999, era de US$ 1 por 1,5 metro cúbico de água; hoje esse valor já está em US$ 0,30. A cidade de Argel tem uma planta da General Electric que fornece água dessalinizada para 3 milhões de pessoas. Essa é, portanto, uma tecnologia que começa a despontar como possível solução para a produção de água potável em determinadas regiões.

O custo para o tratamento de água tem aumentado astronomicamente. Tenho trabalhado na região metropolitana de São Paulo já faz uns 20 anos, assessorando a Sabesp. Em 1997-1998, o custo era de R$ 35 por mil metros cúbicos. Hoje está em R$ 250 por mil metros cúbicos. É o custo do tratamento químico, ou seja, para produzir água potável é preciso montar uma indústria química junto à fonte, para tratar a água com carvão ativado, com cloreto férrico, com sulfato de manganês e outros produtos químicos.

Para um manancial bem-preservado, de alta qualidade, os custos do tratamento caem drasticamente. A pequena cidade de Ribeirão Bonito, no interior de São Paulo, gasta, ainda hoje, R$ 0,40 para tratar os mesmos mil metros cúbicos de água. Isto porque todos os seus mananciais estão preservados, não requerendo qualquer tipo de tratamento exceto adição de gotas de cloro. Essa diferença deixou de ser trabalhada pela engenharia, ou seja, a engenharia fez um trabalho magnífico ao produzir sistemas de tratamento adequados, mas, ao mesmo tempo, foi deixando de lado a proteção dos mananciais e da qualidade da água. Vou voltar ao tema mais adiante.

Em todo o planeta os ecossistemas de água doce, tais como lagos, rios, represas, produzem serviços que chegam a US$ 1 trilhão por ano. Que serviços são esses? Eles incluem pesca, navegação, fornecimento de água, serviços de purificação, entre outros.

Cerca de 1,5 bilhão de pessoas dependem de água subterrânea para abastecimento. Esse é outro problema que está começando a despontar como sério, porque os municípios e a indústria estão indo avidamente buscar águas subterrâneas nos aquíferos, que fornecem água de melhor qualidade e mais acessível. Em vez de construir uma tubulação para trazer água de 20 a 30 quilômetros de distância, basta furar um poço de 100 metros de profundidade para chegar ao aquífero rapidamente, com água de boa qualidade. Isso acarreta outro problema sério de gestão.

A figura 3 mostra projeções para a apropriação da água azul para uso humano, hoje de 6 mil a 8 mil quilômetros cúbicos por ano.

FIGURA 3

PROJEÇÕES PARA APROPRIAÇÃO DE "ÁGUA AZUL" PARA USO HUMANO

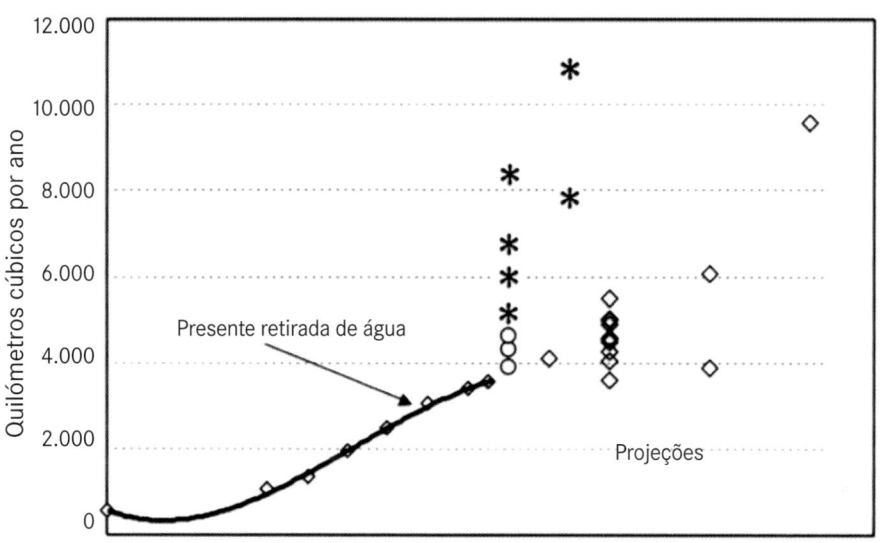

Fonte: Gleick (1999).

Vemos que esses números podem subir dramaticamente nos próximos 50 a 100 anos, embora haja grande dispersão nas projeções. Essa dispersão é devida a diversos fatores. Há incertezas pela possibilidade de mudanças globais no próprio ciclo da água, mas há também incerteza, inclusive aqui no Brasil, relativa aos dados.

Muitos países não fornecem dados sobre apropriação da água e sobre o ciclo hidrometeorológico por questões de segurança. Isso acontece, por exemplo, em situações como a do Oriente Médio, onde a água é um fator estratégico importante. A dispersão também se origina da incerteza com relação à demanda. Se ela tiver um aumento brutal, podemos chegar a 12 mil quilômetros cúbicos por ano, mas, se houver uma redução da demanda, podemos manter os níveis entre 6 mil e 7 mil quilômetros cúbicos por ano. Essas incertezas são inerentes ao conjunto de problemas proporcionado pelo gerenciamento dos recursos hídricos: falta informação adequada em muitas regiões do planeta, faltam previsões quanto à demanda, o que dificulta o gerenciamento do processo e leva a essa disparidade nas projeções.

Outro problema é o da contaminação, que atinge, hoje, praticamente todas as regiões do planeta, todos os continentes. A figura 4 esquematiza resultados de um projeto do qual participei há cerca de 10 anos, analisando 600 lagos e represas de todo o planeta, para verificar quais eram os principais problemas que produziam contaminação, deteriorando a qualidade da água.

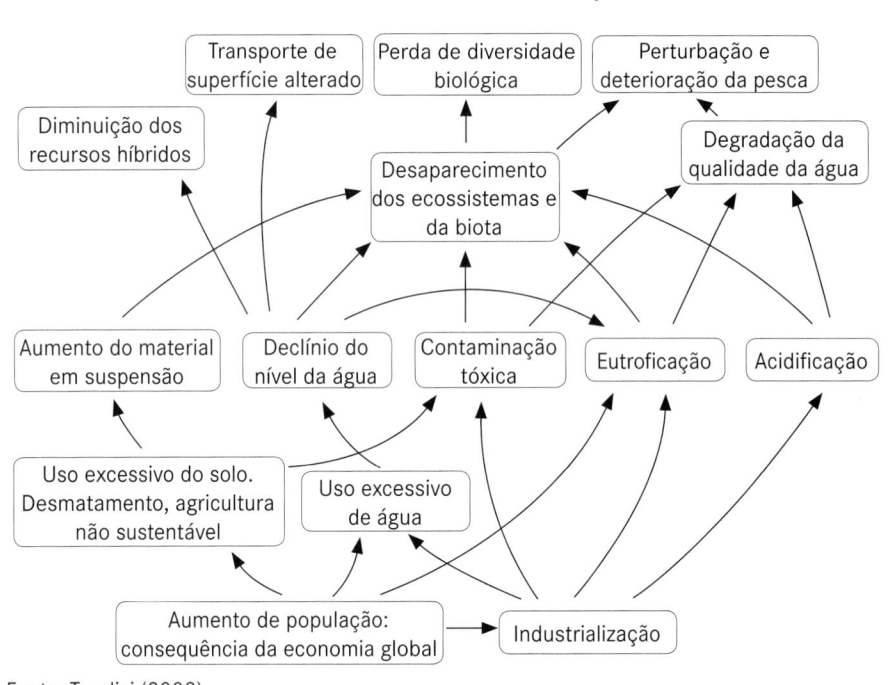

FIGURA 4

PROBLEMAS QUE PRODUZEM CONTAMINAÇÃO DA ÁGUA

```
[Transporte de          [Perda de diversidade   [Perturbação e
superfície alterado]     biológica]              deterioração da pesca]
[Diminuição dos                                              [Degradação da
recursos híbridos]                                            qualidade da água]
                        [Desaparecimento
                        dos ecossistemas e
                        da biota]

[Aumento do material  [Declínio do    [Contaminação  [Eutroficação]  [Acidificação]
em suspensão]         nível da água]  tóxica]

[Uso excessivo do solo.   [Uso excessivo
Desmatamento, agricultura de água]
não sustentável]

[Aumento de população:          [Industrialização]
consequência da economia global]
```

Fonte: Tundisi (2003).

Aumento do material em suspensão por drenagem superficial e desmatamento, declínio do nível da água por sedimentação, contaminação tóxica, eutroficação e acidificação são os cinco problemas mais importantes e mais evidentes em escala mundial que foram detectados. A contaminação tóxica é um dos problemas mais sérios entre os que hoje atingem os sistemas aquáticos, mas há também a eutroficação, o excesso de nitrogênio e fósforo, e a acidificação, degradando a qualidade da água, com consequências muito graves na biosfera, na biota aquática e na saúde. É um conjunto de perdas: diminuição dos recursos hídricos, alterações na navegação, perda da diversidade biológica, perturbação e deterioração da pesca. Tudo isso custa dinheiro porque, à medida que se degrada o sistema, é preciso investir recursos para recuperá-lo, e isto custa caro.

Nos países desenvolvidos, industrializados, tem havido uma sucessão de problemas comprometendo a qualidade da água (figura 5): na segunda metade do século XIX, a poluição fecal; no início do século XX, a poluição orgânica, depois a salinização; um pouco mais adiante, a questão da poluição por metais. Na segunda metade do século XX começou a aparecer o problema da eutroficação, resultante da aglomeração da população mundial em cidades e do despejo de esgotos não tratados; depois, os resíduos radiativos, a contaminação por nitrato e poluentes orgânicos, e a chuva ácida, afetando águas superficiais e águas subterrâneas.

Nos países em desenvolvimento, em particular no bloco conhecido pela sigla Bric (iniciais de Brasil, Rússia, Índia, China), que têm um desenvolvimento industrial rápido e agressivo, todo esse conjunto apareceu simultaneamente.

O caso mais gritante que enfrentei foi o do Polo Petroquímico de Camaçari, onde juntaram os resíduos do polo petroquímico com os esgotos da cidade. E aí queriam tratar essa mistura de organismos, de esgoto doméstico com componentes orgânicos e inorgânicos de outra origem. Esse é um exemplo típico, uma sopa orgânica e inorgânica em sistemas de alta temperatura, com alta radiação solar e alta intensidade luminosa, que representa um desafio muito grande para a ciência e para a tecnologia brasileiras. Como vamos tratar esse conjunto de substâncias?

FIGURA 5

A SEQUÊNCIA DE PROBLEMAS DE QUALIDADE DA ÁGUA
EM UM PERÍODO DE 150 ANOS

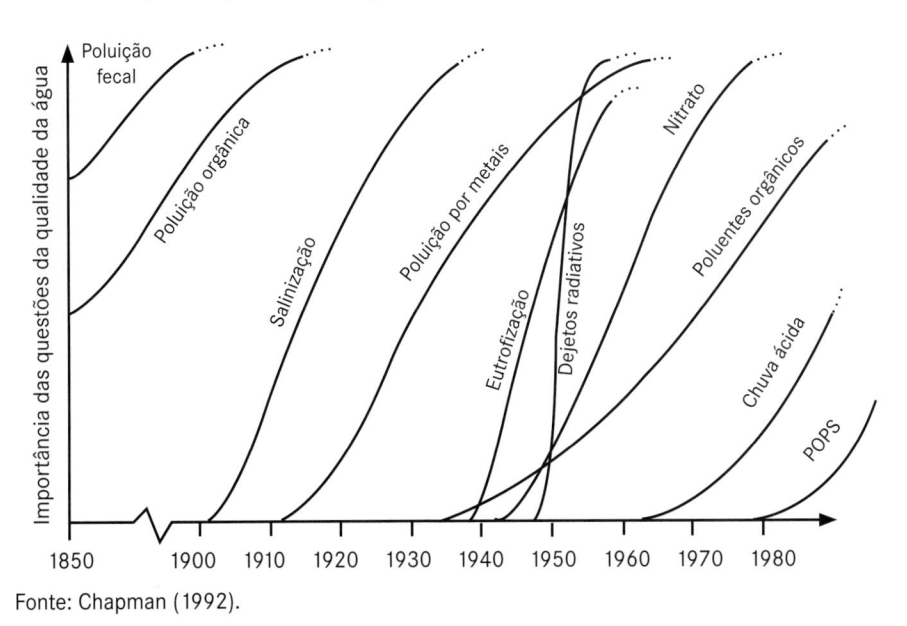

Fonte: Chapman (1992).

Mais recentemente, há cerca de 10 anos, começou-se a discutir o caso dos "agentes disruptivos endócrinos", em que não se consegue tratar a água. O sistema endócrino é uma rede de glândulas e hormônios que regulam o desenvolvimento do organismo. Agentes disruptivos endócrinos são hormônios, antibióticos, pesticidas, que os processos de filtração não eliminam; permanecem na água, causando danos à saúde das pessoas. Ainda não são perceptíveis, mas, por exemplo, a redução da taxa de reprodução humana em alguns países está sendo atribuída a hormônios presentes em pesticidas que atuam para impedir a reprodução dos insetos, e que podem estar sendo ingeridos pelas pessoas, interferindo na reprodução humana.

As mudanças globais analisadas nos relatórios do Painel Intergovernamental sobre Mudança Climática (IPCC, figura 6) vão atingir os recursos hídricos em muitos aspectos, tais como a salinização de corpos de água, maior incidência de doenças de veiculação hídrica, especialmente a malária (transmitida por fêmeas de mosquitos que têm como criadouro grandes coleções de água), aumento de eutroficação e do florescimento de algas tóxicas, que também podem ser problemas para a saúde humana.

Um problema que só agora começou a ser pensado de forma mais séria é o da interação entre as mudanças globais produzidas pela elevação da temperatura, pelo aumento da concentração de gases na atmosfera e pelas mudanças nos usos do solo. Está havendo uma sinergia entre o desmatamento, a utilização acelerada do solo, o despejo de resíduos nos sistemas hídricos e as mudanças globais, agravando seus efeitos.

FIGURA 6
GERADORES DE CONTAMINAÇÃO E PROBLEMAS GLOBAIS

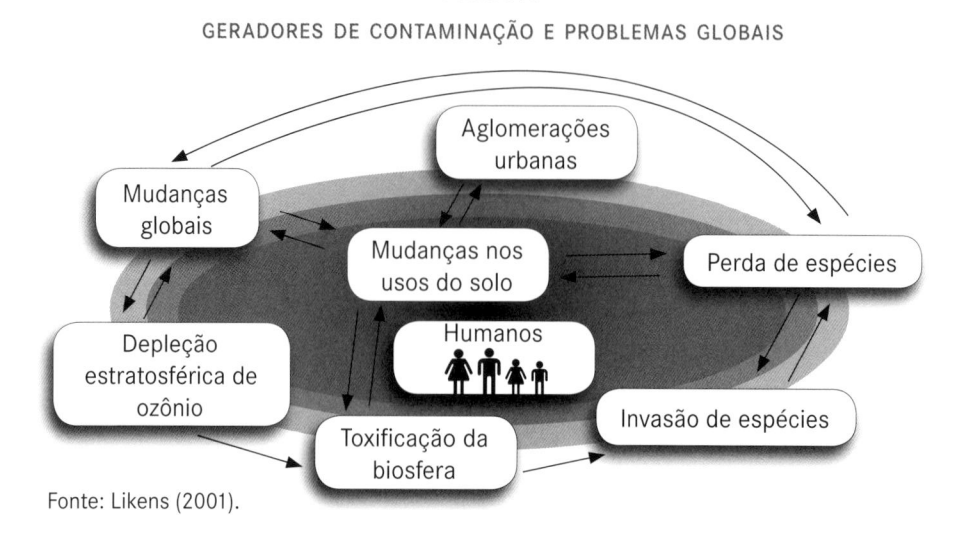

Fonte: Likens (2001).

O conjunto de processos envolve aglomerações urbanas, mudanças nos usos do solo, mudanças globais produzidas por atividades humanas, a depressão estratosférica de ozônio e a toxificação da biosfera. A invasão de espécies exóticas é outro problema muito sério que tem passado despercebido em alguns países e regiões. Há, no Brasil, um caso extremo, o *Limnoperna fortunei* (ou mexilhão-dourado), um pequeno molusco que veio pela bacia do Prata e que mata o junco e vários outros moluscos. Ele está invadindo canos de água e tubulações de represas, já provocando perdas econômicas significativas.

Há uma perda de espécies por vários fatores, inclusive competição com espécies invasoras. Todo esse processo, que atinge os seres humanos, resulta, por outro lado, das próprias atividades humanas no desenvolvimento econômico, no uso dos recursos hídricos e das bacias hidrográficas.

Um exemplo é a região metropolitana de São Paulo, que tem cerca de 8 mil quilômetros quadrados e abriga 12% da população do Brasil. Ela vem avançando sobre todos os mananciais (figura 7), trazendo problemas permanentes para a disponibilidade de água potável de boa qualidade.

FIGURA 7
O CRESCIMENTO DA REGIÃO METROPOLITANA DE SÃO PAULO

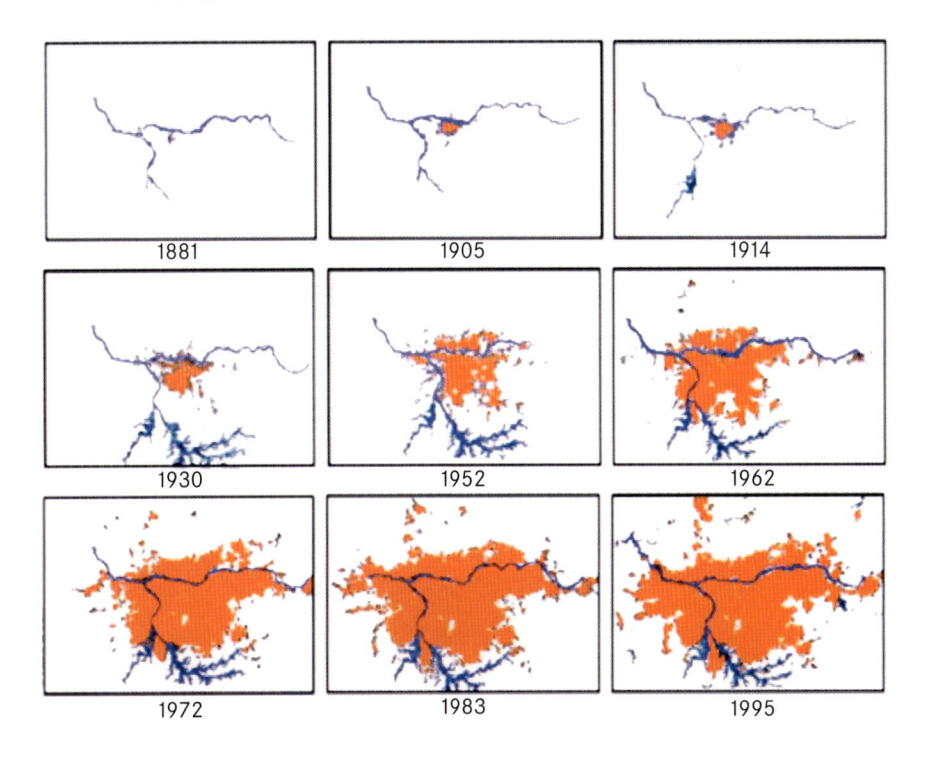

As regiões metropolitanas do Brasil, especialmente as periferias das grandes cidades, são verdadeiras bombas-relógio no que diz respeito ao abastecimento de água. Qualquer acidente no tratamento poderia causar uma tragédia e a morte de centenas de pessoas, desencadeando pânico. Isso não é ficção; é algo muito próximo de uma possibilidade. A administração dessas áreas urbanas, no Brasil todo, sofre uma crise permanente de abastecimento e contaminação.

O sistema hídrico é parte de um complexo muito amplo de interações (figura 8). A produção de alimentos depende da disponibilidade de água e do seu uso; as florestas têm uma relação direta com o suprimento de água; as mudanças climáticas podem também alterar esse suprimento; as perdas de biodiversidade dependem do suprimento e da demanda de água. Essas interconexões estão começando a ficar muito claras agora, para os cientistas e os administradores.

FIGURA 8

INTERAÇÕES ENTRE COMPONENTES DOS CICLOS BIOGEOFÍSICOS

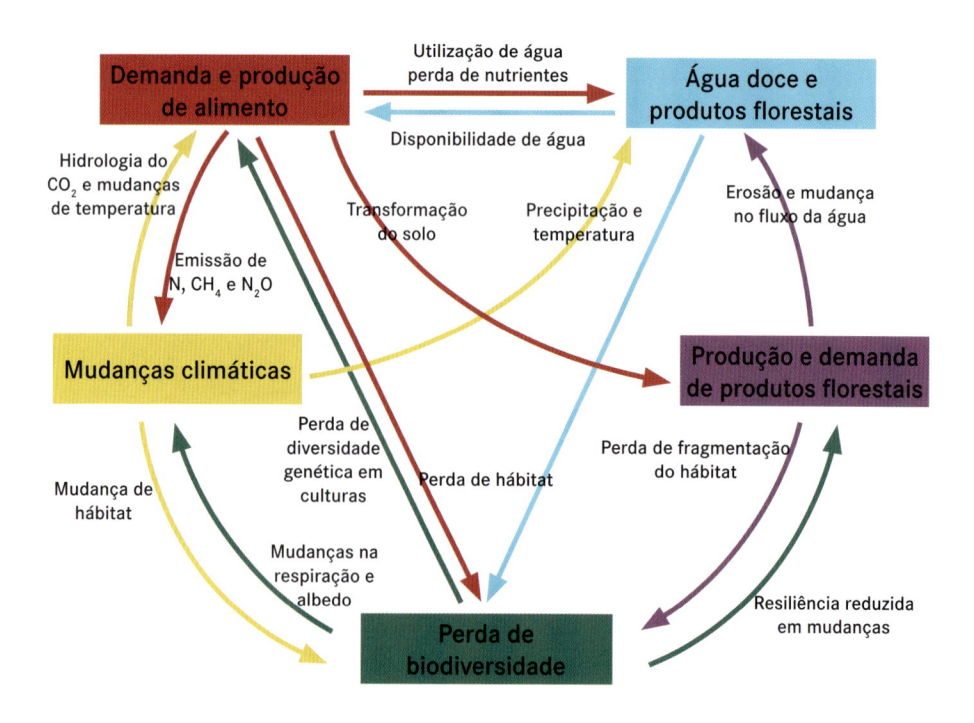

O Millenium Ecosystem Assessment (MEA), do qual participei, foi um projeto mundial de avaliação de todos os ecossistemas do planeta e dos serviços deles decorrentes. Esses serviços incluem produtos (alimentos, água doce, madeira, fibra, produtos bioquímicos e recursos genéticos); serviços de regulação (do clima, de doenças, de purificação e regulação da água, de polinização) e serviços culturais (recreação, turismo, educação, ecoturismo, herança cultural, serviços estéticos).

Esse conjunto de serviços não era percebido pela humanidade como algo que pudesse ser mensurado. Hoje sabemos que pode e deve, não só em termos de quantidade produzida, mas também em termos econômicos. Com efeito, se conseguimos mensurar esses serviços, isso pode contrabalançar as abordagens puramente econômicas quanto à apropriação dos recursos naturais.

Já há muito tempo, no Quênia, resolveram não industrializar o país e usar o turismo como fonte de dólares, fonte de desenvolvimento. Chegaram à conclusão de que um tigre vivo vale 10 vezes mais que um tigre morto, porque as pessoas pagam para ver o tigre vivo, para fazer turismo. Foi a partir desse tipo de informação e percepção que se iniciou esse processo de avaliação de um ecossistema.

Quanto vale um ecossistema? Quanto vale a lagoa Rodrigo de Freitas, no Rio de Janeiro? Temos de pensar em termos da recreação proporcionada por essa lagoa, da pesca (se ela não estiver contaminada) etc. Quanto vale a floresta da Tijuca? É preciso levar em conta toda a gama de serviços mencionados.

Até agora só apresentei os problemas relativos aos recursos hídricos. Vamos ver então como avançar em soluções. O gerenciamento ambiental começou a mudar muito a partir da última década do século XX. Antes era um gerenciamento local, setorial e de respostas a crises. Era local porque focava o rio ou o lago; era setorial porque focava uma única atividade. No caso dos recursos hídricos, havia a Sudepe, que concentrava-se na pesca; havia, e ainda há, a Eletrobras, que trata da produção de energia elétrica. Então, a gestão era setorial: navegação, pesca, produção de hidroeletricidade etc. E era baseada na resposta a crises: só depois que ocorria um incidente ou um acidente grave é que os gerentes procuravam interferir no sistema e resolver o problema.

Estamos numa fase de transição, e a percepção agora é de que o processo não é apenas local. O sistema hídrico depende de uma bacia hidrográfica. Não é só o rio o foco da atenção, mas é a bacia à qual o rio pertence. É impossível fazer a gestão de um rio; o que se faz é a gestão da bacia, é entender como funcionam a bacia e o rio. Tudo começa na bacia hidrográfica, muitas vezes a vários quilômetros de distância do rio.

A bacia hidrográfica é um sistema hidrologicamente integrado. O que é necessário integrar? Os usos múltiplos. Hoje é impossível pensar num ecossistema aquático, seja ele uma água superficial ou subterrânea, lago, rio, represa etc. que não tenha usos múltiplos. Então, é necessário integrar e gerenciar esses usos. Isso evidentemente é muito complexo, mas existem modelos, existem mecanismos que podem procurar melhorar e otimizar essa gestão. É necessário gerir a pesca, a navegação, a recreação, a produção de hidroeletricidade, mas os modelos produzidos durante todo o século XX, com muitos dados, permitem que hoje se faça um gerenciamento mais avançado.

Um aspecto muito importante do gerenciamento é a necessidade de desenvolver tecnologias que nos permitam prever eventos com muita antecedência, para que se tenha tempo de atuar no sistema. Isso só pode ser feito se tivermos um sistema de monitoramento avançado, que permita construir séries históricas.

No Brasil, em muitos sistemas aquáticos existe um ciclo hidrossocial associado. No rio Amazonas, por exemplo, a variação do nível das águas entre os períodos de cheia e vazante engendrou todo um conjunto de usos da água, para irrigação, para pesca, para navegação. Ou seja, para todo ciclo hidrológico há um ciclo hidrossocial e hidroeconômico acoplado, que nós precisamos entender. A falta de compreensão desses ciclos levou a muitos desastres.

Um lago em que trabalhei, na África, o lago Vitória, tem a segunda maior área do mundo entre lagos de água doce. No final da década de 1950 foi introduzida nele a perca do Nilo (*Lates niloticus*), um peixe grande, carnívoro e muito voraz que, segundo a expectativa, poderia fornecer mais carne e ser transformado também num sucesso comercial de exportação. Foi introduzido e começou a multiplicar-se rapidamente.

Entretanto, a perca dizimou toda a população nativa de peixes do lago, mais de 200 espécies. Eliminou peixes que limpavam detritos, levando à eutroficação do lago. Além disso, os nativos secavam ao sol os peixes da região, para vender nos mercados. A perca do Nilo, que é um peixe muito gorduroso, fica rançosa quando seca ao sol. Então, resolveram defumar o peixe, e, para isso, começaram a cortar todas as florestas ao redor do lago.

Tudo isso acabou por ameaçar gravemente a própria sobrevivência do lago e das populações que vivem às suas margens. O premiado filme documentário *O pesadelo de Darwin* narra essa história. Isso ilustra a importância de ter uma compreensão e predição mais competente de processos e efeitos indiretos sobre um ecossistema.

Precisamos de quatro tipos de avanços: conceituais, gerenciais, tecnológicos e institucionais. Avanços conceituais são necessários na gestão por bacia hidrográfica, porque ela é, hoje, decisivamente reconhecida como unidade de gestão dos sistemas hídricos. O Brasil tem uma lei de recursos hídricos, aprovada em 1997, bem avançada e subscreve um programa mundial de descentralização na gestão por bacias hidrográficas.

O tamanho da bacia vai depender da capacidade de organização das comunidades e das instituições locais. Pode ser a bacia do Prata, a bacia do Paraná, a sub-bacia do Tietê, uma sub-bacia do Paraná, ou a sub-bacia do rio Jacaré-Pipira, um afluente do Tietê. O que se espera é que haja um encadeamento de sistemas de gestão de bacias hidrográficas, que vão desde microbacias locais até grandes bacias internacionais. Existe um grande movimento de descentralização, um avanço conceitual nesta direção.

É preciso também avançar, do ponto de vista gerencial, na capacidade de produzir gerentes que tenham uma visão mais clara deste conjunto de processos. É preciso que os gerentes de recursos hídricos considerem integralmente o conjunto de águas do ciclo: águas atmosféricas, águas superficiais e águas subterrâneas – tanto do ponto de vista qualitativo quanto do quantitativo.

Quantidade e qualidade de água têm de ser integradas, embora, muitas vezes, estejam divorciadas. Fazer um canal ou uma adutora para transportar água é muito importante, mas é preciso pensar também na qualidade que vai ter essa água, porque, caso contrário, vamos cair no problema da gestão dessa qualidade. Não adianta construir uma adutora com um sistema totalmente poluído, porque isso vai levar a problemas de tratamento na ponta do sistema, vai consumir mais recursos e, assim, será um esforço perdido.

É preciso avançar também no aspecto tecnológico. Nossos sistemas de monitoramento têm apresentado um avanço muito grande, mas há hoje, mundialmente, um esforço para ter um gerenciamento em tempo real. Por exemplo: captar a água e trazer amostras para o laboratório está se tornando um procedimento ultrapassado em razão da perda de tempo e da degradação quando se transportam essas amostras. O mais avançado é fazer pesquisa e determinação da qualidade da água por sondas multiparamétricas, que dão instantaneamente os resultados sobre condições físicas, químicas e certas condições biológicas (não todas).

O ideal é um sistema de gerenciamento avançado em que se colocam sensores. Estão fazendo isso na cidade de Cajamar, em São Paulo. Vão instalar 10 sensores na superfície das bacias hidrográficas, transmitir os dados para um computador na prefeitura, na Companhia de Tecnologia de Saneamento Ambiental (Cetesb), onde necessário para que recebam dados diretos de temperatura, pH da água, condutividade etc.

Nas projeções que nós fazemos para o futuro, consideramos que seria muito interessante dispor de informações sobre a qualidade da água de um manancial num quiosque com computador, acessível a qualquer pessoa. Aliás, isso está na lei de recursos hídricos e na Portaria nº 518/2004 do Ministério da Saúde, que obriga as secretarias da saúde de municípios e estados, e o sistema federal, a informar sobre a qualidade da água fornecida à população. Qualquer cidadão tem esse direito, e a ideia, que não está tão longe assim de ser realizada, nem é tão cara: é ter o computador ligado aos sistemas de monitoramento, e as pessoas podem consultar sobre a qualidade da água que têm em casa. Não é um sonho, não; pode ser feito.

Esse sistema de Cajamar, que estamos fazendo, custará em torno de R$ 120 mil, e vai ser um sistema ótimo. Haverá nove pontos de sensoriamento, com cinco sensores de qualidade da água, que vão, a cada meia hora, transmitir esses dados para a prefeitura, para o sistema de saneamento local e para quem quiser ser informado. Esse avanço tecnológico também traria para o país uma expansão da interação entre universidades e empresas, necessária para fazer esse tipo de trabalho.

Finalmente, precisamos de avanços institucionais em duas direções. A primeira é dar mais poder e força aos comitês de bacias hidrográficas, sistemas em que a participação pública dos usuários é muito importante e bem-vinda. Em segundo lugar, deve haver interação entre os comitês hidrográficos dos setores público e privado, viabilizando um avanço institucional bastante importante.

Como exemplo, no estado de São Paulo temos hoje 22 bacias hidrográficas de gestão. O estado de São Paulo não é mais dividido politicamente, ele é dividido pelas bacias hidrográficas (figura 9), que são as unidades de gestão de recursos hídricos (UGRHI). São também unidades de gestão territorial, e a concepção mais moderna é integrar o planejamento territorial com o planejamento de recursos hídricos.

FIGURA 9

AS 22 BACIAS DE GESTÃO EM TERMOS HÍDRICOS DO ESTADO DE SÃO PAULO

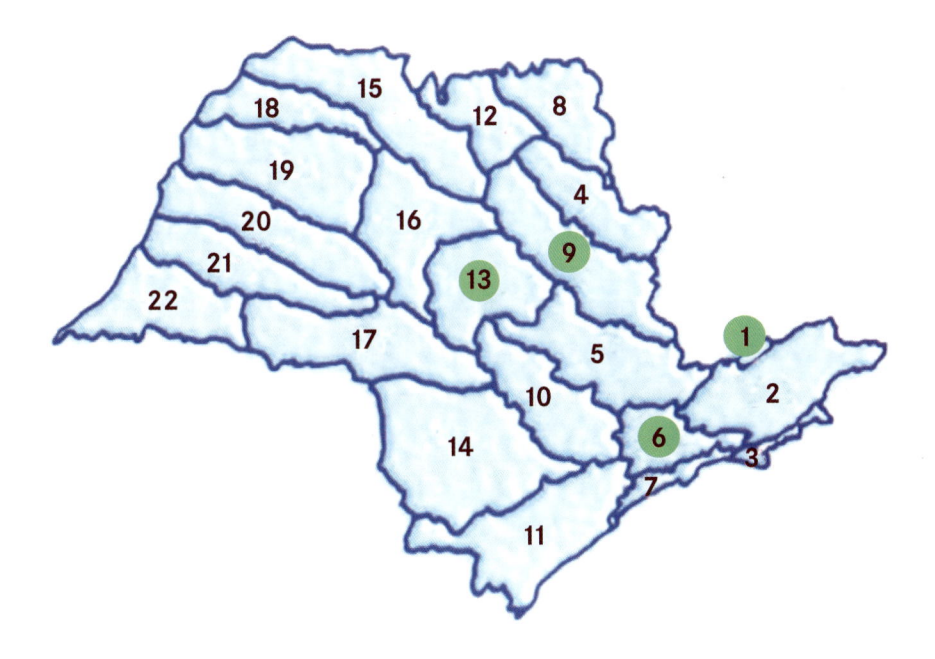

Fonte: Tundisi.

Cada bacia já tem um comitê. O próximo passo é ter um diretor de bacia: o comitê de bacia é um parlamento; o diretor de bacia é um gestor, que vai implementar os planos desenvolvidos pelo comitê. E o avanço mais significativo, em São Paulo, foi a aprovação da cobrança pelo uso da água. Os comitês de bacia vão receber os recursos provenientes da cobrança, para que sejam investidos no local, na bacia. Um exemplo é a bacia nº 13, em que eu vivo e trabalho. Temos um projeto (financiado pela Finep) de gestão dessa bacia, que compreende 34 municípios. A expectativa é que, a partir do próximo ano, a bacia receba R$ 25 milhões originários da cobrança. Isso vai ser suficiente para tratar esgoto e para melhorar a infraestrutura hídrica. Essa me parece uma medida importante do ponto de vista da descentralização da gestão e dos recursos.

Uma abordagem de bacia é fundamental para o gerenciamento de águas superficiais e subterrâneas. A formação de recursos humanos para gestão deve dar condições de integrar o conjunto de usos múltiplos, o ciclo da água, a capacidade de previsão. Os gestores devem ter a capacidade de entender os problemas globais, os problemas nacionais, regionais e locais, ou seja, toda essa cadeia de processos. O mercado e a sociedade civil devem ser considerados.

Há alguns anos eu era favorável à privatização dos sistemas hídricos. Achava que era uma solução, até porque o sistema público não tinha condições de investir adequadamente. Mudei radicalmente de posição quando visitei certos países da América Latina e comecei a perceber que a privatização pode ser um desastre, pelo menos no que se refere ao abastecimento público e tratamento de água. Talvez ela seja uma solução para o tratamento de esgoto, mas não para o tratamento de água.

Quando privatizaram a água de Cochabamba, na Bolívia, as companhias privadas de água não instalaram um único cano a mais: a população da periferia continuou sem água, como quando o sistema era público. Então teve de comprar água – de baixa qualidade e mais cara –, gastando 10% do salário na aquisição de 200 litros por semana para cada família. Enquanto isso, a população do centro da cidade gastava 1% do salário para 400 litros por dia por pessoa. Ou seja, há um processo de exclusão social que pode ser manipulado pelo sistema privatizado de distribuição e tratamento da água. Ao perceber isso, mudei radicalmente de ideia. Talvez seja preciso privatizar o tratamento de esgotos, mas distribuição e tratamento de água têm que ser públicos, o governo tem que investir, não há outra saída.

A figura 10 mostra a nova divisão do Brasil em 12 grandes bacias de recursos hídricos. É voz corrente que o Brasil tem 12% da água do planeta, mas cuidado: essa água está concentrada principalmente na Amazônia. Um habitante da Amazônia tem cerca de 700 mil metros cúbicos de água por ano à sua disposição, enquanto um habitante do Sudeste tem entre 1.200 e 2 mil metros cúbicos de água por ano. Então, há uma distribuição desigual de água, sem falar no Nordeste, onde há regiões semiáridas.

FIGURA 10

AS 12 BACIAS DE RECURSOS HÍDRICOS DO BRASIL

Fonte: Agência Nacional de Águas — ANA (2000).

A relação entre demanda e disponibilidade de água está representada na figura 11. Vemos que, justamente no Norte, existe excelente disponibilidade, em razão da menor densidade da população e das atividades humanas. Já no Nordeste, Sudeste, Sul e em parte do Centro-Oeste existem relações críticas entre a demanda e a disponibilidade. Entre São Paulo e Paraná, onde a demanda já está começando a ser muito maior, a agricultura está competindo com o abastecimento público de água. Esse é um problema que vamos ter que enfrentar no futuro.

FIGURA 11

DEMANDA E DISPONIBILIDADE DE ÁGUA NO BRASIL

Relação entre demanda e disponibilidade

| 0% | 10% | 20% | 40% |

| Excelente | Confortável | Preocupante | Crítica | Muito crítica |

Fonte: Julio Thadeu Silva Kettelhut.

Entre outubro de 2003 e dezembro de 2004 participei, com Gerard Moss e outros colaboradores, do projeto Brasil das Águas. Detalhes podem ser encontrados no site <www.brasildasaguas.com.br>. Utilizamos um hidroavião, que coletou amostras de água em 1.164 pontos espalhados por todo o Brasil (figura 12). A água era analisada dentro do hidroavião, em tempo real, usando uma sonda multiparamétrica, e análises complementares eram depois realizadas em meu laboratório. Com isso tivemos um avanço muito grande em nossa visão global do Brasil (figura 13).

FIGURA 12

PONTOS AMOSTRADOS

PROJETO BRASIL DAS ÁGUAS

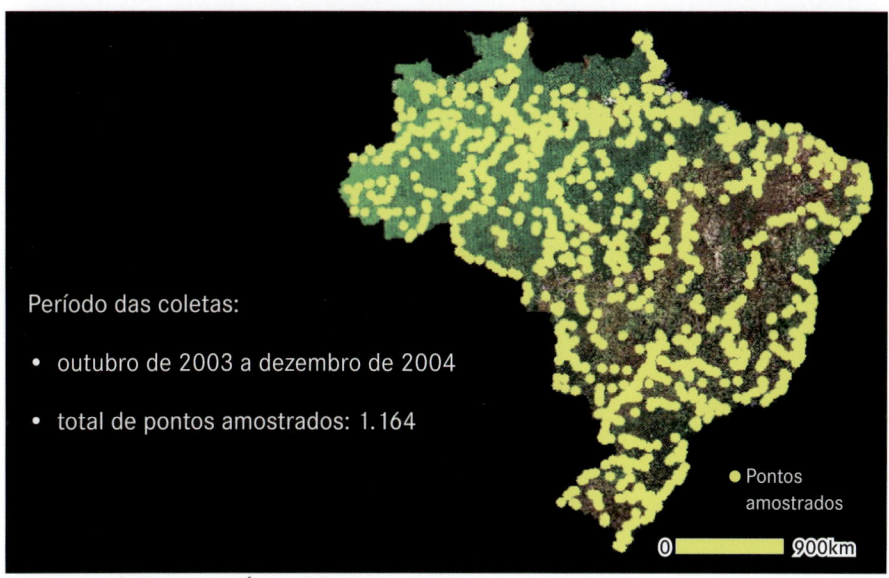

Período das coletas:

- outubro de 2003 a dezembro de 2004
- total de pontos amostrados: 1.164

● Pontos amostrados

Fonte: Projeto Brasil das Águas (2004).

FIGURA 13

ESTADO TRÓFICO NOS PRINCIPAIS RIOS

PROJETO BRASIL DAS ÁGUAS

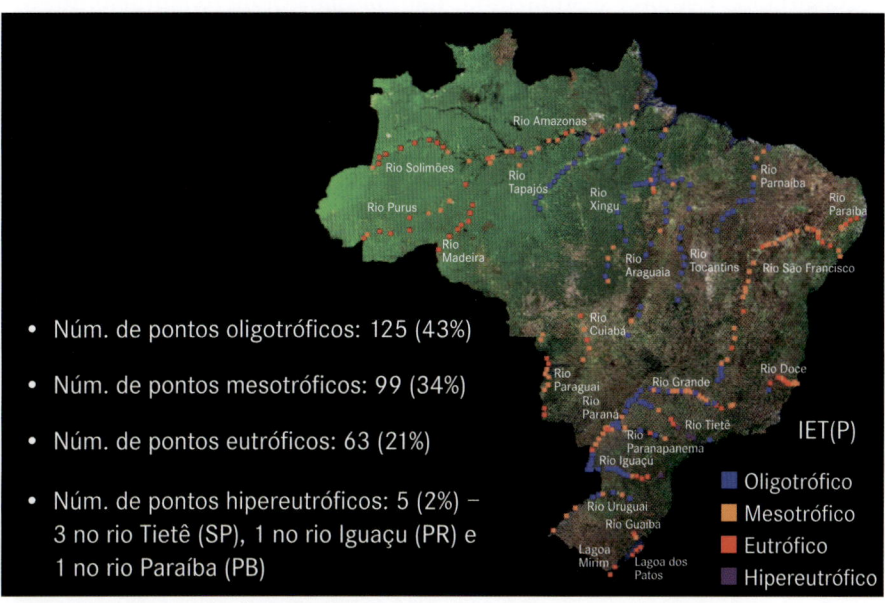

- Núm. de pontos oligotróficos: 125 (43%)
- Núm. de pontos mesotróficos: 99 (34%)
- Núm. de pontos eutróficos: 63 (21%)
- Núm. de pontos hipereutróficos: 5 (2%) – 3 no rio Tietê (SP), 1 no rio Iguaçu (PR) e 1 no rio Paraíba (PB)

IET(P)
- Oligotrófico
- Mesotrófico
- Eutrófico
- Hipereutrófico

Fonte: Projeto Brasil das Águas (2004).

A CRISE MUNDIAL DA ÁGUA

Hoje coordeno um grupo de trabalho em função de um projeto que me foi encomendado pelo Centro Gestão e Estudos Estratégicos (CGEE), do Ministério de Ciência e Tecnologia. A pergunta que me fizeram foi a seguinte: "Professor Tundisi, daqui a 30 anos, em 2027, qual será a situação do Brasil em relação aos recursos hídricos? Como vê os principais problemas que precisam ser atacados nesse período?" Essas questões estão ainda em discussão no grupo de trabalho, mas quero salientar pontos que me parecem fundamentais.

Primeiramente, no tópico desenvolvimento tecnológico e inovação: é preciso avançar nesse processo, e o governo (através do CNPq e da Finep) tem um papel importantíssimo na gestão do processo de inovação e no estímulo ao desenvolvimento tecnológico. Monitoramento em tempo real e com novas metodologias, tecnologias avançadas de gestão, uso de imagens de satélites para gestão, integração entre geoprocessamento, gestão territorial, qualidade dos recursos hídricos, tudo isso é um conjunto de processos de gestão que precisa ser estimulado e deve avançar.

Na questão da exploração hidroenergética o Brasil fez experiências desastrosas na produção de energia elétrica na Amazônia, como a represa de Balbina. Mas, por outro lado, se o Brasil persistir no emprego da matriz hidroenergética para manter a produção de energia a partir da água, precisaremos explorar a Amazônia; não há mais onde explorar o Sul e o Sudeste do país.

Para explorar a Amazônia precisamos ter um processo de visão estratégica. Em quais rios nós vamos fazer as represas? Não podemos esquecer que os rios amazônicos são únicos no mundo, e que o processo de evolução natural propiciado por esses rios também é único. Ou seja, colocar uma represa na Amazônia significa, muitas vezes, destruir um arquipélago Galápagos por ano (Tundisi, 2003).

Precisamos pensar que país vamos querer para o futuro: se um país cheio de hidrelétricas na Amazônia, ou um país em que sejam preservados rios vitais para o processo natural de evolução. Os grandes deltas internos do Amazonas são sistemas naturais de grande diversidade e fluxo gênico, cadinhos biológicos e ecológicos, físicos e químicos.

Nós vamos renunciar a esses processos naturais para produzir energia? Isso precisa ser discutido e pensado. Quais são os rios que vamos usar para produzir energia e quais os que vamos deixar intactos? Não só intactos para daqui a 100 ou 500 anos, mas para sempre, e daí procurar conciliar a produção de energia e o emprego de outras formas de energia. São decisões estratégicas.

A questão dos recursos hídricos em regiões metropolitanas é fundamental. A maior parte da população brasileira (70%) vive hoje nessas regiões. As zonas periféricas das grandes regiões metropolitanas são extremamente complexas do ponto de vista de acesso a recursos hídricos, qualidade da água, interação entre água e saúde humana.

É preciso avaliar o custo da produção em termos de água. Quando vejo uma carne brasileira enlatada, eu me pergunto: quanta água tem aqui? Isto porque, para criar um boi, consomem-se 4.500 metros cúbicos de água. Essa água está sendo exportada. Quanta água nós exportamos com a soja, o suco de laranja, a carne, o frango? Essa é água que está sendo levada para fora do país, a chamada água virtual. O Brasil ainda tem grande vantagem com ela, e terá uma vantagem competitiva cada vez maior daqui para frente na produção de alimentos, diante das mudanças globais e do aumento de aridez. Mas é preciso fazer uma avaliação em confronto com o abastecimento público, o abastecimento das populações humanas.

Atualmente fala-se muito em biodiesel, e minha pergunta é sempre a mesma: de onde vem a água? Temos água para tudo isso? Para soja, para álcool, para milho, para arroz, para feijão, para trigo, para fruticultura de exportação? Isso precisa ser avaliado estrategicamente.

Uma das prioridades é o monitoramento hidrometeorológico das cargas de nitrogênio e fósforo, de metais nos rios; da relação entre carga e concentração de carga, para que se tenha uma visão clara do que está acontecendo no sistema; análise nas regiões metropolitanas e análise de risco, com busca de alternativas e soluções.

Há um grande problema de drenagem urbana no Brasil inteiro. As águas de enchentes se misturam com as águas fluviais e as águas de esgoto, trazendo problemas de contaminação. Isso é um enorme problema, de difícil solução. Há mistura com resíduos sólidos, em grande parte decorrente de falta de educação sanitária da população. Não é nem educação ambiental, é educação sanitária; é não jogar lixo na rua. Só isso.

Tenho trabalhado em regiões da área metropolitana de São Paulo e, às vezes, meus colegas me perguntam se isso aqui é São Paulo ou África. A dois quilômetros do aeroporto de Cumbica há coisas que só vi no Senegal, ou em Conacri, capital da Guiné Francesa. É algo dantesco em termos de contaminação, poluição, lixo. Estou convencido, depois de trabalhar em 40 países, de que a linha divisória entre desenvolvimento e subdesenvolvimento passa pelo problema do lixo e da limpeza.

Não há um único país em desenvolvimento entre os que eu visitei que não tivesse lixo urbano na rua – Egito (lixo na beira do famoso rio Nilo), Brasil, países da América Central, da África...

Em outras regiões, entretanto, como na Inglaterra e na França, já existe um sistema à vácuo para aspirar cocô de cachorro na rua, para limpar as calçadas. Há uma relação muito forte disso com a saúde humana. Temos que avançar nessa questão.

As figuras 14 e 15 comparam a produção mundial de alimentos em 2000 com projeções para 2025. Brasil, Argentina, parte da Europa central e Austrália serão os grandes celeiros do planeta para a produção de alimentos. China, Índia, grande parte da África e parte da América do Sul serão áreas de escassez, tanto de água quanto de alimentos, e o Brasil terá uma grande vantagem competitiva se gerenciarmos adequadamente nossos recursos hídricos. Essa questão também tem que ser discutida.

O que deve ser público e o que deve ser privado na gestão de recursos hídricos? Isso precisa ser considerado. Pequenas hidrelétricas devem ser privadas; já represas de grande porte para múltiplos usos provavelmente tenham que ser públicas. Saneamento básico pode ser intermediário entre público e privado. Suprimento urbano de águas em operações de saneamento básico: eu alocaria esse processo muito mais ao setor público do que ao privado.

O suprimento de água em larga escala pela dessalinização pode ser privado, porque requer investimentos enormes e pode ser atraente para este setor, como em Argel, onde uma enorme planta da GE supre de água potável 3 milhões de pessoas.

Os cálculos que foram feitos mostram ser preciso passar de cerca de US$ 80 bilhões por ano para US$ 180 bilhões por ano a fim de diminuir o passivo ambiental nos países em desenvolvimento. De onde virá esse dinheiro? É preciso discutir onde o investimento deverá ser público, onde deverá ser privado. Mas o que afeta grandes populações, em minha opinião, tem que ser financiado pelo setor público.

FIGURA 14

PRODUÇÃO MUNDIAL DE ALIMENTOS EM 2000

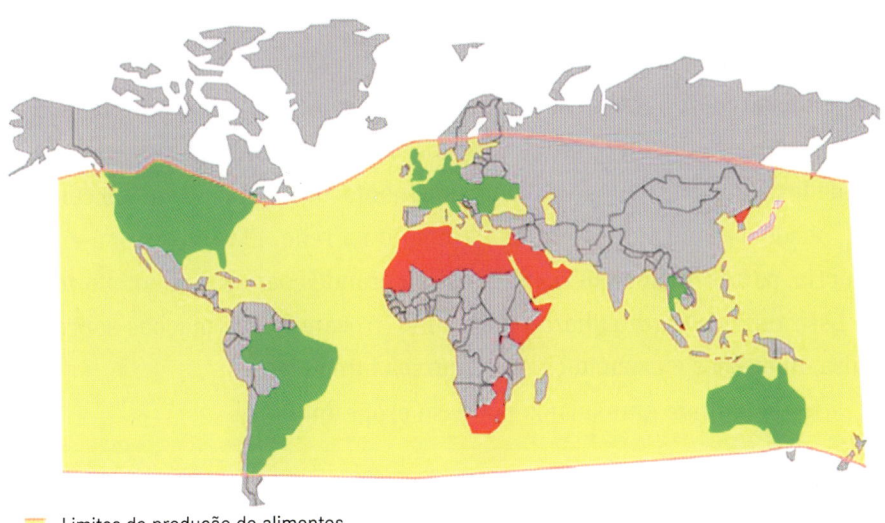

☐ Limites da produção de alimentos
■ Falta de água suficiente para a produção de alimento
■ Água, solo e condições climáticas que permitam grande produção de alimentos para exportação

Fonte: Vaux (2006).

FIGURA 15

PROJEÇÕES PARA 2025 DA PRODUÇÃO MUNDIAL DE ALIMENTOS

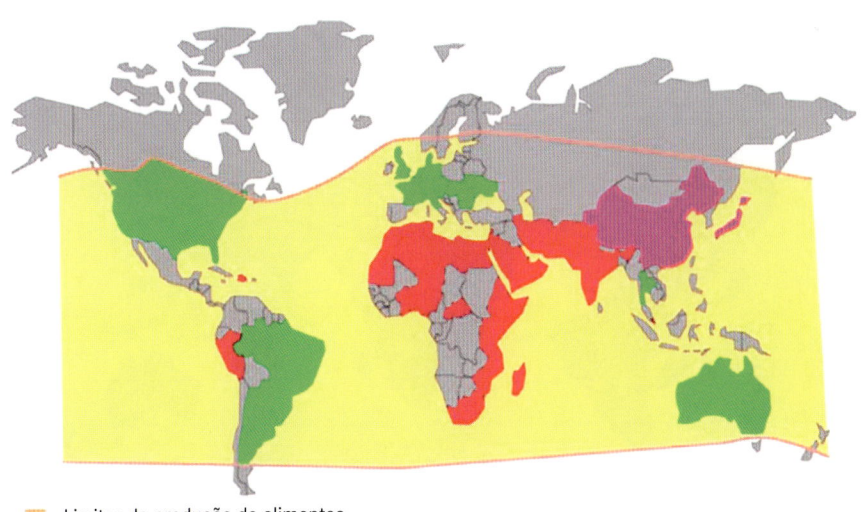

☐ Limites da produção de alimentos
■ Falta de água suficiente para a produção de alimento
■ Água, solo e condições climáticas que permitam grande produção de alimentos para exportação

Fonte: Vaux (2006).

Estou montando, a pedido de 96 academias de ciência, seis centros de capacitação, inovação e pesquisa (figura 16). Um no Brasil, em Guarulhos, associado com meu instituto; os outros na Jordânia (ponto focal para todo o Oriente Médio), na Polônia (ponto focal para a Europa central), na Rússia (ponto focal para a Ásia central), na China (ponto focal para o Sudeste da Ásia), na África do Sul (ponto focal para toda a África). Há, também, a possibilidade de um centro desses no México (ponto focal para a América central).

A ideia é que esses centros formem uma rede. Eles envolvem, em sua maioria, países do hemisfério Sul, mas há grandes países do hemisfério Norte. Essa rede deve trabalhar em conjunto, trocando informações sobre pesquisa, inovações e capacitação de recursos humanos.

Tenho grande entusiasmo por esse programa.

FIGURA 16
LOCALIZAÇÃO DOS CENTROS INTERNACIONAIS DE CAPACITAÇÃO
DE GESTORES DE RECURSOS HÍDRICOS DE INOVAÇÃO
(PROGRAMA COM APOIO DO IAP/IANAS)

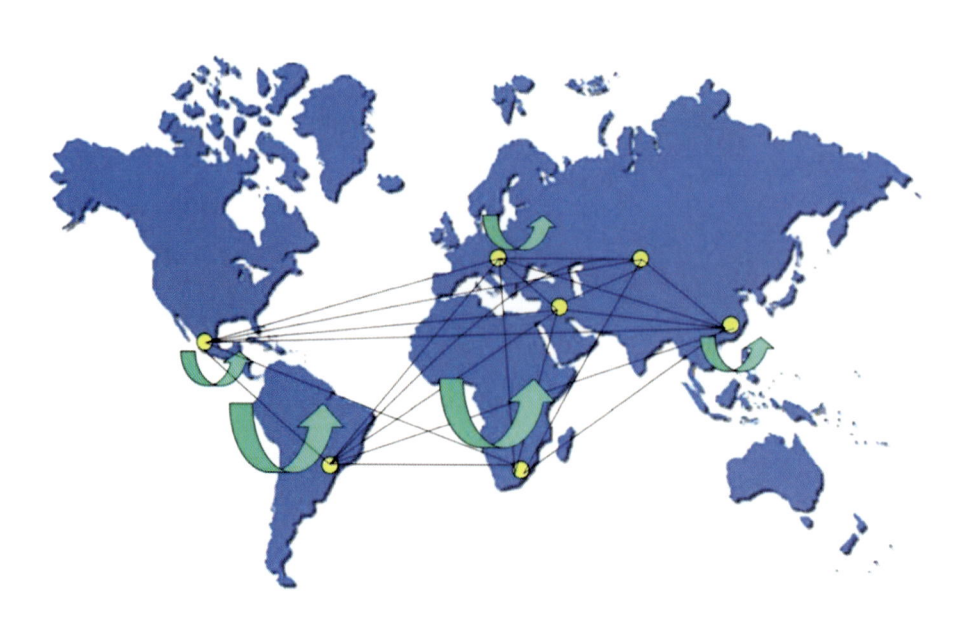

Bibliografia

AYENSU, E. et al. Ecology: international ecosystem assessment. *Science*, v. 286, n. 5.440, p. 685-686, Oct. 1999.

CHAPMAN, D. *Water quality assessments*: a guide to the use of biota, sediments and water in environmental monitoring. 2. ed. London: E&FN Spon, 1996.

LIKENS, G. E. Biogeochemistry the watershed approach. *Marine and Freshwater Research*, v. 52, n. 1, p. 5-12, 2001.

ROGERS, P. P.; LLAMAS, Ramón M.; CORTINA, Luis M. (Eds.). *Water crisis*: myth or reality. London: Fundación Marcelino Botín, Taylor & Francis, 2006. 331 p.

TUNDISI, J. G. *Água no século XXI*: enfrentando a escassez. São Carlos, SP: IIE/RiMa, 2003. 238 p.

_____. Coupling surface and groundwater research: a new step forward towards water management. International Centres for innovation, research, development and capacity building in water management. In: OECD. *Integrating science and technology into development policies:* an international perspective. Paris: OECD, 2007. p. 163-170.

_____. Recursos hídricos no futuro: problemas e soluções. *Estudos Avançados*, v. 22, n. 63, p. 1-16, 2008.

5 Energia da biomassa

JOÃO ALZIRO HERZ DA JORNADA

O tema da biomassa, que está despertando grande interesse mundial, pode ser analisado de diversas perspectivas, entre elas a econômica, a social, a ambiental, a científica (nesta, sob o enfoque da física, da biologia, da química etc.) e a das instituições de pesquisa envolvidas. Dentro desse escopo tão amplo, vou me ater a duas grandes perspectivas: a da física e a do Inmetro, uma instituição que está se engajando nessa área de forma muito ampla, e que nela poderá desempenhar um papel importante.

Inicialmente, três considerações rápidas sobre energia.

A primeira é a questão relacionada à conservação de energia. A energia, de forma muito simplista e tradicional, pode ser definida como a capacidade de realizar trabalho. O trabalho realizado por uma força que produz um deslocamento é o produto da força pela distância percorrida. Essa própria definição tradicional já apresenta dificuldades. Em termodinâmica há o conceito de "energia livre", a energia utilizável, da qual se subtraem os efeitos da desordem (entropia). De um ponto de vista mais fundamental, na física, a energia é uma grandeza que se conserva ao longo do tempo. Segundo a primeira lei da termodinâmica, pode-se converter a energia em diferentes formas, mas a energia total se conserva. Einstein incluiu nessas formas a interconversão entre matéria e energia, através de sua famosa equação $E = mc^2$.

A segunda consideração importante diz respeito à dinâmica de transformação: até que ponto é possível transformar uma forma de energia em outra? Energia potencial mecânica é uma forma – um objeto suspenso a uma determinada altura tem energia devido a essa posição (potencial); podemos, deixando-o cair, transformá-la em energia cinética. Todos sabem que calor é também uma forma de energia. Entretanto, essas transformações muitas vezes não são triviais. A transformação de energia sob forma de calor em energia que chamamos trabalho não pode ser feita de forma total. A razão é que, do ponto de vista microscópico, pode-se interpretar o calor como uma forma desordenada de energia, distribuída entre os constituintes da matéria – ou seja, seus átomos e suas moléculas – movendo-se desordenadamente. Mas, macroscopicamente, o trabalho mecânico representa uma forma ordenada. Não podemos transformar energia totalmente desordenada num movimento ordenado, sincronizado. Isso é mais ou menos o que diz a segunda lei da termodinâmica: que não podemos transformar totalmente calor em energia ordenada, em energia mecânica. Mas o inverso é possível. Isso põe o problema energético numa perspectiva mais complexa, mas muito mais realista. Assim, quando falamos em energia, é importante saber a que tipo de energia nos referimos.

Finalmente, a terceira consideração diz respeito a aspectos práticos, envolvendo disponibilidade, armazenamento e transporte. Lembro-me de que, quando era garoto, falava-se que, em 10 anos, todos os automóveis iriam ser elétricos. Por que isso não aconteceu? O problema envolvido é de armazenamento e disponibilidade. Não se pode rodar com um carro ligado na tomada por um fio. Até hoje não se resolveu o problema de como armazenar energia elétrica convenientemente – não existe uma bateria com condições para isso, que dê um mínimo aceitável de autonomia e não custe muito caro. No que se refere à disponibilidade poderíamos considerar dois tipos de energia: células fotovoltaicas e energia eólica. Considerando células fotovoltaicas, a questão é que às vezes há sol, às vezes não; considerando energia eólica, às vezes há vento, às vezes não. De outro lado, o transporte de energia é outro problema. O custo de uma linha de transmissão de uma hidroelétrica até um centro consumidor, digamos uma linha de 2 mil quilômetros, como a de Itaipu para São Paulo, é muito elevado; o sistema é complexo e sua manutenção é cara.

Hoje fala-se muito em hidrogênio, uma energia limpa, como a próxima energia. Mas hidrogênio não é fonte de energia; é um meio de transporte de energia. Não existe jazida de hidrogênio. Ele tem de ser produzido, por exemplo, por eletrólise. E essa forma de transportar energia ainda não é economicamente viável, porque o armazenamento é caro demais. Conheci, recentemente, nos EUA, a tecnologia de carro a hidrogênio. Na oportunidade perguntei o preço do carro: US$ 700 mil. Mesmo sendo um protótipo em desenvolvimento, ele mostra a distância a ser percorrida entre a ideia e o mundo real.

A energia em sua essência

Vou abordar agora o tema de um ponto de vista mais fundamental, começando pela origem do universo, há uns 14 bilhões de anos – um evento popularmente conhecido como Big Bang e representado simbolicamente (não é bem assim, porque o próprio espaço surgiu naquela época) na figura 1.

FIGURA 1

REPRESENTAÇÃO SIMBÓLICA DO BIG BANG

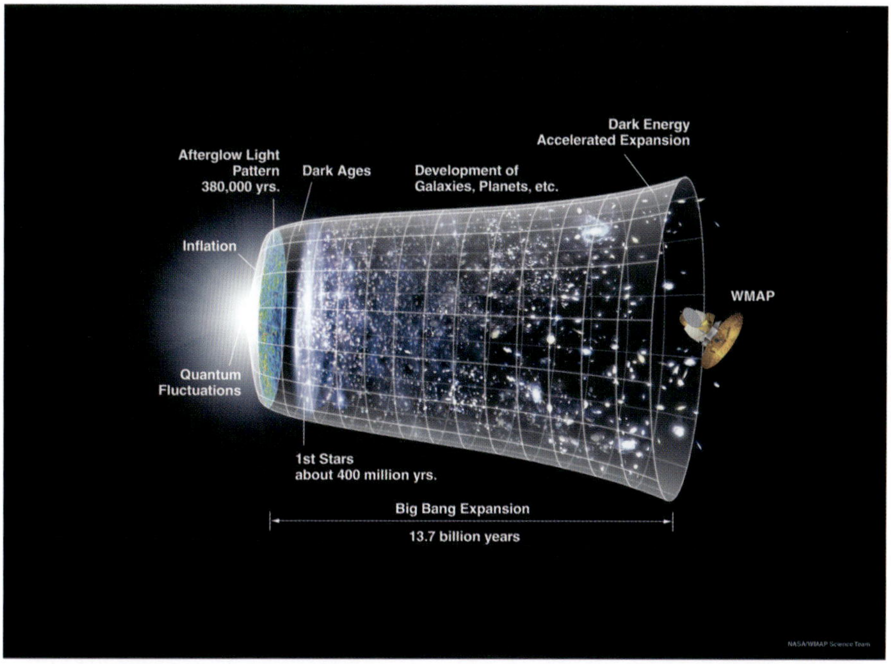

Fonte: Nasa/WMAP Science Team (cortesia).

No instante inicial havia apenas uma mistura intercambiável de energia e matéria. Depois começou a ocorrer um desacoplamento entre matéria e energia, iniciando processos de agregações de matéria, principalmente hidrogênio e hélio. A partir de então começaram a aparecer as estrelas, as galáxias etc. As primeiras estrelas eram praticamente de hidrogênio e, a partir de um processo de fusão e reações nucleares, começaram a gerar elementos mais pesados.

Mais ou menos 10 bilhões de anos depois surge o nosso sistema solar, resultante da condensação de poeira cósmica originária da explosão de uma supernova.

O que isso tem a ver com energia?

Tem tudo a ver: a energia liberada nesses processos acabou armazenada nos planetas e em seus movimentos de translação e rotação.

Assim, se olharmos um corte da Terra (figura 2), ela contém uma quantidade enorme de calor. A temperatura no núcleo é da ordem de 3.500ºC e, de lá, vai esfriando até a superfície.

FIGURA 2

CORTE DA TERRA

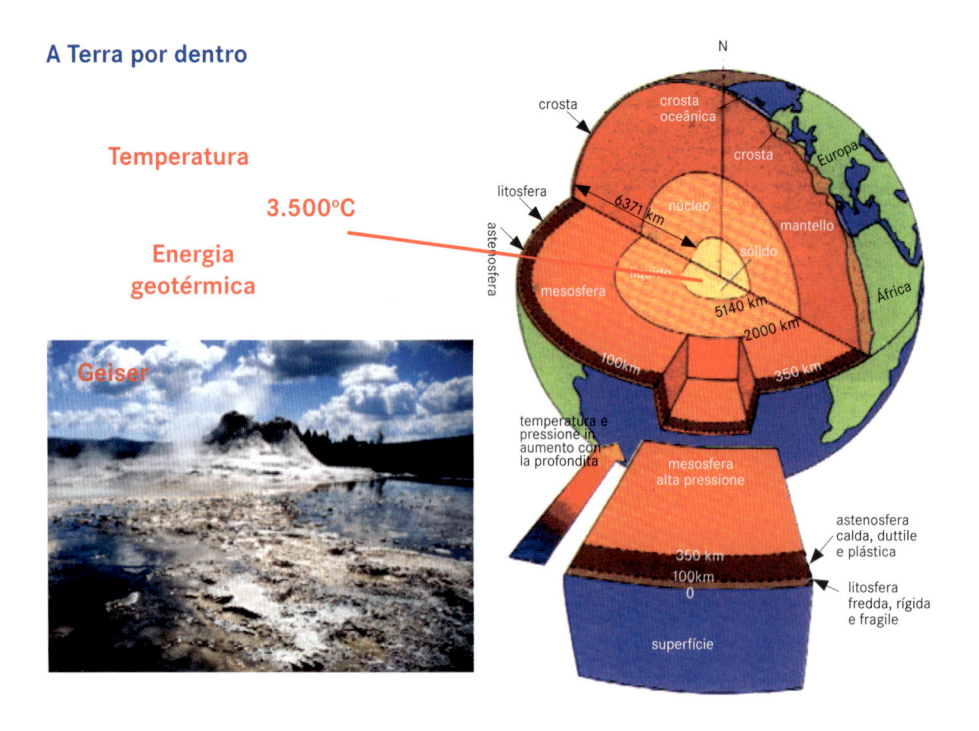

A Terra por dentro

Temperatura

3.500ºC

Energia geotérmica

Geiser

A energia no planeta Terra

Considerando a estrutura apresentada na figura 2, a Terra é um enorme reservatório de energia. E cada vez mais o homem busca aproveitar esta energia acumulada em seu interior. Na Finlândia a energia geotérmica já é uma fonte alternativa importante, e a energia dos gêiseres também é explorada na Califórnia. Essa energia é renovável ou não? Depende da escala de tempo em que olharmos. Considerando alguns séculos, ela não vai terminar. Mas ela faz parte de uma máquina térmica, que inclui a Terra, o Sol e outros corpos do sistema solar.

Todos esses corpos encontram-se em movimento, traduzido por permanentes oscilações manifestadas em vários parâmetros da Terra. As mais óbvias são as marés, que sobem e descem diariamente, e cuja energia vem exatamente desses movimentos. Tal energia é renovável? Depende também da escala de tempo. A Terra está girando cada vez mais devagar, mas podemos construir usinas maré-motrizes à vontade, sem nos preocuparmos com isso. A Terra transfere energia para a Lua por meio das marés, acelerando seu movimento, o que a afasta cada vez mais. Com isso vamos acabar perdendo a Lua, mas isso vai demorar uns 5 bilhões de anos.

Apresentei uma descrição rápida dos aspectos da energia oriundos dos processos mais fundamentais da criação do sistema solar.

Referindo-nos à energia nuclear, é a mesma coisa. Núcleos atômicos pesados, que ocorreram estatisticamente no processo de explosão da supernova que originou nosso sistema solar, podem reduzir-se em tamanho e, com isso, vão liberar energia pelo processo chamado de fissão nuclear. Hoje está se tentando fazer, mas ainda sem sucesso prático, a geração de energia pelo processo chamado de fusão nuclear (dois núcleos mais leves se fundem formando um núcleo mais pesado, com liberação de grande quantidade de energia). Também me lembro de que, desde que eu era criança, esta era sempre a energia prometida "para a próxima década".

Além dessas formas primordiais de energia, tudo que nos resta para aproveitar, representado na figura 3, vem desse objeto central, o nosso Sol, aqui fotografado em raios-X para mostrar suas irregularidades, as quais, hoje sabemos, afetam a Terra muito mais do que se imaginava. Sabemos, inclusive, que fenômenos de mudanças climáticas não estão ligados somente à questão dos gases de efeito estufa, mas também à própria atividade do Sol, que é extremamente complexa.

FIGURA 3

FORMAS PRIMORDIAIS DE ENERGIA E O SOL

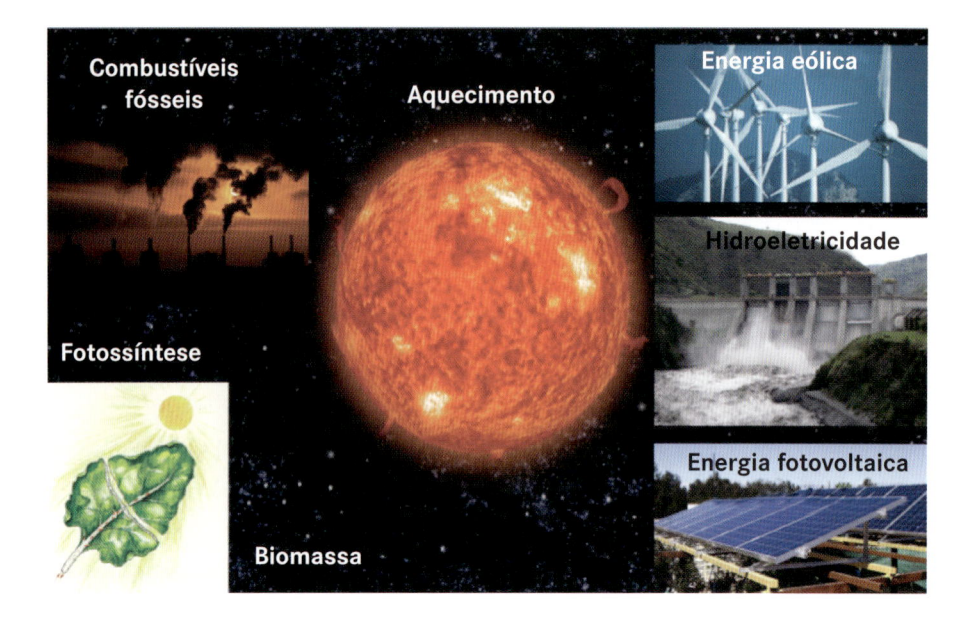

A energia na forma verde

O Sol, como fonte de energia radiante, com sua superfície a aproximadamente 6 mil quilômetros, produziu, por um processo chamado fotossíntese, uma grande quantidade de material biológico, e continua produzindo. Essa energia é armazenada pela síntese de substâncias como celulose, açúcar, xilose, lignina e outras. Se esse material for recolhido num curto espaço de tempo, período do ciclo de vida, teremos o que chamamos de biomassa. Se deixado debaixo da terra por alguns milhões de anos, é possível que vire combustível fóssil: petróleo, carvão, xisto, gás e outros. Então o Sol, através de sua energia, produziu, ao longo do tempo, um estoque grande de combustíveis fósseis e produz continuamente material orgânico novo, pela fotossíntese. É claro que outros seres vivos podem alimentar-se com esse material, dando origem a uma segunda cadeia de produtos. Mas, do ponto de vista energético, isso não é eficiente.

Considerando ainda a energia solar, o aquecimento da Terra pelo Sol produz uma série de outros fenômenos, um dos quais é o vento. Como surge o vento? O ar quente sobe, resfria-se e desce; este fenômeno, associado ao movimento da Terra, produz os ventos. Estes são, atualmente, uma fonte alternativa que está sendo cada vez mais incorporada ao sistema de geração de energia.

A radiação solar que aquece o ar também evapora a água, que cai sob a forma de chuva. Esta, ao ser represada, posteriormente gera hidroeletricidade.

Há, ainda, a promessa que data de uns 50 anos e continua sendo uma promessa, mas cada vez com mais possibilidades de se tornar real: a fotoeletricidade. Painéis solares produzidos por diversas tecnologias e com diferentes materiais transformam a energia da luz do Sol diretamente em eletricidade. Hoje, a eficiência de conversão já está chegando a 20%, com tecnologias conseguindo atingir até mais, principalmente para uso em satélites. Mas ainda há problemas, até porque o Sol não é sempre abundante na superfície terrestre, bem como não é constante: há as noites e também os dias chuvosos.

A energia da biomassa tem uma série de características interessantes. Primeiro, ela pode ser armazenada, considerando aqui a necessidade de fazer transformações para isso.

Como dito, não se resolveu o problema em relação à bateria. A questão de armazenar grandes quantidades de energia elétrica é, até hoje, um problema insolúvel. Há muitas ideias tão criativas quanto improváveis. Uma delas, por exemplo, é fazer uma enorme bobina de supercondutor e armazenar energia sob a forma de campo magnético. É uma ideia interessante. Ao fazer as contas, vê-se que não é tão improvável assim, mas ninguém fez ainda. Este é apenas um exemplo para mostrar o desespero na busca de um sistema para se armazenar energia.

A biomassa parece ser um caso especial. Ela permite uma série de operações relativamente simples, mas que, cada vez mais, vão-se sofisticando. A operação mais fácil de todas é simplesmente pegar o material lenhoso, a lignina, a celulose, enfim, pegar o vegetal, secá-lo e depois queimá-lo diretamente como combustível. Tem-se então uma energia que pode ser transportada, que pode ser usada e ter a disponibilidade que se queira. Com algum processamento, como veremos, pode ficar mais e mais conveniente.

Esse aspecto prático, da conveniência, é um fator muito importante. Quando falamos de crise de energia temos que caracterizar a que tipo de energia nos referimos. Em geral nos referimos a combustível líquido, por ele ser muito conveniente: muito fácil de armazenar, de transportar e de manipular também.

A evolução do ser humano está estreitamente ligada à manipulação de energia, partindo do fogo. O fogo foi descoberto antes do *Homo sapiens;* os hominídeos já o usavam. Ele vinha da biomassa, da queima da lenha. Até hoje, quando temos necessidade de aconchego, vamos para junto de uma lareira. Sentimos uma certa magia no fogo, porque ele condicionou a evolução de nossa espécie.

O fogo é fonte de luz e permite saber onde estamos, mesmo em noite de lua nova; é fonte de calor e proporciona defesa contra animais ferozes. É básico para a alimentação do ser humano uma vez que a capacidade de absorver e digerir proteína proveio do cozimento dos alimentos.

A energia como fator do desenvolvimento

Quando realmente a civilização começa, o ser humano usa o fogo como um elemento importante do trabalho. Usa o fogo para fazer cerâmica e, depois, para desenvolver a metalurgia. Ambos os processos usam uma tecnologia intensiva em energia.

A Revolução Industrial decorreu não apenas da invenção da máquina a vapor, mas, principalmente, da disponibilidade do carvão como fonte de energia. Não se conseguiria fazer o que se fez só com uso da lenha. Devastaríamos totalmente, em pouco tempo, esse recurso renovável. Entretanto, ao empregar carvão, estamos usando algo que levou milhões de anos para ser acumulado sob o solo. O carvão é muito mais energético do que a madeira (um quilo de carvão tem mais do que o dobro de calorias de um quilo de lenha), além de ser muito melhor para manipulação. Seu uso permitiu criar uma série de máquinas novas, proporcionando mais conforto e mais desenvolvimento.

Após a era do carvão surgiu a era do petróleo. Foi um passo revolucionário em termos de desenvolvimento de novas tecnologias, porque o petróleo é um combustível líquido, o que o torna, se comparado ao carvão, muito mais vantajoso sob os aspectos de eficiência, de facilidade de transporte, enfim, de conveniência. A descoberta do petróleo desencadeou uma explosão tecnológica extraordinária, podendo ser citadas como exemplos a indústria aeronáutica e a indústria de automóveis. Imaginemos um avião movido a carvão!

A própria agricultura intensiva, a chamada revolução verde, só foi possível por um aporte muito grande de energia. Ela depende basicamente de amônia, sintetizada a partir de hidrogênio e nitrogênio, mas com a adição de uma grande quantidade de energia. A síntese da amônia, descoberta há muitos anos, permite a produção crescente de fertilizantes, componentes essenciais na produção agrícola.

As fontes de energia que o mundo consome

A figura 4 mostra o diagrama do consumo primário de energia nos EUA, destacando à esquerda a fonte e, à direita, sua utilização.

FIGURA 4

CONSUMO PRIMÁRIO DE ENERGIA NOS EUA POR FONTE E SETOR (2007)
(10^{15} BTU)

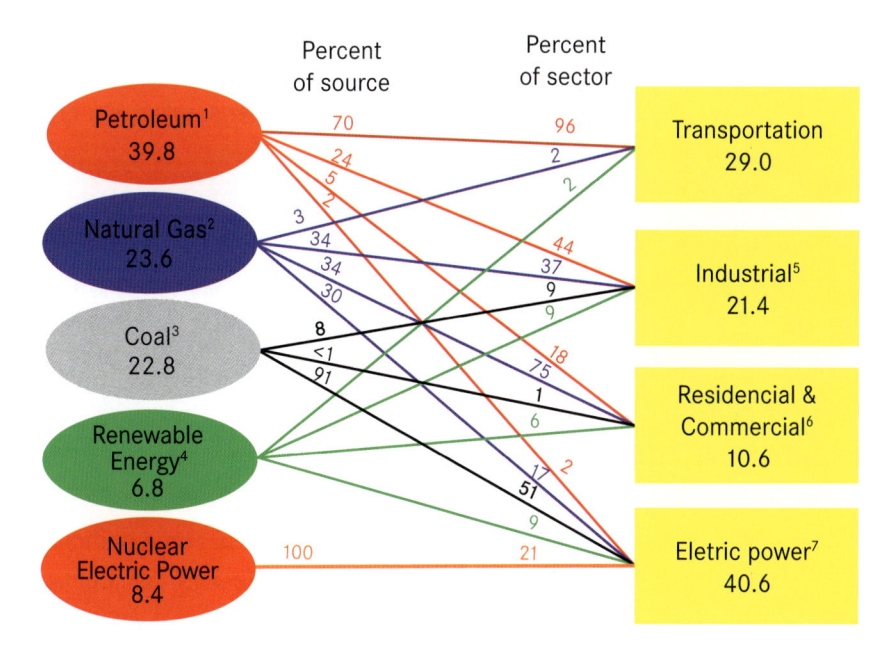

Fonte	Valor		Setor	Valor
Petroleum[1]	39.8		Transportation	29.0
Natural Gas[2]	23.6		Industrial[5]	21.4
Coal[3]	22.8		Residencial & Commercial[6]	10.6
Renewable Energy[4]	6.8		Eletric power[7]	40.6
Nuclear Electric Power	8.4			

Fonte: US Energy Information Administration (EIA).

Com relação aos dados apresentados na figura 4:

1 — exclui 0,6 x 10^{15} BTU de etanol, que está incluído em *renewable energy*;

2 – exclui combustível gasoso suplementar;
3 – inclui 0,1 x 10^{15} BTU de importação líquida de coque;
4 – convencional hidroelétrica, geotérmica, solar/fotovoltaica, eólica, e biomassa;
5 – inclui plantas industriais combinadas *heat-and-power* (CHP) e planta industrial só de geração de eletricidade;
6 – inclui planta comercial combinada *heat-and-power* (CHP) e planta comercial só de geração de eletricidade;
7 – somente eletricidade e plantas combinadas *heat-and-power* (CHP) voltadas para a venda de eletricidade, ou eletricidade e aquecimento, para o público.

Para exemplificar, 100% da energia nuclear produzida nos EUA são usados para gerar energia elétrica (deve haver um pouquinho para submarinos nucleares, para porta-aviões, mas é muito pouco, considerado o valor global). Na matriz energética total, 21% da energia elétrica dos EUA são de origem nuclear.

No caso do petróleo, a grande vantagem é que, como ele é líquido e possui alta densidade energética acumulada, é utilizado em todos os setores. Do volume total de petróleo, 70% vão para o setor de transportes, e a quase totalidade desse setor (96%) é movida a petróleo.

Do gás natural, uma parte muito pequena (3%) vai para transporte – só 2% dos automóveis são movidos a gás, porque a autonomia é pequena. O gás utilizado não é o gás liquefeito, mas sim o gás natural, essencialmente formado por metano. Não se consegue liquefazer este gás a uma pressão razoável, requerendo, para isso, tanques de alta pressão ou de baixa temperatura, o que torna difícil seu manuseio e uso.

O carvão, por ser um combustível sólido, não é usado na prática diretamente em veículos automotores. Usava-se, até há algumas décadas, em trens. Foi substituído pelo diesel de petróleo, em razão da conveniência (líquido, facilidade de armazenagem, facilidade de manuseio). No início da indústria automobilística se tentou produzir carros a carvão, mas isso gerou problemas.

As energias renováveis são pouco utilizadas, sendo o maior percentual para gerar energia elétrica. Um pouquinho está em transportes, representado pelo álcool, e, em menor grau ainda, pelo biodiesel. Os americanos, ao contrário dos europeus, ainda não desenvolveram muito biodiesel.

É interessante ver como estava a matriz energética no mundo em 2006 (figura 5). Em escala mundial, 35% da energia provêm do petróleo e 24% do carvão. Poucos sabem que a maior reserva de carvão está nos EUA, mas isso gera sérios problemas ambientais. O gás natural também é bastante utilizado (21%), e a biomassa contribui com 11%. A energia nuclear contribui com 6% e a hidroeletricidade com apenas 2%.

FIGURA 5
MATRIZ ENERGÉTICA MUNDIAL (2006)

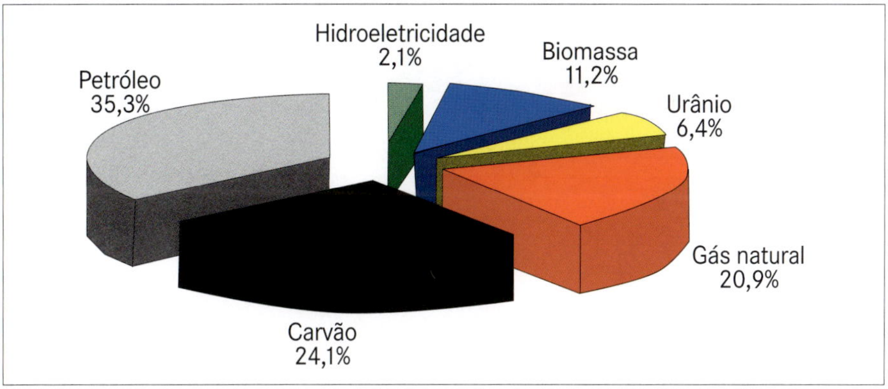

- Petróleo 35,3%
- Hidroeletricidade 2,1%
- Biomassa 11,2%
- Urânio 6,4%
- Gás natural 20,9%
- Carvão 24,1%

Fonte: Ministério das Minas e Energia (MME) — Energia no mundo (2009).

Na matriz energética de países da OCDE, que são os países chamados desenvolvidos, o percentual de participação da biomassa cai para 4%. Ele é maior no mundo como um todo porque, nos países pobres (subdesenvolvidos e em desenvolvimento), a biomassa predomina, e estes países ainda usam a lenha como fonte de calor. Já a dependência de petróleo na OCDE excede 40%.

Na matriz energética brasileira (figura 6), o petróleo também é a fonte dominante. O carvão contribui pouco — não temos muito carvão. O gás natural, embora hoje com pequena participação, está crescente; urânio (fonte da energia nuclear) representa uma pequena contribuição. Em compensação, a participação da hidroeletricidade é relativamente grande, e com tendência a aumentar. O Brasil tem condições muito favoráveis à geração de hidroeletricidade, pelo seu tamanho e pelos recursos hídricos que possui. A biomassa, por sua vez, vem logo depois do petróleo. Nela, a lenha representa 12%, a cana-de-açúcar 15,9%, e outras formas perto de 3,2%.

FIGURA 6

MATRIZ ENERGÉTICA BRASILEIRA (2007)

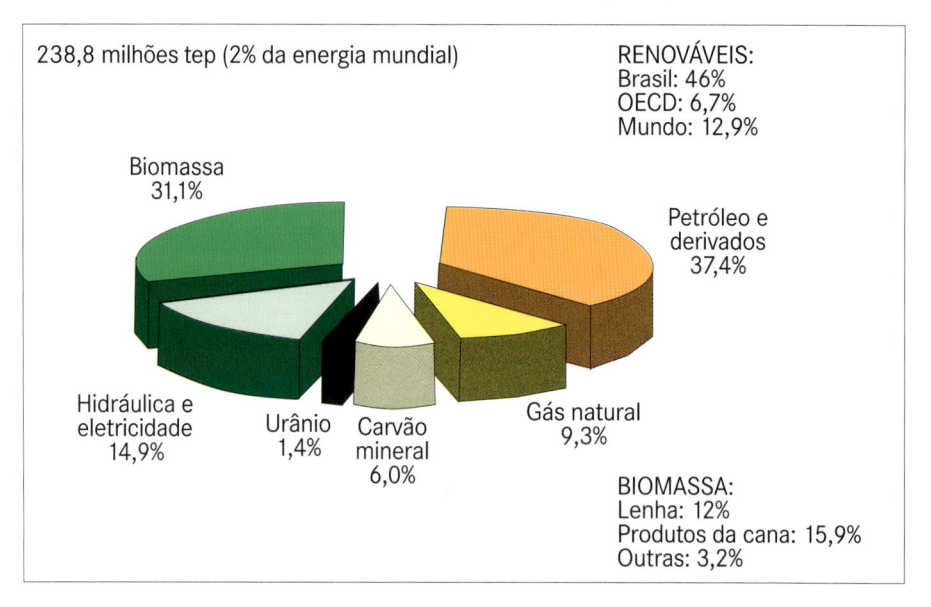

238,8 milhões tep (2% da energia mundial)

RENOVÁVEIS:
Brasil: 46%
OECD: 6,7%
Mundo: 12,9%

Biomassa 31,1%
Petróleo e derivados 37,4%
Hidráulica e eletricidade 14,9%
Urânio 1,4%
Carvão mineral 6,0%
Gás natural 9,3%

BIOMASSA:
Lenha: 12%
Produtos da cana: 15,9%
Outras: 3,2%

Fonte: MME — Matrizes energéticas — Brasil.

O cenário atual do consumo mundial de energia é preocupante. A demanda por petróleo é cada vez maior, e estudos mostram que está havendo esgotamento das reservas. Estamos consumindo petróleo, no mundo, a uma taxa muito maior que a taxa de descoberta de novas reservas. Aliás, a tecnologia de prospecção evoluiu tanto, com técnicas de produção de imagens 3D que, hoje, praticamente foi mapeado tudo o que existe debaixo da terra, e as novas descobertas são todas jazidas pequenas ou de muito difícil acesso. Então se fazem previsões sobre quando o sistema vai entrar em colapso. Alguns dizem que já se iniciou o processo, é o chamado "pico da produção". Há pouco tempo o petróleo ultrapassou a marca dos US$ 100 por barril. A esse preço o etanol é muito competitivo, e outras fontes começam a se tornar também competitivas. O problema, no entanto, é mais complexo do que se imagina. Toda a tecnologia atual está muito ligada ao petróleo.

Outro aspecto que não podemos ignorar é a degradação do meio ambiente. Todos os dados, pelo menos os medianamente confiáveis, levam à conclusão de que realmente estamos numa situação inusitada de aquecimento global por superprodução de gás carbônico e de outros gases de efeito estufa. Tudo isso está muito ligado ao uso de combustíveis fósseis, especialmente derivados de petróleo. O que estamos fazendo hoje é ir tirando o carbono que estava sequestrado debaixo da terra e jogando-o de novo, através de sua queima, na atmosfera, alterando de maneira considerável as condições climáticas de todo o globo.

O aspecto econômico também preocupa: apesar de flutuações ligadas à situação da economia global, o petróleo está cada vez mais caro. É um problema grave, porque toda a economia é fortemente dependente do petróleo. Além de prover combustíveis muito adequados para transporte, o petróleo serve de base para toda a indústria petroquímica. Hoje, não prescindimos de plásticos, eles estão presentes em nosso dia a dia.

Em relação aos plásticos, no entanto, há uma boa notícia: tudo o que podemos fazer com a petroquímica pode ser feito, em princípio, por meio da alcoolquímica ou, mais genericamente, da química da biomassa. Pode-se, a partir de um material biológico (biomassa em geral), iniciar um processo de síntese, inclusive síntese da gasolina, pela chamada "síntese de Fischer-Tropsch". Isso requer adequar as tecnologias existentes e reposicionar a economia, e não é um problema simples se considerarmos todas as forças econômicas envolvidas que, com certeza, se oporiam agressivamente a mudanças rápidas.

Estamos enfrentando um problema sério que, num futuro não muito distante, pela redução contínua da abundância de petróleo, poderá pôr em xeque a continuidade do desenvolvimento global. E pior: não existe ainda um substituto à altura dos combustíveis fósseis.

A biomassa não vai substituir, amanhã, todo esse consumo de petróleo. Energia fotovoltaica ou hidrogênio (que é apenas um vetor) não resolvem o problema. A energia nuclear, supondo que se consiga contornar todo o problema ambiental envolvido, não soluciona o problema de combustível para transporte.

Outro aspecto que deve ser levado em consideração é a característica de alta concentração geográfica do petróleo. Ele é uma riqueza que está concentrada em lugares bem-definidos, e isso traz como consequência problemas geopolíticos, traduzidos, na maioria das vezes, em turbulências sociais e tensões internacionais.

O gráfico da figura 7 mostra as oscilações na produção de petróleo, em diferentes partes do mundo, num período de 120 anos. Nos EUA o pico de produção já foi ultrapassado. A demanda é muito maior do que a produção. Hoje aquele país é um grande importador de petróleo. A Europa, com baixa produção e sempre dependendo de importação para suprir suas necessidades, mostra que seu pico de produção também já foi ultrapassado. A Rússia, também grande produtora, vai ter um segundo pico.

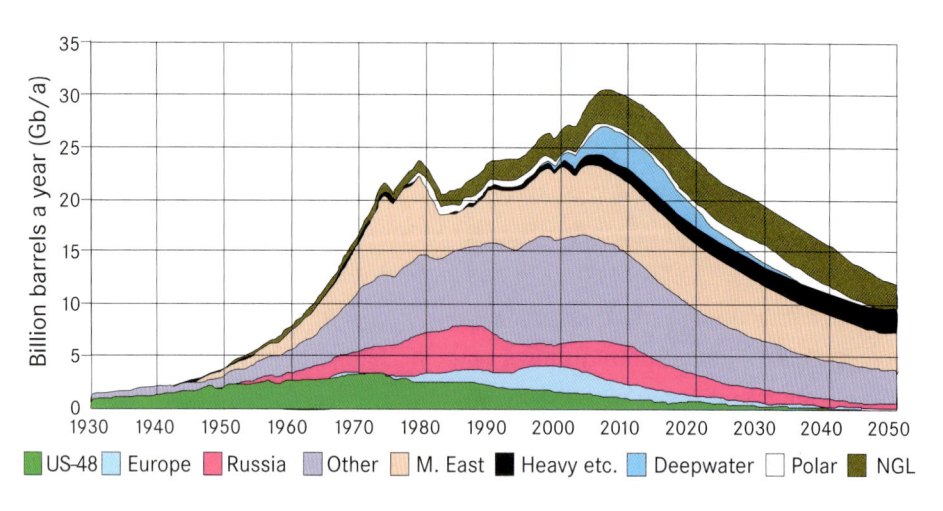

FIGURA 7

OSCILAÇÕES NA PRODUÇÃO DE PETRÓLEO E DE GÁS NATURAL

US-48 | Europe | Russia | Other | M. East | Heavy etc. | Deepwater | Polar | NGL

Fonte: Association for the Study of Peak Oil&Gás (Aspo) – C. J. Campbell, June 2004.

No mundo todo estamos, já, numa curva descendente. A posição exata do pico global é ainda discutida. O que se debate é se esse pico vai ocorrer daqui a cinco anos ou, para os mais otimistas, daqui a 20 ou 30 anos. Mas, todos sabem que vai ocorrer – o petróleo, pelas previsões mais otimistas, não vai durar mais de 50 anos com o nível atual de produção e de consumo. Bem antes disso ele já vai começar a ficar escasso, e seu preço, como consequência, vai disparar. Já ultrapassou US$ 100, e pareceu uma loucura na economia mundial. Pode haver flutuações, mas no longo prazo isso não se sustentará.

Na figura 8 está representada a evolução da utilização das diversas formas de energia a partir da metade do século XIX. Não se trata da quantidade, mas da proporção. Em 1850 a maior parte da energia (quase 90%) era lenha, era biomassa, e um pouco de carvão. À medida que a sociedade foi-se desenvolvendo, o carvão se tornou predominante (no início do século passado) e, pouco tempo depois, caiu. O petróleo, por sua vez, começou a tornar-se cada vez mais importante, despontando logo a seguir o gás natural, a energia hidroelétrica e a energia nuclear. Estamos um pouco adiante da posição indicada pela seta (o gráfico é antigo). Daí para frente é tudo projeção. E, como se diz popularmente, "o futuro a Deus pertence"; não sabemos exatamente a base energética em que o mundo se consolidará. Mas o importante é perceber a dinâmica. Estamos num processo cuja dinâmica difere do passado, e que certamente não vai ser igual no futuro. O importante é entendermos essa dinâmica e conseguirmos nos posicionar. Todos nós temos que nos posicionar, porque é um problema que diz respeito a todos.

FIGURA 8
VARIAÇÃO PROPORCIONAL DA UTILIZAÇÃO DAS DIVERSAS FORMAS DE ENERGIA

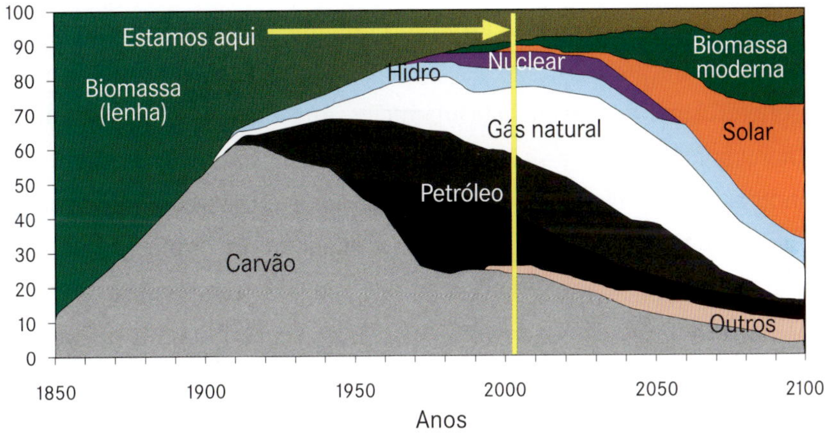

Fonte: Nakicenovic, Grubler e Maconald (1998).

Biomassa pode ser utilizada em forma de peletes (*pellets*), processados a partir de pedaços, cavacos, cascas etc. para que se possa armazenar, transportar e queimar mais facilmente. É uma técnica nova, economicamente viável e ambientalmente sustentável. E mais: diferentemente da energia fotovoltaica e de outras "novas" formas de energia, já é uma alternativa viável hoje, que chamamos de "biomassa moderna".

Mas o uso desta "biomassa moderna" não seria uma volta ao passado, não seria voltar para o *low-tech* do início da civilização?

Quando comecei a estudar física havia a certeza de que esta iria resolver o problema de energia do mundo pela energia nuclear. Naquela época era "chique" ser físico nuclear. Só que, na realidade, a solução energética mundial via energia nuclear não funcionou.

Será que produzir álcool, produzir etanol a partir da biomassa é *low-tech*? Absolutamente não, pelo contrário, é *high-tech*. E isso por várias razões, como veremos a seguir.

A primeira razão é que vamos trabalhar com organismos biológicos, usando o conhecimento científico de fronteira que existe hoje para otimizar os resultados. Podemos, com isso, otimizar a engenharia genética de plantas, aumentando a resistência a pragas, aumentando a produtividade por área cultivada e viabilizando o uso de regiões antes consideradas inviáveis. E isso já está sendo feito.

A segunda razão, talvez mais importante, é que se está desenvolvendo uma tecnologia para poder transformar a celulose toda e outras matérias, tais como hemicelulose e lignina, diretamente em álcool. Já se domina a tecnologia e se faz isso pelo uso de enzimas especiais, só que ainda não é economicamente viável. Esta operação, que envolve modernas técnicas de biotecnologia, chama-se hidrólise enzimática. Capim, hoje muitas vezes abandonado no campo, pode produzir álcool. No caso da cana-de-açúcar, o uso desta biotecnologia amplia nossa vantagem em termos de capacidade produtiva, porque só um terço da cana-de-açúcar corresponde ao açúcar atualmente transformado. Os outros dois terços representam a palha, caule e bagaço, que podem ser aproveitados, usando-se esta biotecnologia, para produzir ainda mais álcool. Isto significa que, na mesma área hoje cultivada, a produção de etanol pode mais que duplicar. Além disso, a lignina não degradada continua sendo usada como matéria-prima para produção de energia elétrica, via queima.

Os biocombustíveis podem ser produzidos por diferentes rotas e processos, a partir de diferentes fontes e com diferentes tecnologias, desde as tecnologias antigas até as modernas, que envolvem processos enzimáticos. E quais são essas tecnologias?

Podemos iniciar pelo processo de segunda geração de produção de etanol. É o processo que envolve a síntese enzimática, um processo complexo e sofisticado do ponto de vista tecnológico. Trata-se da conversão, via enzimas, da celulose contida nas plantas em açúcares, e destes em etanol pelos processos fermentativos conhecidos atualmente. Vai ser realmente a grande saída para a energia verde. Não será necessário preocuparmo-nos tanto com a cana, se ela precisa de água, se ela está deslocando áreas destinadas à produção de alimentos etc. Poderemos plantar qualquer vegetal que cresça rápido, e dele usar a celulose para produzir etanol. Poderemos, também, transformá-lo em outros produtos de maior valor agregado; podemos produzir toda a cadeia alcoolquímica, inclusive gasolina "sintética" via síntese Fischer-Tropsch.

E como o Inmetro se posiciona nesta área? O Inmetro, liderando uma rede de laboratórios de biologia e biotecnologia de universidades, está trabalhando intensamente no desenvolvimento de enzimas com alta atividade de conversão da lignocelulose em açúcares, para posterior transformação em etanol, focada no estabelecimento de padrões de medição que são fundamentais para termos alta qualidade e produtividade em processos industriais.

Outra possibilidade de produção de biocombustível é através da pirólise, que consiste em gaseificar a matéria orgânica produzindo CO e H_2 e, por meio de um processo de síntese inventado na década de 1920 — a "síntese de Fischer-Tropsch" —, recombinar os gases obtendo os mais variados produtos, desde combustíveis até produtos químicos. Os alemães, na II Guerra Mundial, não tinham petróleo, mas tinham carvão, e produziam gasolina por esse processo. Embora hoje apresente problemas de custo, este processo nunca foi abandonado. A África do Sul continua ainda a produção de líquidos a partir de carvão, o denominado *coal-to-liquid* (CTL), através de suas três plantas industriais (Sasol I, II e III), envolvendo produtos químicos e combustíveis. Esta tecnologia está voltando, hoje, com o gás natural — num processo chamado *gas-to-liquid* (GTL) — e agora com a biomassa — num processo denominado *biomass-to-liquid* (BTL) — graças a um entendimento mais aprofundado sobre catalisadores e processos.

Ocorrerão novos problemas relacionados ao meio ambiente? Vão existir novos e imprevistos problemas? Com certeza sim. Fenômenos inicialmente não previstos que serão efetivamente problemas, e muitos novos desafios devem surgir ao longo do desenvolvimento e implantação de novas tecnologias. Isso porque, com qualquer sistema que envolva emprego massivo, pode-se esperar o aparecimento de problemas ainda não conhecidos.

Outro aspecto importante que deve ser considerado no caso da biomassa é a relação da geração de energia elétrica com combustível líquido. É importante que todo o processo de geração de energia elétrica possa ser feito por uma simbiose com a produção de combustível líquido. No Brasil já desenvolvemos esse processo: as usinas de cana mais avançadas queimam o bagaço para produzir energia elétrica. Os esforços se concentram em melhorar a eficiência destes processos e no melhor aproveitamento das fontes. O Brasil tem sorte; é a estrela internacional na questão da biomassa. A cana-de-açúcar é uma forma extremamente eficiente de captar a energia solar. Temos o *know-how* do cultivo da cana-de-açúcar — ela foi introduzida no Brasil em 1532, pelos portugueses. Embora o objetivo inicial tenha sido a produção de açúcar, não tardou muito para que enfrentássemos o desafio para a produção de etanol. Mesmo inexperientes, entre 1920 e 1930, já iniciávamos a adição compulsória de etanol à gasolina. Na II Guerra Mundial, com o racionamento de gasolina, seu uso cresceu. Hoje, como consequência da crise no Oriente Médio, em 1975 foi lançado um dos grandes projetos do Brasil, o Proálcool, que alicerçou o crescimento dos biocombustíveis e transformou o Brasil em referência mundial neste setor.

Rogério Cerqueira Leite e sua equipe, em Campinas, fizeram um trabalho muito interessante, efetuando projeções sobre qual é o potencial para produção de cana no Brasil. Foram considerados aspectos ambientais, sociais e outros, evitando que ocorram grandes monoculturas ou uso de terras destinadas a outra cultura. Os resultados (figura 9) mostram, em azul, alaranjado e amarelo, regiões que têm condições muito boas, boas ou médias para produção de cana, uma parte muito grande do nosso território, mesmo sem irrigação. São poucas as regiões (em vermelho) consideradas inadequadas. Isso mostra o alto potencial de crescimento da área de plantação de cana.

Esta área pode aumentar ainda mais usando irrigação ou com o desenvolvimento de novas variedades de cana-de-açúcar. A Empresa Brasileira de Pesquisa Agropecuária (Embrapa) tem obtido resultados notáveis criando variedades mais adequadas de cana. A estimativa da equipe de Rogério é de que o Brasil consiga facilmente, sem maiores traumas e sem comprometer outras culturas, ampliar a produção de etanol por um fator de 10 a 20, dentro dos próximos 15 anos. Num futuro próximo, poderíamos suprir de 5% a 10% da demanda mundial de gasolina com equivalente em etanol. É um trabalho conservador, não faz projeções otimistas, emprega dados atuais. Mas, se considerarmos a síntese enzimática de etanol, a produção sobe mais ainda.

FIGURA 9

ÁREAS COM POTENCIAL PARA PRODUÇÃO DE **CANA-DE-AÇÚCAR**

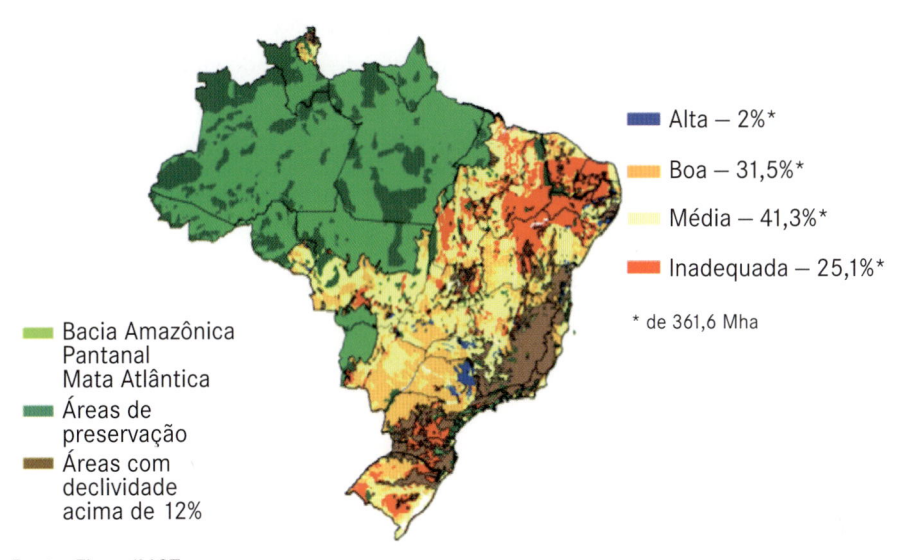

- Alta — 2%*
- Boa — 31,5%*
- Média — 41,3%*
- Inadequada — 25,1%*

* de 361,6 Mha

- Bacia Amazônica Pantanal Mata Atlântica
- Áreas de preservação
- Áreas com declividade acima de 12%

Fonte: Fiesp/MCT.

Ser referência no uso de biocombustíveis, ser competitivo em custo de produção, em produtividade, em conservação ambiental, em desenvolvimento social tem seu preço. E este preço nos é cobrado de diferentes formas. Uma delas é a desacreditação de nossa capacidade. Está em curso uma campanha internacional contra o nosso programa de biocombustíveis. Isso é relativamente recente e apareceu em vários jornais, por exemplo, no *The Guardian*, edição de 7 de março de 2007: "A indústria brasileira do etanol está apoiada sobre um exército de 200 mil migrantes pobres, que trabalham como cortadores de cana em condições que muitos classificam como similar à escravidão". Essas informações têm um impacto enorme. O que é publicado no *Guardian* baliza os políticos e também muitos lobistas que têm interesse no álcool de beterraba ou de outra fonte em seus países. Podem fazer uma lei impedindo a importação do álcool brasileiro, dizendo que estamos destruindo a Amazônia ou que há uma inaceitável competição com a produção de alimentos. O que devemos e vamos fazer é demonstrar que isso não é verdade. Em conformidade com este objetivo o Inmetro está trabalhando no desenvolvimento de técnicas analíticas que possibilitam identificar a origem geográfica dos biocombustíveis. São técnicas sofisticadas de espectrometria de massa com razão isotópica. Estas mesmas técnicas possibilitarão identificar se determinado biocombustível foi produzido com matéria-prima de origem fóssil ou matéria-prima biológica.

Recentemente tem havido ainda uma série de questionamentos com relação ao uso indireto de combustíveis fósseis na produção de etanol, especialmente no transporte de insumos e produção de fertilizantes, o que anularia seus benefícios para a redução da emissão de gases de efeito estufa. Isto é de fato importante para o etanol produzido a partir de milho e outros produtos agrícolas, mas totalmente falso para o etanol produzido no Brasil, a partir de cana-de-açúcar. Várias pesquisas de alto nível científico têm demonstrado este ponto, sendo o Brasil um dos líderes mundiais nessa área, onde vale destacar os trabalhos do professor José Goldemberg e seu grupo. Tais trabalhos mostram que o etanol produzido no Brasil a partir da cana-de-açúcar implica uma redução de cerca de 90% na emissão de gases de efeito estufa.

Embora o álcool tenha sido um "moderno bandeirante" nas alternativas de biocombustíveis, outro biocombustível assume papel importante hoje: é o biodiesel. É importante porque, diferentemente do álcool que substitui a gasolina em motores do ciclo Otto, ele pode substituir o petrodiesel em motores do ciclo Diesel, que são responsáveis por boa parte do sistema de transporte do nosso país — transporte de carga, transporte de passageiros (quer urbano quer de longa distância), transporte aéreo (neste caso é o querosene de aviação). O biodiesel pertence ao grupo de compostos químicos denominados ésteres. É produzido a partir de óleos vegetais ou gordura animal. Possui um conteúdo energético maior que o da gasolina. O conteúdo energético do etanol é cerca de 30% menor que o da gasolina. Já o conteúdo do biodiesel é próximo ao do petrodiesel e uns 30% superior ao da gasolina.

O biodiesel também é muito mais fácil de armazenar, porque não é tão volátil. O motor diesel, usado para carga, é um motor mais eficiente. O biodiesel está sendo muito investigado e usado na Europa, especialmente na Alemanha e na França. A vantagem do Brasil é ter uma fonte muito ampla de matérias-primas para o biodiesel: palma, dendê, babaçu, mamona, soja e muitas outras — dependendo da região vai haver um tipo de planta mais adequado à sua produção. Ele é um pouco mais complicado de fazer, porque precisa de um processo de conversão por esterificação, mas isso não é um grande problema. As fontes empregadas não requerem nenhuma melhoria genética nem agronômica, e a potencialidade de pesquisa é muito grande. Neste aspecto, o Inmetro, em parceria com a Universidade Federal do Pará e a Universidade Federal Rural da Amazônia, vem avaliando a potencialidade de uso de óleos vegetais a partir de fontes nativas do Pará para a produção de biodiesel. É a diversidade brasileira contribuindo para aumentarmos a produção de biocombustíveis sem agredirmos ou alterarmos o meio ambiente.

O emprego de biocombustíveis em nossa frota de veículos foi afetado pelas oscilações no mercado mundial de petróleo. Em 1979 a frota era composta por 100% de carros a gasolina. Seis anos depois tínhamos praticamente 100% dos carros novos movidos a álcool. Conseguimos, em pouco tempo, fazer um programa pioneiro, que até hoje nos vem mantendo na dianteira em biocombustível. Hoje o Brasil é respeitado como o país que detém o maior *know-how* e obteve o maior sucesso nessa área. Tratava-se de um problema econômico: fazer álcool é trivial, já se fazia há 500 anos. O problema estava principalmente na logística, na distribuição, na eficiência, e o fizemos muito bem — o Brasil soube fazer isso, com políticas adequadas, com indústria adequada, com esforços coerentes.

Em 1990 terminaram os subsídios, faltou álcool e o preço subiu, resultando numa rápida queda nas vendas de carros a álcool. O que ocorreu foi que, nessa época, o petróleo voltou a ficar muito barato. O Brasil teve que se adaptar rapidamente a essa nova situação. O lamentável é que se desmobilizou uma grande massa de pessoas no campo. Vai ser uma grande vantagem, agora, ter um grande programa de biocombustível no Brasil, com capacidade de absorver pessoas e gerar riqueza no campo. A partir de 2003, com a invenção do motor *flex fuel*, o álcool voltou ao mercado (figura 10). A maioria dos carros novos vendidos atualmente é *flex fuel*.

FIGURA 10
EVOLUÇÃO DA PRODUÇÃO DE CARROS POR TIPO DE COMBUSTÍVEL

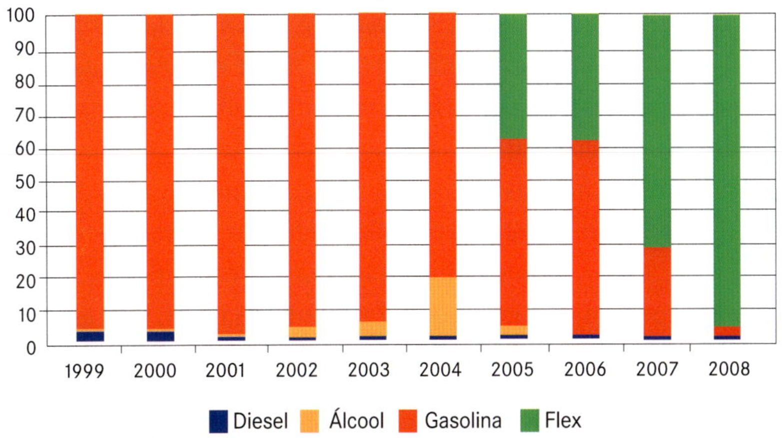

Fonte: Associação Nacional dos Fabricantes de Veículos Automotores (Anfavea).

Mas qual é a relação entre biocombustíveis e a instituição que dirijo, o Inmetro? O Inmetro ataca questões técnicas fundamentais para a sociedade, ligadas à confiabilidade de medições e à qualidade de uma gama de produtos e serviços. Cabe-lhe definir com clareza aquilo que se quer em ações de interesse coletivo, ou seja, estabelecer regras comuns. Um exemplo típico: de um lado queremos demonstrar o que significa uma produção de álcool socialmente responsável, à prova de ataques externos como os que mencionei. De outro, temos de dizer o que é aceitável em termos de qualidade de produto – ter, no mínimo, 98% de etanol, conter uma quantidade de cobre mínima (para não prejudicar o motor) etc.

Essa questão de especificar as regras é, numa sociedade moderna como a nossa, cada vez mais complexa. Mas, para isso, temos uma disciplina; ela é chamada *normalização técnica* quando é feita pela sociedade, através de consenso e voluntariamente.

Uma norma técnica é um documento de prescrição de características de produto, serviços ou processo, feito por consenso e adotado voluntariamente. Pode-se, também, prescrever uma regra via órgão governamental, que é de cumprimento compulsório: cinto de segurança – todo mundo tem que usar, o governo manda. Isso se chama "regulamento técnico". Para fazer regulamentos técnicos e normas técnicas, para especificar corretamente e definir o que vai ser regulamento e o que é norma é preciso conhecer detalhes do processo, saber o que o cobre acarreta, como o álcool metílico vai afetar a saúde etc.

O Inmetro é um órgão que apoia a normalização técnica. Esta é feita por entidade brasileira, que tem o aval do governo, mas é independente: a Associação Brasileira de Normas Técnicas (ABNT), relacionada com a ISO, a organização mundial de normas técnicas. O Inmetro é uma agência regulamentadora de uma série de ações. Não é a única nem a maior entidade dessa natureza, visto que o Brasil tem 27 organismos regulamentadores federais, entre eles ministérios, e também agências, como a Anvisa, a ANP, a Anac, a Anatel etc.

Para produzir normas técnicas e regulamentos técnicos é preciso ter conhecimento profundo sobre o assunto, incluindo conhecimento científico e tecnológico. Como garantir que aquilo que foi especificado, pactuado, é exatamente aquilo o que foi ofertado? O produto (álcool) que estamos vendendo, como saber se esse é o produto correto?

Voltando ao comentário do *Guardian*, como mostrar aos importadores europeus que o álcool brasileiro não foi produzido com mão de obra escrava, com devastação de florestas naturais etc.? Isso também é uma disciplina complexa, chamada *avaliação de conformidade*.

Essa disciplina permite demonstrar formalmente o grau de adequação de um produto às especificações que são pactuadas ou impostas por regulamento. Há diversas maneiras de fazer isso. Uma delas chama-se *certificação*. É uma forma de avaliar na qual o avaliador é uma entidade externa (chamada "terceira parte"). Tal entidade tem de ser acreditada por um organismo oficial. Esse organismo é o Inmetro, que organiza sistemas de avaliação da conformidade.

Para atacar esse problema com o jornal *The Guardian* e outros, o Inmetro tem estudado a criação de um sistema de certificação para biocombustíveis. Queremos demonstrar não só a qualidade intrínseca do nosso biocombustível, mas também que o processo produtivo não violou normas ou preceitos de direitos humanos, de manejo ecológico responsável, de respeito ao trabalhador, aspectos fiscais etc. O Inmetro é reconhecido internacionalmente, tanto na área de metrologia quanto na área de avaliação da conformidade. Assim, um processo realizado pelo Inmetro tem a chancela de todos os países desenvolvidos.

Estamos trabalhando para que os biocombustíveis sejam *commodities*: com normas, padrões e métodos analíticos internacionalmente aceitos e validados. Nesse sentido o Inmetro tem uma parceria com o Nist, nos EUA, para desenvolver padrões internacionais de medição para biocombustíveis. Ela foi citada no acordo bilateral entre Brasil e EUA, assinado pelos dois presidentes. É um projeto importante para o país, promovendo sua inserção internacional e ampliação de sua capacidade de influência, reduzindo riscos com barreiras técnicas, alavancando nossa posição não apenas nos EUA, mas também na Europa e Ásia.

O acesso direto e privilegiado à comunidade internacional de ciência e tecnologia (C&T) do mais alto nível ligada a biocombustíveis é fundamental para continuarmos evitando barreiras técnicas e para ultrapassarmos a fronteira das novas tecnologias, principalmente hidrólise enzimática e pirólise, com produção de combustíveis sintéticos. No Inmetro estamos trabalhando todas essas áreas.

A figura 11 mostra uma comparação entre vários países, feita sob a égide do Bureau International des Poids et Mesures (BIPM), o organismo internacional da metrologia, que fica na França. Vários institutos nacionais fizeram medidas de conteúdo de concentração de etanol em água. Um instituto mede a amostra controlada pelo BIPM, levando ao valor real, representado pela linha vermelha. Os outros medem sem saber o que é, e depois publicam o resultado, que fica nos arquivos do BIPM como um atestado de competência. É uma prova formal muito importante da capacidade da instituição e de sua credibilidade.

FIGURA 11

CONCENTRAÇÃO DE ETANOL EM ÁGUA EM VÁRIOS PAÍSES

CCQM-K27.2 Ethanol in Aqueous Media, Level 2

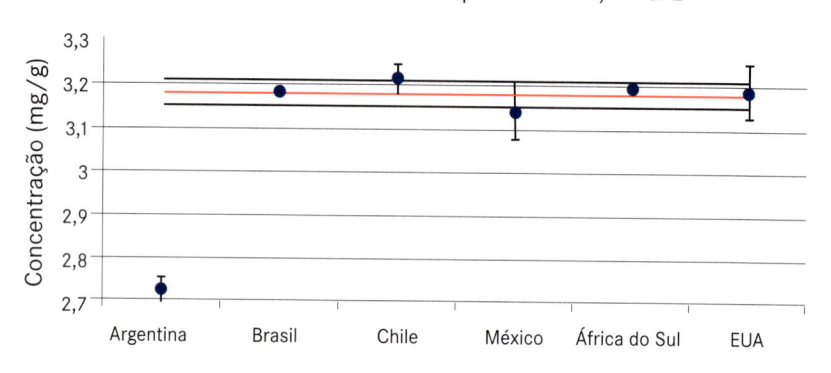

Fonte: Inmetro.

A comparação entre os resultados e as incertezas citadas por Argentina, Brasil, Chile, México, África do Sul e EUA mostra por que o Brasil tem hoje uma grande respeitabilidade nessa área, justificando a parceria com os americanos.

O Inmetro participa também de um projeto, com a comunidade europeia, denominado Biorema. De acordo com este projeto, que envolve institutos de metrologia da Holanda, Inglaterra, Bélgica, Estados Unidos e Brasil, o etanol certificado pelo Inmetro será distribuído para mais de 30 laboratórios espalhados ao redor do mundo, para que se avalie a competência destes laboratórios em analisar biocombustíveis.

Quero fazer uma reflexão final. A biomassa é a solução para o problema energético do mundo? Não é. É uma extraordinária oportunidade, mas o mundo não vai conseguir substituir a gasolina, o diesel, o petróleo por biomassa. Pelo menos não num futuro imediato. Mas também, não vai terminar tudo de uma hora para outra. Estamos sempre num fluxo, num processo de evolução, e nós, do Inmetro, vamos contribuir em diversas áreas.

Muitos dizem que biomassa é bobagem, porque em breve vai haver hidrogênio, células fotovoltaicas, e o Brasil não deve entrar nisso.

Não é assim. O Brasil tem que ter o mesmo que todo país desenvolvido: dinamismo, flexibilidade. Uma tremenda janela de oportunidade está-se abrindo. Janela que possibilita ao mundo crescimento econômico, crescimento social em melhores condições de vida, em preservação ambiental. A célula fotovoltaica não está madura; hidrogênio é um vetor de energia, e não está resolvido como transportá-lo; bateria para carro elétrico não está resolvida. Pode ser que amanhã se resolva, mas nada o garante.

O biocombustível vai ser, certamente, um importante componente da sociedade moderna. Para o futuro, a curto e médio prazos, temos que entrar nisso. Para o Brasil, em especial, é uma oportunidade de geração e de distribuição de renda, de geração de divisas para o país, de contribuição para a paz no mundo, porque desconcentra o dinheiro. E é, também, uma contribuição para a ecologia do planeta, porque é renovável. O CO_2 emitido é depois recapturado pelas plantas. É uma tremenda oportunidade para o Brasil, mas temos que agir rápido.

Termino com uma reflexão de Hipócrates que acho muito válida. O primeiro aforismo dele vale não só para a medicina:

> A vida é curta e a arte é longa, a oportunidade é passageira; a experiência é perigosa; o julgamento é difícil; o médico deve estar preparado para fazer não apenas ele mesmo o que é certo, mas também para fazer todos cooperarem.

6 Mudanças globais e o Brasil: por que devemos nos preocupar

CARLOS NOBRE

O tema que vou abordar tem, no momento, grande visibilidade na imprensa e na mídia em geral, inclusive na mídia brasileira, que despertou para a importância dele. Essa visibilidade poderá até diminuir, ainda que isto não pareça provável, mas não vai diminuir a importância de olharmos a questão das mudanças climáticas também do ponto de vista científico.

Procurarei apresentar a minha visão desse problema – a visão do cientista sobre o aquecimento global – mas tratarei também de outros aspectos, que julgo importantes.

Não há mais dúvidas de que a questão ambiental tem hoje a mesma importância, como grande desafio para a humanidade, que outras questões e desafios cruciais para a nossa civilização. Ela tem vínculos com todos esses termos: fome, água, energia, doenças e extinção de espécies, e também está relacionada aos problemas de desenvolvimento.

Meio ambiente era considerado menos central do que a redução da pobreza, do analfabetismo, da mortalidade infantil e outras das oito metas de desenvolvimento do milênio. Nessas metas, aprovadas pelas Nações Unidas em 2002, a parte ambiental entrou marginalmente numa delas – "um ambiente saudável global". Mas agora ela adquiriu um papel muito mais central.

A visão do cientista sobre o aquecimento global deve ser mais ampla que a visão estritamente científica, da física do aquecimento ou da biogeoquímica. Os efeitos das mudanças ambientais globais são desiguais e injustos. O Brasil não está preparado para elas. O desafio, além de científico e político, é também filosófico.

O que a nossa espécie está fazendo com o planeta é muito mais amplo do que as mudanças climáticas. Estas receberam uma atenção enorme, porque além de um certo ponto não podemos revertê-las. Outras mudanças ambientais globais como poluição das grandes cidades, redução dos estoques pesqueiros, fluxo de nitrogênio originário da agricultura que vai para a atmosfera são, em princípio, mais reversíveis. A diferença conceitual das mudanças climáticas está na irreversibilidade. O planeta vivo encontra-se num estado sem análogos no passado recente, mesmo remontando a 1 milhão ou até a vários milhões de anos.

A figura 1 mostra como evoluíram a temperatura global e o nível do mar desde 1850. Os segmentos de reta coloridos são ajustes matemáticos de diferentes porções das curvas por retas. Conforme vamos chegando mais perto do presente, o aclive desses segmentos aumenta – a reta amarela representa os últimos 20 anos. Assim, a velocidade de elevação do aquecimento está crescendo. É importante observar essa aceleração.

FIGURA 1

EVOLUÇÃO DA TEMPERATURA MÉDIA GLOBAL E DO NÍVEL DO MAR DESDE A ERA PRÉ-INDUSTRIAL

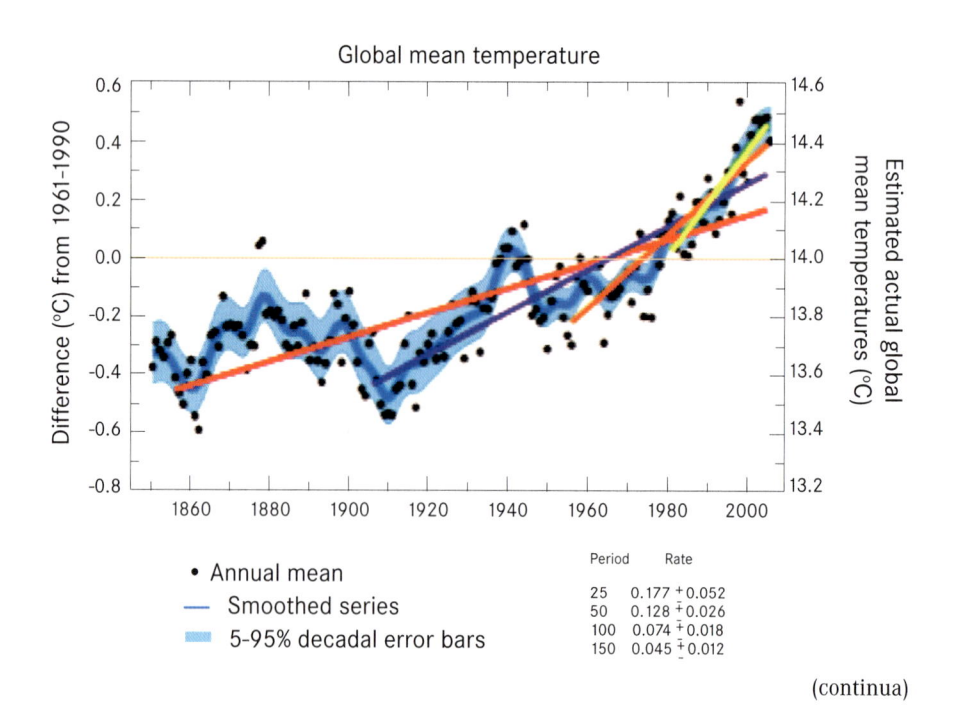

Period	Rate
25	0.177 ± 0.052
50	0.128 ± 0.026
100	0.074 ± 0.018
150	0.045 ± 0.012

(continua)

Global mean sea level

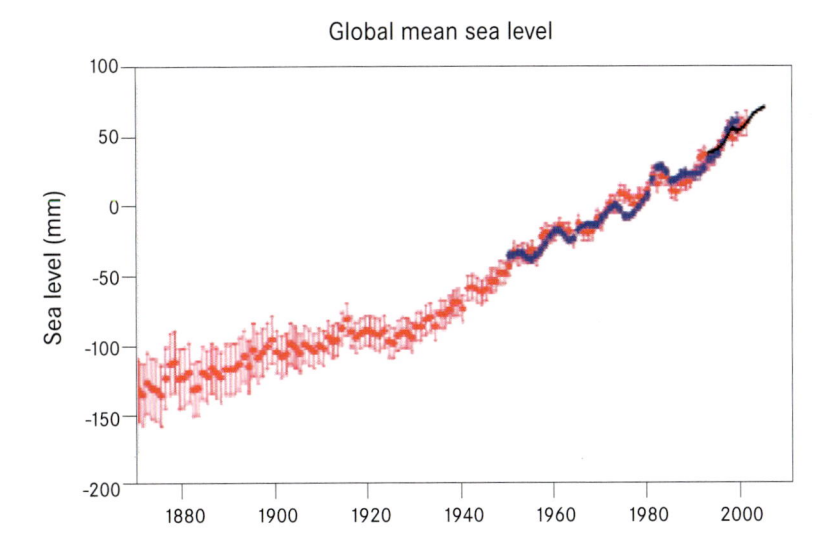

Fonte: IPCC.

O nível do mar também vem subindo. Ele aumenta mais devagar porque o ajuste do oceano é muito mais lento, em função da grande inércia térmica da água. O fluxo de radiação térmica, em direção à superfície, dos gases de efeito estufa de origem antropogênica que injetamos na atmosfera e lá permaneceram é de aproximadamente 2 watts por metro quadrado. O oceano tem uma massa de água enorme, e é muito difícil aquecer a água. Ela tem uma capacidade térmica muito grande, maior do que a de qualquer substância natural. É por isso que o oceano se ajusta muito lentamente, porque a elevação do nível do mar é mais gradual.

A Terra, entre os três planetas da figura 2, é o único em condições de abrigar a vida. Por quê? Os três estão a uma distância do Sol que permitiria a existência de água líquida, fundamental para a vida, para a formação de proteínas. Mas a temperatura na superfície de Vênus é de 450°C – água só pode existir na forma de vapor – e, na superfície de Marte, é de -53°C – água, só congelada. Só a superfície da Terra está, em média, nesses confortáveis 14°C. É muito claro que nós temos essa condição hoje porque existe vida na Terra.

FIGURA 2

VÊNUS, TERRA E MARTE

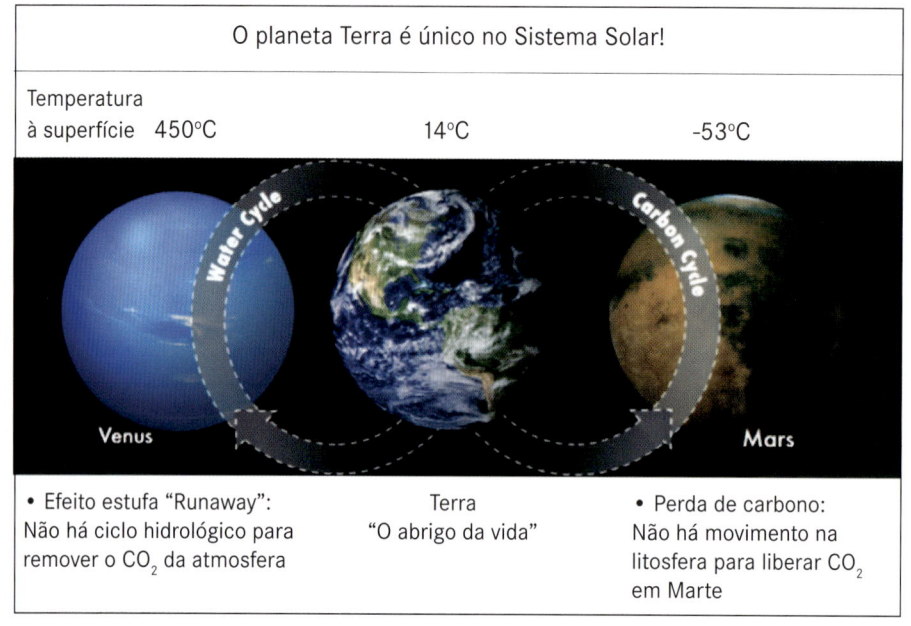

O planeta Terra é único no Sistema Solar!		
Temperatura à superfície 450°C	14°C	-53°C
Venus		Mars
• Efeito estufa "Runaway": Não há ciclo hidrológico para remover o CO_2 da atmosfera	Terra "O abrigo da vida"	• Perda de carbono: Não há movimento na litosfera para liberar CO_2 em Marte

Fonte: Nasa.

Há 3,6 bilhões de anos nós tínhamos 85% de CO_2 na atmosfera – um CO_2 inorgânico, que vinha do fundo da litosfera. Por que a temperatura não aumentou, como em Vênus, que também tem 85% de CO_2 na atmosfera, produzindo um superefeito estufa? Porque a radiação solar na Terra era 30% mais baixa. Aí apareceu o efeito das cianobactérias. Elas descobriram uma maneira extremamente eficiente de absorver a radiação solar, que nós conhecemos como fotossíntese. Então começaram, lentamente, a produzir matéria orgânica, liberando oxigênio – havia 2% de oxigênio naquela época, e hoje nós temos 21%.

Mais recentemente apareceram plantas e animais. As plantas também adquiriram esse mecanismo da fotossíntese. Por isso hoje temos uma quantidade muito pequena de CO_2 na atmosfera – é um gás minoritário. Então, a Terra é a única no sistema solar que tem condições de abrigar a vida, e a vida na Terra, desde as cianobactérias, ajudou a criar essas condições.

Os céticos (muitos vêm da geologia), quando olham os 4,6 bilhões de anos de história da Terra, argumentam que épocas de aquecimento global já ocorreram muitas vezes e foram superadas; não teríamos, assim, por que nos preocupar. É um argumento válido, e quem olha a história do planeta tem de rebatê-lo ou aceitá-lo. Felizmente a evolução histórica da atmosfera da Terra pode ser reconstituída analisando as bolhas de ar aprisionadas nos gelos da Antártica e de outras geleiras.

A figura 3 é considerada um dos resultados mais importantes das geociências no século XX. Ela mostra a quantidade de gás carbônico e de metano nessas bolhas, do presente até há 430 mil anos. Atualmente já há dados de 850 mil anos em outros pontos da Antártica. Essa figura mostra como funciona o sistema terrestre integrado: oceano, atmosfera, gelo, ciclo de carbono, ciclo de metano. Vemos então que, ao longo de 400 mil a 500 mil anos – na verdade, sabemos hoje, de quase 1 milhão de anos – a concentração de CO_2 não passa de 300 ppm (partes por milhão) e não cai abaixo de 180 ppm. A concentração de metano não passa de 700 a 800 ppb (partes por bilhão) e não cai abaixo de 400 ppb. Os ciclos da figura são ciclos glaciais e interglaciais.

FIGURA 3

EVOLUÇÃO DO CO_2, DO CH_4 E TEMPERATURA NOS ÚLTIMOS 400 MIL ANOS

4 glacial cycles recorded in the Vostok ice core

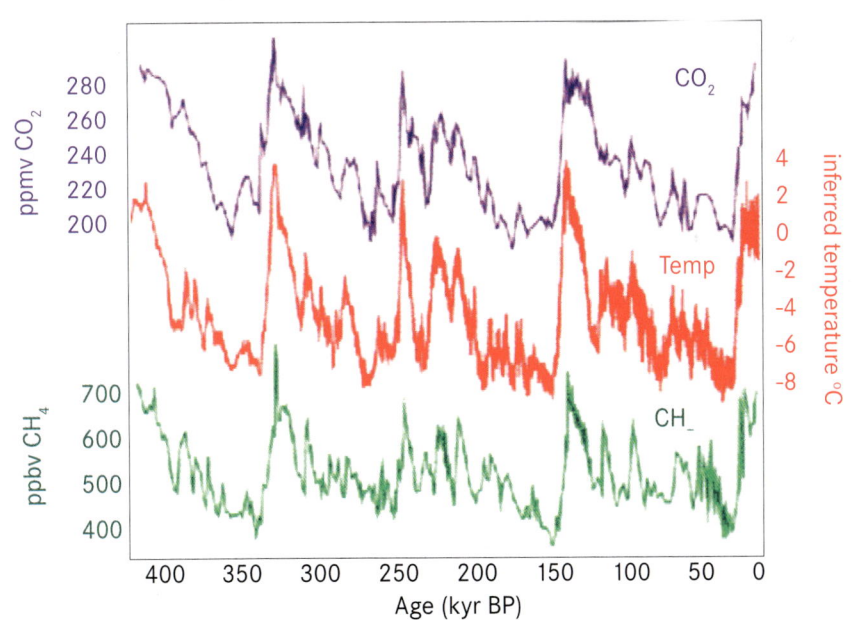

Fonte: IPCC.

O que controla esse termostato? Por que, quando a temperatura está alta, o oceano começa a perder CO_2? Por que não ocorre retroalimentação positiva e uma superelevação de temperatura, o efeito de Vênus? Nós não sabemos. Mas quero enfatizar esses números, porque eles são importantes. Em quase 1 milhão de anos – e há evidências indiretas mostrando que talvez em 5 milhões de anos – as concentrações dos gases que controlam a temperatura estiveram sempre dentro desses limites, um grande termostato.

Em 1896, o famoso físico-químico sueco Svante Arrhenius calculou os efeitos da queima de carvão a partir da Revolução Industrial. Um produto dessa combustão é, entre outros gases, o CO_2. Experimentos de física já mostravam que esse gás poderia ter a mesma propriedade descoberta pelo grande físico matemático Joseph Fourier, em 1824: o efeito estufa. O vidro de uma estufa deixa passar radiação solar e, depois, impede a perda da radiação térmica, de calor. Arrhenius mediu essa propriedade e calculou que, duplicando a concentração de CO_2 na atmosfera, a temperatura da superfície do planeta aumentaria em 5ºC, um resultado notável.

Em 1896, a física quântica ainda não existia. Arrehnius não sabia por que o CO_2 fazia aquilo, mas, empiricamente, mediu o efeito e fez um cálculo extremamente preciso para a época. Hoje sabemos que seu cálculo não é 100% correto e que o que aumenta a temperatura são as retroalimentações. Por exemplo: aumentando a temperatura, aumenta a evaporação do oceano e a quantidade de vapor de água na atmosfera, que também é um gás de efeito estufa.

A partir do Ano Geofísico Internacional de 1957-1958, foi colocada uma estação em Mauna Loa, no Pacífico, e foram obtidos os dados da figura 4.

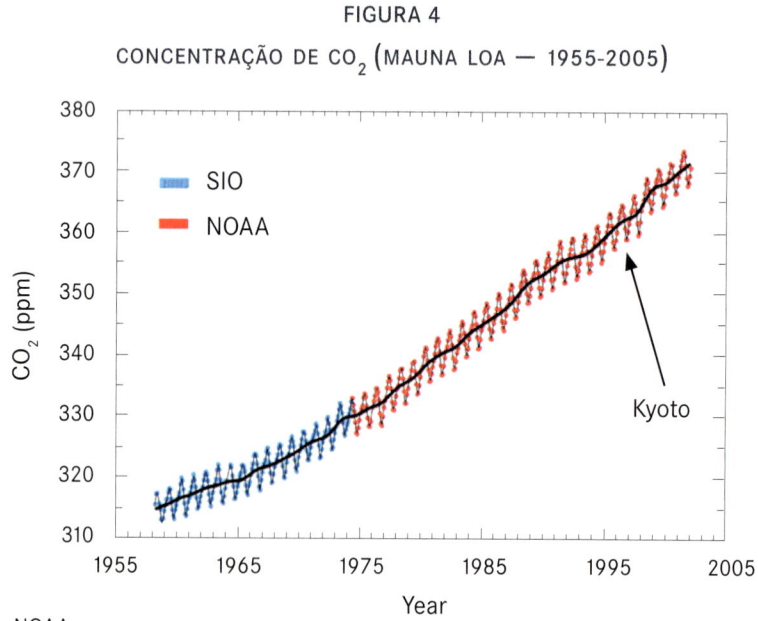

FIGURA 4

CONCENTRAÇÃO DE CO_2 (MAUNA LOA — 1955-2005)

Fonte: NOAA.

Até a década de 1970 era uma medida perdida no meio do Pacífico, ninguém prestou atenção. Em meados dos anos 1970 recuperaram o estudo de Arrehnius, que passara despercebido por 70 anos. Então todos começaram a se preocupar: o que vai acontecer com o planeta?

Por que o CO_2 está aumentando na atmosfera? Porque estamos injetando nela bilhões de toneladas de carbono por queima de combustíveis fósseis (petróleo, carvão e gás natural) e também em razão do desmatamento tropical. O desmatamento em latitudes médias parou na década de 1980.

A figura 5 mostra as fontes (em cima) e os sumidouros (embaixo) de CO_2, em Gt (bilhões de toneladas) por ano.

FIGURA 5

BALANÇO DE CARBONO ANTROPOGÊNICO

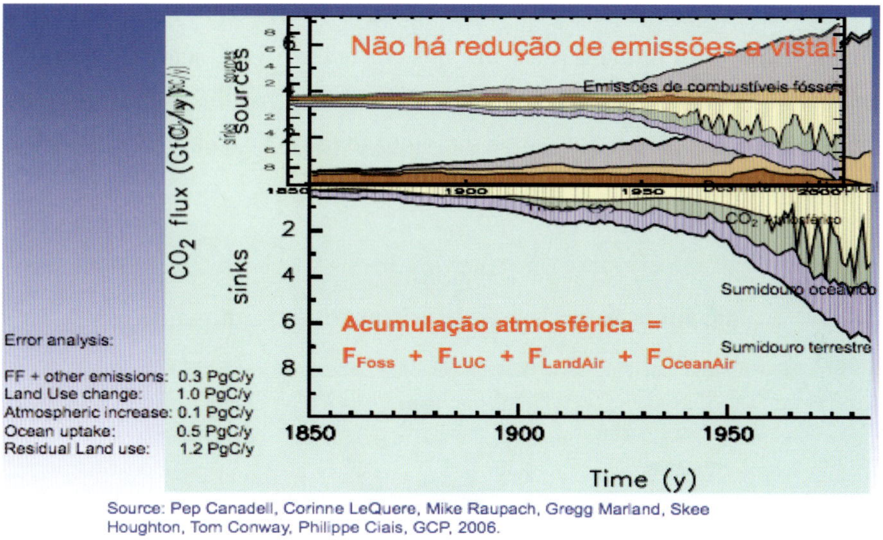

Fonte: Canadell, LeQuere, Raupach, Marland, Houghton, Conway, Ciais – GCP (2006).

Para onde vai o CO_2 emitido por ações antropogênicas? Dele, 45% ficam na atmosfera – é a faixa em amarelo; essa é a causa do aquecimento global. Felizmente os oceanos e a vegetação absorvem, hoje, 55%. Se não absorvessem, nós estaríamos dobrando o efeito estufa na atmosfera. Vão absorver para sempre? Não. O IPPC alerta para o fato de que a capacidade dos oceanos diminui: o aumento da temperatura dos oceanos diminui a solubilidade do CO_2. Também aumenta a decomposição do carbono no solo. Esses dois sumidouros perderão a eficiência nos próximos 50 anos.

Mas os céticos insistem: como se garante que são os gases de efeito estufa que estão causando tudo isso? Não poderia ser apenas uma variação natural do clima? A melhor ferramenta – e o IPCC a utilizou – são os modelos matemáticos do clima. São representações dos processos físicos, químicos e biológicos que conhecemos no sistema climático como um todo: oceano, atmosfera, vegetação, ciclo de carbono e biosfera.

Os resultados para os diversos continentes estão representados na figura 6. É uma simulação de 1900 a 2000, procurando verificar se nosso conhecimento científico consegue representar o clima atual – não é o futuro, ainda. A curva em preto contém as observações da temperatura subindo. Se não se colocam os gases de efeito estufa – contribuições em azul – não se reproduz esse aumento dos últimos 50 anos. Só há acordo quando se incluem os gases de efeito estufa para todos os continentes e oceanos. É por isso que o IPCC afirma que esta é a melhor explicação, com mais de 90% de confiabilidade – e eu acho que é a única.

FIGURA 6

REPRODUÇÃO DAS OBSERVAÇÕES REQUER EFEITO ESTUFA

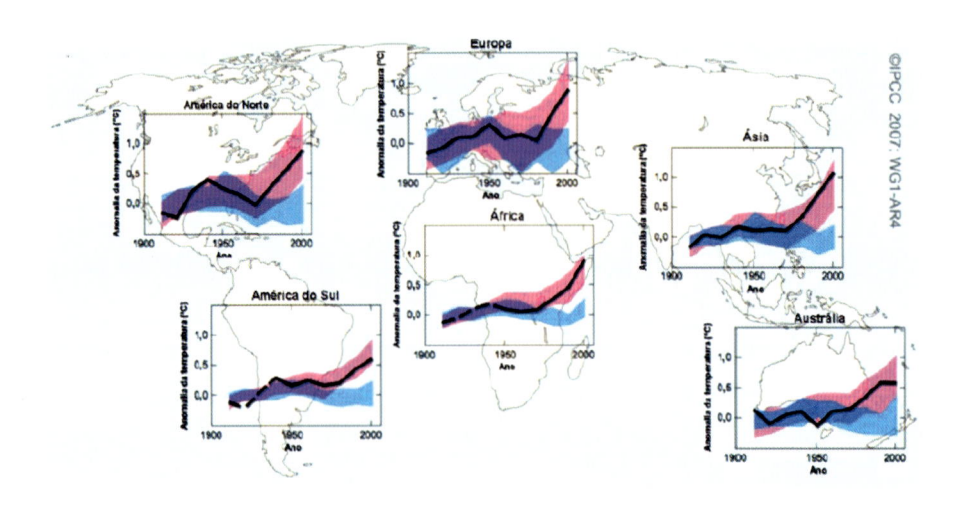

(continua)

| Global | Terra global | Oceano global |

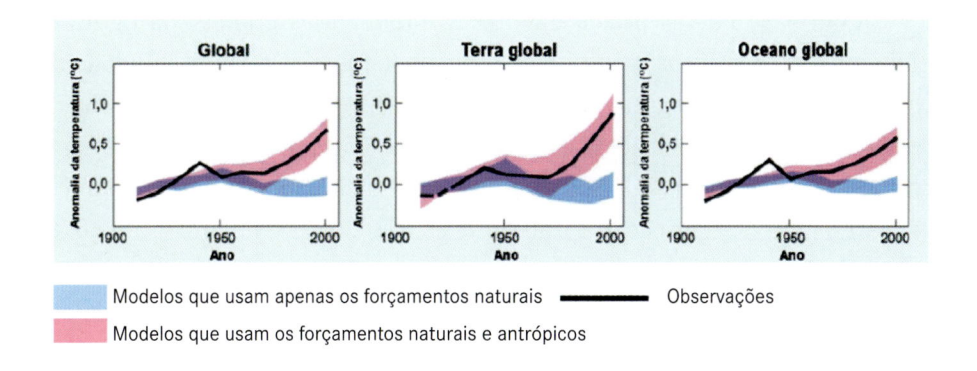

Modelos que usam apenas os forçamentos naturais — Observações
Modelos que usam os forçamentos naturais e antrópicos

Fonte: IPCC (2007).

O futuro a nós pertence, porque podemos escolher – a figura 7 projeta as emissões de gases para o futuro. Se continuarmos na mesma, na trajetória em vermelho, rotulada *"business as usual"*, terminaremos o século com 850 ppm (partes por milhão) – estamos em torno de 385. Se fizermos um gigantesco esforço, reduzindo em dois terços as emissões globais de hoje, estabilizaremos a concentração em 550 ppm. Dá para imaginar o mundo emitindo dois terços a menos de gases, considerando que até 2050 a população chegará a 9 bilhões? É um enorme desafio.

FIGURA 7
PROJEÇÕES DE EMISSÃO DE GASES E ELEVAÇÃO DE TEMPERATURA PARA O FUTURO

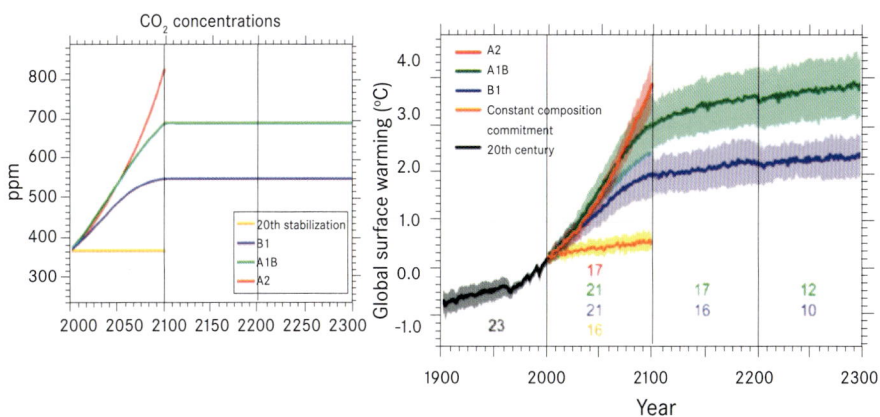

Cenários de emissões:
A2 = "Bussiness as usual" (850 ppm em 2100)
A1B = Emissões crescem até 2050 depois decrescem (720 ppm em 2100)
B1 = Emissões crescem pouco até 2030 e decrescem para estabilização em 550 ppm.
Fonte: IPCC.

Com base nessas projeções, o IPCC produziu os gráficos da figura 8. Olhando esses gráficos, nenhum governo pode fugir da responsabilidade de produzir planos de adaptação. Elas são para 2020-2029 e para 2090-2099. A parte superior é o cenário de estabilização em 550 ppm e a parte inferior o cenário *business as usual*. Não há muita diferença para a América do Sul — 0,5 a 1,5 grau de elevação. A razão é que as três curvas da figura 7, até 2020, são idênticas. Não dá mais para mudar a matriz de produção de energia, de transporte, de tudo que fazemos para manter a qualidade de vida de 6,5 bilhões de pessoas, muitas das quais não têm qualidade de vida.

FIGURA 8
AQUECIMENTO GLOBAL FUTURO

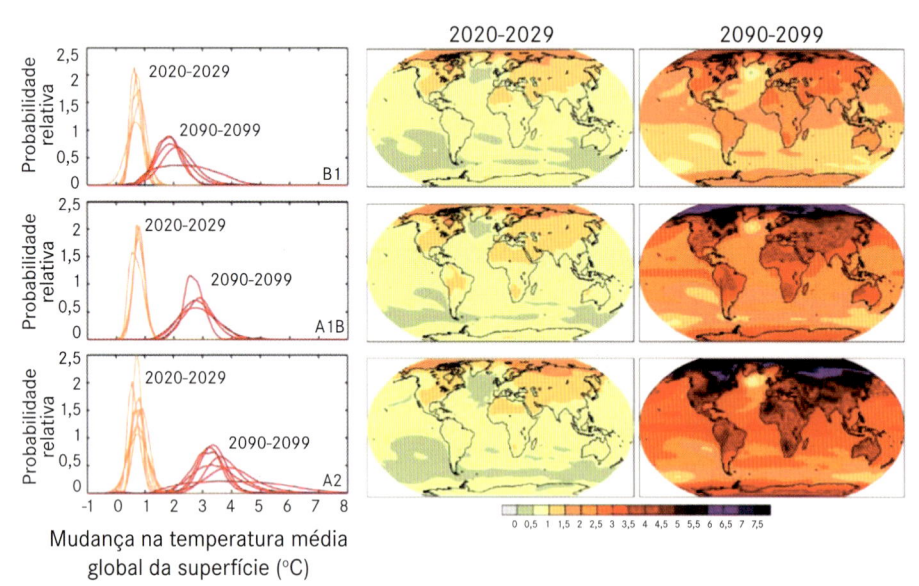

Fonte: ©IPCC — WG1-AR4 (2007).

Essa mudança climática já está acontecendo. O problema não irá mais desaparecer. É por isso que as mudanças climáticas são até mais significativas do que outras mudanças ambientais, em que ainda podemos conceber reversões. Por que precisamos reduzir as emissões em dois terços? Para evitar, aí sim, um cenário que eu considero catastrófico, o mostrado no quadro inferior para 2090-2099. No Brasil, haveria entre 2ºC e 3ºC de elevação no quadro superior para o cenário de baixas emissões — não é uma mudança pequena, mas seria isso em vez de 5ºC a 6ºC. É sobre isso que devemos atuar, para evitar uma mudança tão significativa que estejamos falando praticamente de outro planeta.

As projeções de mudanças no regime de chuvas para 2090-2099 ainda contêm muita incerteza. O cenário do IPCC prevê a diminuição das chuvas no Brasil durante o inverno (junho, julho e agosto). Tais modificações no ciclo hidrológico têm impactos que vou discutir mais adiante.

Mudanças ambientais globais impactam diferentes regiões, mas estão todas interconectadas. O Programa Internacional Geosfera-Biosfera (IGBP), do qual hoje presido o Comitê Científico, coordena pesquisas voltadas para entender cada um dos efeitos que chamamos de *hotspots*, tais como o colapso da floresta amazônica, o desaparecimento das geleiras da Antártica e da Groenlândia, a desestabilização da corrente termo-halina, a emissão de metano da tundra (figura 9).

FIGURA 9

HOTSPOTS

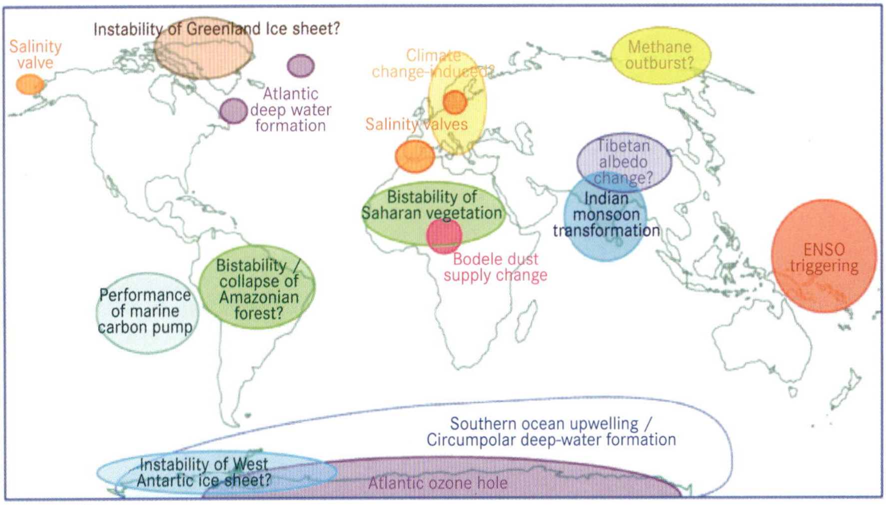

Fonte: ESSP.

Podem ocorrer mudanças climáticas abruptas ou modificações de ocorrências dos extremos climáticos? Adaptar-se a mudanças de extremos climáticos é mais difícil do que a uma lenta mudança da temperatura.

"Limites climáticos perigosos" foram identificados pela comunidade científica internacional. Com uma elevação de 0,6°C a 0,7°C, que já está acontecendo, há branqueamento e perda de corais, perda do gelo da Antártica ocidental, desaparecimento da geleira do Kilimanjaro.

Com uma elevação de 1,6°C acelera-se o derretimento da geleira da Groenlândia. Por que isso é importante e preocupa tanto? A Groenlândia tem geleiras de dois a três quilômetros de espessura. A água armazenada nestas geleiras, se derretida, elevaria em seis a sete metros o nível do mar. Se o aquecimento continuar, estima-se que levaria de mil a 3 mil anos para derreter todo esse gelo. Isso parece tão longe; nem sabemos quantas pessoas estarão vivendo na Terra daqui a 3 mil anos.

Mas estudos recentes mostraram que o aquecimento da superfície está fazendo com que se formem rios, que entram nas fissuras da geleira, chegam ao fundo e lubrificam o contato da geleira com a rocha, reduzindo o atrito de escorregamento. As geleiras estão chegando ao norte do Atlântico em muito menos tempo do que o necessário para se formar mais gelo. Assim, essa escala que era de mil a 3 mil anos poderia passar a ser de 100 a 300 anos, o que é muito diferente. Se o nível do mar subir dois a três metros em 300 anos, mudará a linha costeira do planeta – 20% da população terão que ser realocados.

Em agosto de 2005 houve aumento da temperatura da superfície do mar no Caribe – da ordem de 0,5ºC a 1,5ºC. Que consequências isso acarretou? Criou os furacões mais fortes dos últimos 150 anos, como o Katrina. O gráfico da figura 10 mostra que, com o tempo, a intensidade dos furacões (em verde) está crescendo com o aumento da temperatura (em azul). Com furacões mais longos e furacões com ventos mais fortes, o poder de destruição aumenta.

FIGURA 10

A INTENSIDADE DOS FURACÕES AUMENTA COM A TEMPERATURA DOS MARES

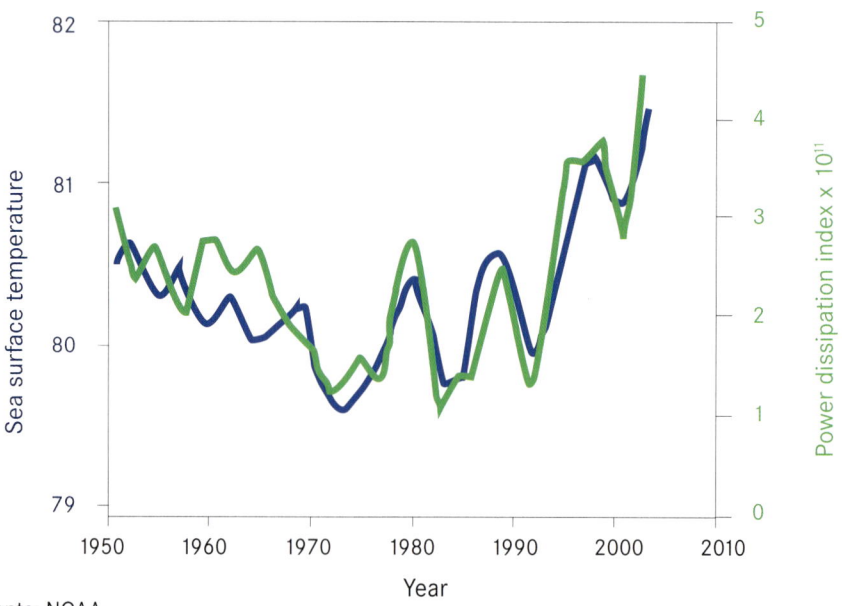

Fonte: NOAA.

Essa elevação de temperatura do mar pode ter sido parcialmente responsável pela intensidade da famosa seca de 2005 na Amazônia. É importante esclarecer que as águas mais quentes em si não causaram a seca – normalmente o clima varia muito: chove, faz seca. Mas o aquecimento global, também tornando os oceanos mais quentes, está causando, isto sim, uma acentuação dos eventos extremos. Eles ficam mais intensos e/ou mais frequentes.

Outro exemplo atípico foi o primeiro furacão da história observado no Atlântico Sul. Há razões meteorológicas que, segundo os livros-texto, impediriam furacões nesta região. Tenho formação de meteorologista e, se alguém me perguntasse, em 2004, se furacões poderiam ocorrer no Atlântico Sul, eu teria dito que não. Mas nada como um fato concreto para nos fazer reavaliar conhecimento estabelecido, e o furacão Catarina ocorreu. Temos então que rever nossos conceitos e entender o que aconteceu. Foi muito mais uma mudança da circulação atmosférica que ocasionou o furacão – não foi tanto a temperatura do mar. Mas a circulação atmosférica global está mudando em resposta às mudanças climáticas. Devemos, assim, buscar prever se poderão ocorrer furacões no Atlântico Sul.

Os El Niños estão se tornando mais intensos. Eles produzem seca no nordeste, na Amazônia; chuvas e inundações no Sul do Brasil e efeitos climáticos em todo o mundo. O oceano Pacífico, num planeta mais quente, pode ter mega-El Niños mais frequentemente.

Outro aspecto, já entrando um pouco em ciências sociais e questões de desenvolvimento, é que os efeitos das mudanças ambientais globais são desiguais e injustos. Citarei dados para quem ainda não acredita nisso. As mudanças ambientais globais não podem ser separadas das questões relativas a desenvolvimento. Como disse Sêneca, se não se sabe para que ponto se deve navegar, nenhum vento será favorável. Acho que estamos globalmente nesse dilema.

O gráfico da figura 11 mostra as emissões médias anuais de origem fóssil *per capita* de CO_2 para alguns países. As emissões globais estão aumentando. Em 1980 eram de 0,93 tonelada de carbono por ano e, em 1999, 1,04. O problema é grave. Para o cenário de estabilização em 550 ppm nós temos que reduzir a média global em 60%. Temos que baixar para cerca de 0,4 tonelada por habitante. Hoje temos 6,5 bilhões de habitantes, em 2050 serão 9 bilhões. Então, o *per capita* cai ainda mais. A tarefa não é fácil!

FIGURA 11
EMISSÕES DE CO_2 *PER CAPITA*

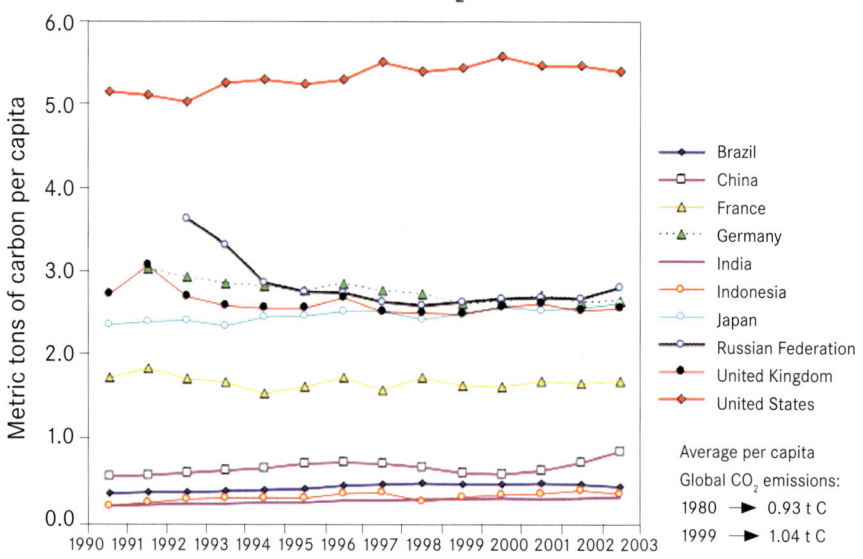

[Gráfico: Metric tons of carbon per capita, 1990–2003, para Brazil, China, France, Germany, India, Indonesia, Japan, Russian Federation, United Kingdom, United States.

Average per capita Global CO_2 emissions:
1980 → 0,93 t C
1999 → 1,04 t C]

Fonte: Carbon Dioxide Information Analysis Center (CDIAC).

A emissão *per capita* do Canadá está ainda mais alta que a dos EUA, com 5,5 toneladas por habitante por ano. A Europa ocidental está na faixa de 2,5 a 3. A França, com 70% de energia nuclear na geração de eletricidade, um pouco abaixo, com 1,7 a 1,8. A China causa especial preocupação, porque sua emissão *per capita* está crescendo rapidamente: 3,2% ao ano nos últimos cinco anos. O Brasil está muito bem nesse gráfico, com 0,4. A Índia tem bem menos, mas tem cerca de seis vezes mais habitantes que o Brasil.

Mas essa imagem do Brasil é enganosa – o gráfico só inclui as emissões devidas à queima de combustíveis fósseis; não incluí aquelas provenientes das mudanças do uso e da cobertura de vegetação, notadamente as provenientes do desmatamento. Quando se agrega o desmatamento, o número do Brasil se aproxima daquele da França. Com o desmatamento tropical, o Brasil é o país em desenvolvimento que tem o maior nível de emissões *per capita*.

A grande questão que se debate leva a uma discussão política muito difícil, mas vou mostrar que ela tem também uma dimensão ética. A questão é: se quisermos realmente reduzir as emissões médias globais para 0,3 tonelada de carbono por habitante por ano, como alocar as reduções necessárias? Os países de alta renda dizem que já têm uma matriz industrial e energética desenvolvida à base de combustíveis fósseis, e por isso não querem reduzir o uso destas formas de geração de energia no curto prazo. Afirmam, entretanto, que os países em desenvolvimento não devem aumentar suas emissões *per capita*, isto é, o necessário aumento de uso de energia, vital ao seu desenvolvimento terá que vir de fontes de energia renovável. Fácil falar, difícil fazer.

Conforme mostra a figura 12, as estimativas de há alguns anos, só para o setor de energia, são de que o mundo em desenvolvimento ultrapasse as emissões do mundo desenvolvido até 2020. Em 2008, a China ultrapassou as emissões dos EUA e se tornou o país que, por ano, mais emite no mundo. Entretanto, historicamente, a China emitiu 8% de todo o CO_2 que temos hoje, os EUA 25%, a Europa 28%, o Brasil 1,5% a 2% (dependendo de como se faz a conta do desaparecimento da mata Atlântica). Essa é uma questão preocupante.

FIGURA 12

EMISSÕES COMPARATIVAS DE CO_2

Um enorme desafio: emissões de países em desenvolvimento estão crescendo rapidamente

Emissões relacionadas à energia de CO_2 por região

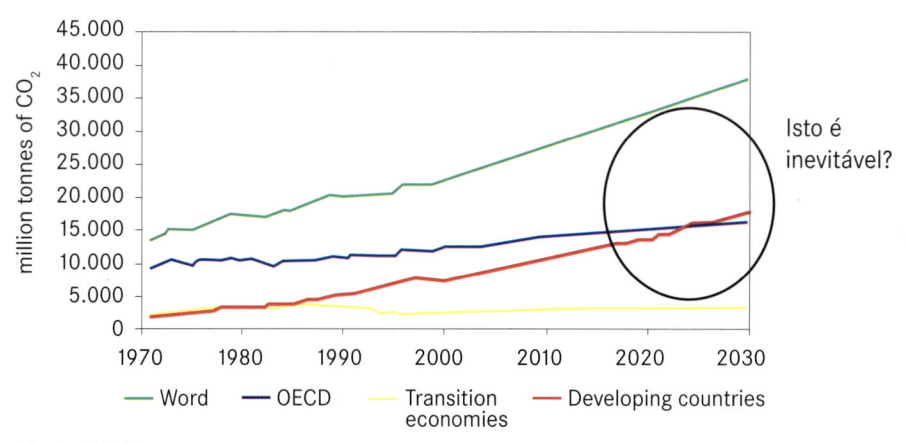

Fonte: IPCC.

Há uma questão ética fundamental: as pessoas que vão sofrer as consequências mais graves das mudanças climáticas são aquelas que menos contribuíram para o problema. É uma dimensão importante, não muito bem-tratada até agora, apesar de começar a aparecer com mais força, inclusive nas negociações políticas. Quem são essas pessoas? São os habitantes dos países pobres da África, do sul da Ásia e da América Latina, especialmente aqueles da África ao sul do Saara e, de modo geral, as populações pobres de todo o mundo, mesmo aquelas das economias emergentes. Prevê-se até meados do século, uma enorme queda da produção de milho – elemento básico da dieta para o continente africano – se não forem tomadas medidas de adaptação da agricultura.

Também é uma questão ética o inglório destino e risco de extinção de inúmeras outras espécies vivas do planeta, que nem mesmo têm escolha. São vítimas involuntárias do aquecimento global. Por exemplo, 74 espécies de sapos (gênero *Atelopus*) das montanhas da América Central já desapareceram. E a melhor explicação científica é que desapareceram devido a mudanças no microclima das florestas de montanha causadas pelo aquecimento global. Em decorrência disso, um fungo de pele ganhou uma vantagem comparativa e extinguiu essas 74 espécies. Não é preciso que a temperatura suba 5°C para ter um enorme impacto na biodiversidade. As mudanças nos usos da terra também estão dizimando as populações de primatas da África equatorial.

Como tudo isso afeta o Brasil? O copresidente do grupo de trabalho 2 do Quarto Relatório de Avaliação do IPCC de 2007, professor Martin Parry, resumiu assim as mais de mil páginas do relatório: "Num mundo desigual, as mudanças climáticas irão aumentar ainda mais as desigualdades". E o Brasil não foge disso. Nós não pertencemos ao grupo de países com alta capacidade de resposta aos riscos.

Um primeiro exemplo: os dados que estamos analisando na América do Sul mostram que as noites frias estão ficando mais raras. Conversando com uma pessoa de mais de 50 anos do interior do Sul ou do Sudeste do Brasil, ela vai sempre dizer que "na minha infância havia mais noites frias". Falo do interior para fugir do efeito de ilha urbana de calor das cidades. É verdade: a temperatura mínima já subiu 1°C em média no Brasil, descontando o efeito de urbanização.

As chuvas estão aumentando no Sul do Brasil e na Argentina – já aumentaram 20% em média. Isso explica a explosão da soja nessas regiões, mas não sabemos se isso resulta de variabilidade natural ou já do aquecimento global. Uma parte pode ser aquecimento, sim.

Vou comentar algumas das conclusões principais do relatório do grupo 2 do IPCC (que trata dos impactos das mudanças climáticas, das vulnerabilidades e da adaptação) para a América Latina, exemplificando para o Brasil. O relatório resulta de um consenso entre milhares de cientistas. Cada conclusão foi depois esmiuçada pelos governos do mundo todo. Por isso, ele é um sumário conservador – os governos não gostam de afirmações muito fortes. Não deixam de ser fortes, mas ainda assim passaram pelo consenso dos governos.

Os impactos para ecossistemas naturais constituem uma área muito próxima a mim, porque tenho trabalhado nisso, cientificamente, há 20 anos.

Em meados do século, projeta-se que o aumento da temperatura e consequente diminuição da água do solo irão levar a uma gradual substituição da floresta tropical por savanas na Amazônia oriental. A vegetação semiárida tenderá a ser substituída por vegetação de zonas áridas. Há um risco de perda significativa de biodiversidade.[1]

É o que se tem chamado de "savanização" da Amazônia, quer dizer, o clima é compatível com uma savana empobrecida de biodiversidade. Eu só estou destacando aqui o que saiu no chamado "Summary for policy makers", aquele que teve aprovação governamental.

No passado havia relutância de governos e menos comprovação científica de impactos desta natureza. Porém, nos últimos anos, as evidências foram-se tornando sólidas: já havia vários resultados científicos embasando-as — os meus estudos são apenas um deles —, havia muitas fontes científicas diferentes conferindo credibilidade ao risco de "savanização" de partes da Amazônia. Essa "savanização" está ilustrada na figura 13, resultante de um estudo do meu grupo. Ela mostra a tendência de a savana tropical substituir a floresta tropical no leste e sudeste da Amazônia. Porém, não seria o Cerrado que conhecemos, rico em biodiversidade; seria uma savana tropical empobrecida, que avança para noroeste e quase se liga com a savana da Venezuela.

FIGURA 13

SAVANIZAÇÃO DA AMAZÔNIA

Futuro dos biomas amazônicos?

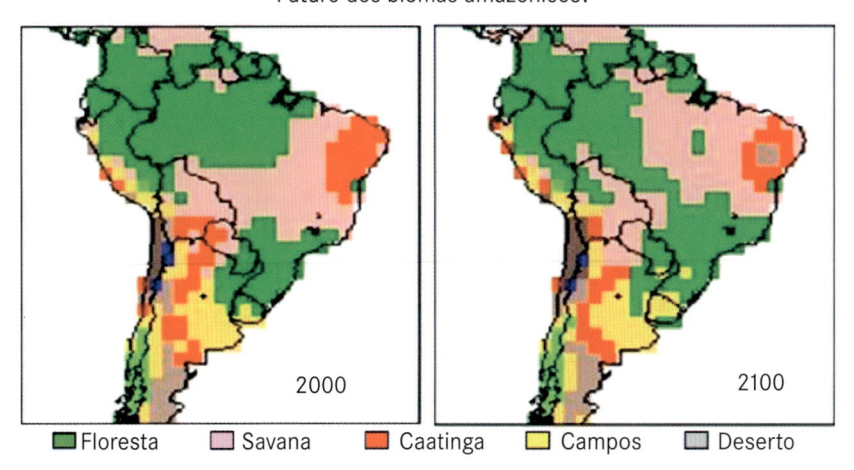

■ Floresta   ■ Savana   ■ Caatinga   ■ Campos   ■ Deserto

"Savanização" da Amazônia: um estado de equilíbrio na relação bioma-clima?

Fonte: Oyama e Nobre (2003); Salazar, Oyama e Nobre (2007).

[1] Summary for policy makers. Grupo de trabalho 2 do Quarto Relatório de Avaliação do IPCC (2007).

Quais os impactos sobre agricultura e segurança alimentar? Nas áreas mais secas, como o Nordeste do Brasil, haverá "acidificação" e aumento do risco de desertificação de terras agricultáveis. Sem adaptação da agricultura às novas condições climáticas, a produtividade de algumas culturas importantes irá decrescer, com consequências adversas para a segurança alimentar. Nas zonas temperadas (Rio Grande do Sul, Argentina), um efeito positivo: a produção da soja pode crescer ocorrendo pequenos aumentos de temperatura. Com mais gás carbônico na atmosfera, a fotossíntese é um pouco mais eficiente, até um certo limite – em 650 ppm esse efeito benéfico atinge seu limite.

Para o Brasil, segundo cálculos da Embrapa, com uma elevação de 3ºC a área potencial para as culturas de milho, feijão, arroz, soja e café diminui – e diminui bastante, como pode ser observado na figura 14.

Essa elevação de temperatura é muito provável de acontecer até o final do século, se não conseguirmos reduzir em mais de 60% as emissões de gases de efeito estufa até meados deste século. No estado de São Paulo, a área muito apropriada para o plantio de café arábica, o café de melhor qualidade, praticamente desaparece com o aumento de 3ºC. O café arábica pode desaparecer de São Paulo, porque não resiste a temperaturas muito altas. Para onde irá o café? Para o Rio Grande do Sul e para a Argentina. Vamos importar café argentino.

FIGURA 14

EFEITOS NA ÁREA AGRICULTÁVEL

Redução da área potencial em função do aumento da temperatura entre 1ºC e 5,8ºC

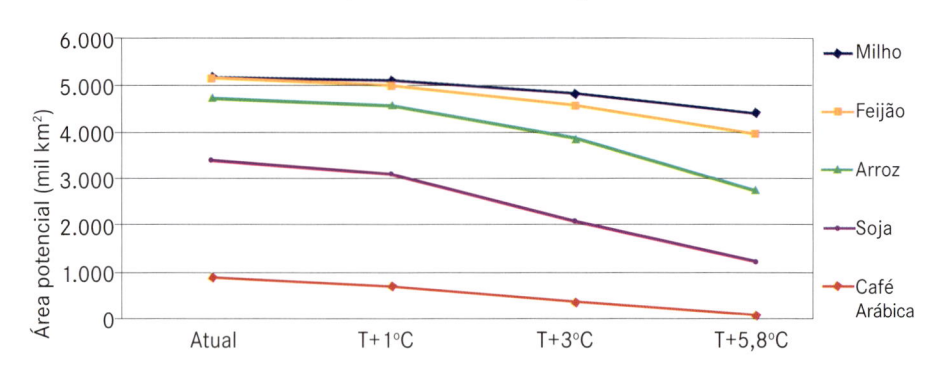

Fonte: Embrapa.

No entanto, a agricultura é um setor em que é plenamente factível buscar adaptações para fazer frente às mudanças climáticas. Um planejamento detalhado pode redesenhar a matriz agrícola do Brasil, mas é preciso começar logo.

Desastres naturais, tais como aumento na frequência e intensidade de eventos meteorológicos extremos, ondas de calor, tempestades severas, inundações, enxurradas, vendavais, secas prolongadas – tudo isso já está acontecendo. Nós já estamos vivendo a era das mudanças globais causadas pelo aquecimento global; não precisamos esperar mais 50 anos.

Em relação às chuvas, onde dispomos de dados (em muitas áreas eles ainda não foram liberados pelo Instituto Nacional de Meteorologia), verifica-se que aumentou sua intensidade devido à frequência de dias com chuva forte. Muitos pensam que os desastres naturais estão aumentando exclusivamente porque as pessoas estão morando em áreas de risco, como as favelas, os morros, as zonas de inundações dos rios. Tudo isso é verdade, e provavelmente explique a maior parte do aumento da ocorrência de desastres naturais, mas não explica tudo. Os desastres naturais relacionados com chuvas intensas estão aumentando também devido ao aumento dos eventos extremos de chuvas.

Em temperaturas mais altas a taxa das reações químicas responsáveis pela formação dos poluentes também aumenta, e às vezes aumenta exponencialmente – isso vem da física e da química. Tais reações ocorrem a maiores velocidades, e isso piora a qualidade do ar nas cidades, a não ser que haja uma redução da emissão de gases precursores da poluição do ar. Então, o problema da poluição, que já é grave em muitas cidades tropicais e subtropicais, como Cidade do México, São Paulo e outras, vai se tornar maior globalmente.

Ondas de calor reduzem a qualidade de vida e impactam a saúde dos mais velhos e dos mais jovens. Na Europa ocidental ocorreu, em 2003, o verão mais quente do registro histórico de 150 anos, ao qual foram atribuídas 32 mil mortes adicionais às previstas para aquela época do ano. Já há muitos refugiados ambientais, especialmente na África, por escassez de água. O relatório do IPCC estima que possam chegar a centenas de milhões em todo o mundo, com a continuidade do aquecimento global, devido ao aumento do nível do mar, escassez de água, desertificação e perda de terras agricultáveis, além de desastres naturais.

No mapa da figura 15, extraído do relatório do IPCC, os pontinhos verdes localizam áreas onde existem registros, entre 1970 e 2004, de dados sobre impactos já observados das mudanças climáticas sobre sistemas biológicos (marinhos, de água doce, terrestres), e os azuis sobre sistemas físicos (criosfera, hidrologia, sistemas costeiros). Eles mostram que a ciência brasileira e de muitas outras partes do mundo nessas áreas está muito atrasada. Não há nenhum sítio de pesquisas de longa duração no Brasil.

FIGURA 15

ÁREAS COM REGISTRO DE IMPACTOS

Mudanças nos sistemas físicos e biológicos e na temperatura da superfície de 1970 a 2004

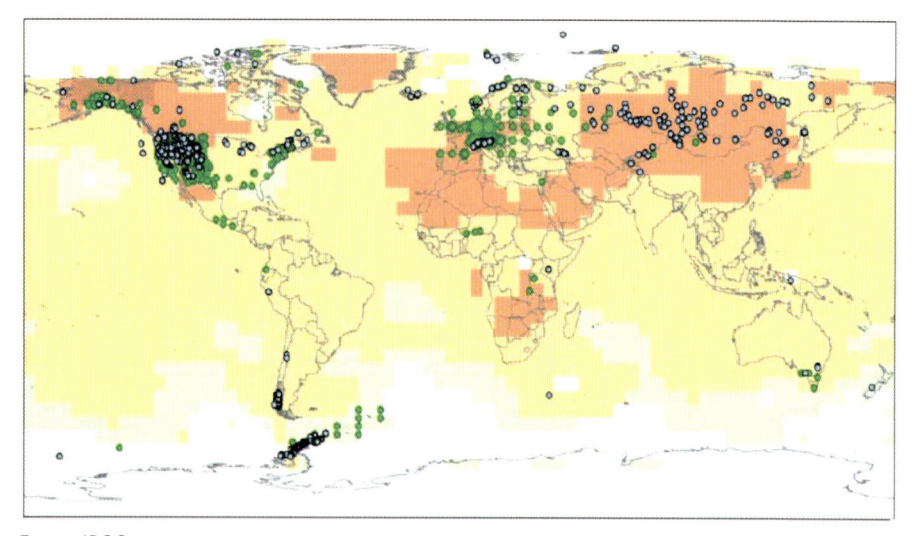

Fonte: IPCC.

Há 29 mil conjuntos de dados que foram ali analisados, a grande maioria na Europa. Os europeus estão, há décadas e décadas, monitorando seus ecossistemas. Já os dados da América do Sul são físicos – geleiras dos Andes. Mas é fácil observar que as geleiras estão diminuindo; até turistas percebem isso. Há pouquíssimas observações para países em desenvolvimento – o Brasil não tem nada. Como tomar medidas de adaptação se não sabemos como os sistemas físicos e biológicos estão respondendo às mudanças globais? É uma pergunta ainda sem resposta.

Felizmente a comunidade científica e os governos estaduais e federal parecem estar acordando. A Fapesp lançou, para o estado de São Paulo, um grande programa de pesquisas de 10 anos sobre mudanças climáticas globais, financiado na faixa de R$ 15 milhões por ano, o que, para o Brasil, é muito significativo. O governo federal lançou a Rede Brasileira de Pesquisas sobre Mudanças Globais (Rede Clima), com financiamentos de R$ 30 milhões. Vários outros estados, como Amazonas e Pernambuco, começam a financiar as comunidades científicas locais para estudar mudanças climáticas. Esperemos que resulte em financiamentos de longa duração à comunidade científica, para começarmos a preencher esses grandes vazios de conhecimento e, aí sim, podermos pensar em adaptação.

É imperativo reduzir o desmatamento na Amazônia para menos de 5 mil quilômetros quadrados por ano. Em 2004 foram 27 mil; em 2005, 19 mil; em 2006 foram 14 mil; e em 2007 e 2008 reduziu-se ainda mais, para cerca de 12 mil quilômetros quadrados por ano. Mas precisamos chegar a menos de 5 mil quilômetros quadrados por ano. Vinte e sete mil quilômetros quadrados representam um pouco menos do que a área ocupada pela cana-de-açúcar no estado de São Paulo. O produto agrícola bruto do açúcar e do bioetanol neste estado é da mesma ordem de grandeza do produto agrícola agregado, pecuária e madeira (excluindo a soja) de toda a Amazônia brasileira. São 750 mil quilômetros quadrados desmatados de florestas e mais de 1 milhão em uso para extração de madeira. Isso mostra como a economia do desmatamento não apresenta rentabilidade. Sei que a situação é muito mais complicada, e existe a dimensão social. Mas se o Brasil quiser ser um país-modelo na área ambiental – já que a nossa matriz energética é mais limpa do que a da maioria dos países do mundo – é preciso resolver a questão do desenvolvimento da Amazônia.

Em conclusão, a ciência demonstrou claramente que o problema existe: o clima está mudando, as temperaturas estão subindo e os gases de efeito estufa são responsáveis por essa mudança; também fez projeções muito críticas sobre o que pode acontecer no futuro para os sistemas biológicos, para a agricultura, para as zonas costeiras e para a saúde. Nisso a ciência avançou.

Qual é o próximo grande desafio para a ciência? É estabelecer, com mais precisão, o que chamamos de "limites críticos", "limites perigosos", "pontos de desequilíbrio do sistema terrestre". Até quando poderemos tolerar o aquecimento, de modo que as geleiras da Groenlândia não derretam (será que são 2°C ou 2,5°C ou 3,5°C?) ou que não haja uma grande ruptura dos sistemas ecológicos?

Esse é o desafio científico mais importante do momento para a ciência do sistema terrestre. Por outro lado, o desafio político e tecnológico é: como reduzir em 60% ou mais as emissões de gases de efeito estufa? Em parte é um desafio mais político do que tecnológico. Com a tecnologia existente hoje, os Estados Unidos poderiam reduzir em 18% as suas emissões de gás carbônico. Bastaria que os carros americanos tivessem a mesma eficiência dos carros da Europa ocidental e houvesse mais eficiência no uso da energia, nos aparelhos eletrodomésticos, nas lâmpadas etc. Não reduzem porque não querem. Chegar a 60% de redução é bem mais difícil. É preciso "descarbonizar" os sistemas de geração de energia e de produção de maneira global, não somente nos países de alta renda.

Para finalizar, quero tratar de uma questão mais filosófica: será que só vencer o desafio científico, mostrar o perigo, mostrar quais são os "limites críticos", avançar na tecnologia, criar as condições políticas é suficiente? Acho que não.

Precisamos de uma grande transformação do *Homo sapiens*. Não uma transformação biológica. Não estou falando desse tipo de evolução biológica que poderia demorar milhões de anos, por seleção natural. Estou falando de uma evolução ética, uma evolução filosófica. Os fundamentos matemáticos de como funcionam as coisas, de como funciona o universo, foram abertos para nós por Isaac Newton. Toda a tecnologia decorreu um pouco de sua obra. Mas ela acabou conduzindo para o uso excessivo dos recursos naturais.

Paul Crutzen (ganhador do Prêmio Nobel, com Molina e Rowlands, em 1995, por desvendar as reações químicas geradoras do buraco de ozônio na Antártica) cunhou o termo "antropoceno", no ano 2000. Para ele, os últimos 200 anos constituem uma espécie de nova "era geológica". A espécie humana conseguiu, nesse período, fazer uma transformação na natureza – no sistema climático, nos sistemas biogeofísicos e biogeoquímicos – da mesma ordem da que eras geológicas operaram na Terra em dezenas de milhares a milhões de anos. Ele chamou isso de "antropoceno", a "era geológica" do homem, quando este se tornou um elemento modificador de inigualável magnitude em curta escala temporal em termos geológicos.

Não acho possível encontrar um novo cérebro brilhante como Newton, capaz de formular os princípios matemáticos do funcionamento de todo o sistema terrestre. Isso não está ao alcance de uma só mente. Terá de ser uma obra coletiva da nossa humanidade, particularmente dos cientistas e intelectuais. Mas precisamos entender como funciona nosso sistema terrestre de forma integrada.

A evolução que acho que deve ocorrer é uma evolução ética. No "antropoceno" há de emergir um novo tipo de humanidade, que rotulei de *"Homo planetaris*", para distinguir do *Homo sapiens*, cuja sapiência nos pôs nessa rota, um pouco antagônica ao funcionamento da natureza e do sistema terrestre. A religião do *Homo planetaris* é o conhecimento científico. Ele deve ter uma grande solidariedade com todas as formas de vida, em particular com os menos privilegiados, e seus princípios têm que ser os da ética, da justiça e da responsabilidade.

Se não acontecer uma profunda modificação desse nível, acho muito difícil imaginar que consigamos as grandes transformações necessárias para não colocar o sistema terrestre, e nós, como integrantes dele, numa rota que não queremos, numa rota que tornaria o planeta inabitável para nós ou para outras espécies no longo prazo – talvez não 100 ou 200 anos – mas no longo prazo. Essa transformação é muito importante. Ela é muito mais profunda: é cultural, mas também filosófica.

Termino com a frase de Gandhi: "A terra fornece o suficiente para satisfazer todas as nossas necessidades, mas não a nossa cobiça" (figura 16).

FIGURA 16

FRASE DE GANDHI

Earth provides enough to satisfy every man's need, but not every man's greed

Mahatma Gandhi (1869-1948)

7 Fontes alternativas de energia no Brasil e no mundo

LUIZ PINGUELLI ROSA

A energia, que durante a década de 1970 tornou-se uma preocupação dos Estados nacionais devido aos choques do petróleo, voltou a ocupar destaque na pauta da política mundial. Com a queda do preço do petróleo, na segunda metade dos anos 1980, e com o "neoliberalismo", aqui expresso pelas privatizações de empresas – no Brasil e em outros países – na década de 1990, o Estado se retirou de muitas atividades do setor energético.

Agora o setor energético, mais uma vez, torna a ser foco de atenção dos governos, devido a alguns fatos objetivos, como o aumento de preço do barril de petróleo. O piso tinha sido de US$ 10,00 em 1999. No período 1999-2006, subiu e caiu, mas, em 2006, chegou a US$ 70,00 o barril.

O crescimento acelerado na China traz um sério problema ambiental, mas é justo que aquele país almeje um padrão de consumo similar, senão ao norte-americano, ao europeu ou japonês.

O gráfico da figura 1 mostra a utilização das fontes primárias de energia no mundo entre 1850 e 2000, em termos percentuais. A participação da biomassa (em marrom) vem caindo, embora tivesse sido dominante no início da formação dos mercados de energia. O verde representa o petróleo, que só cruza com o carvão (em negro) por volta de 1960. O gás natural (em vermelho) vem aumentado em participação. Hoje está quase junto do carvão, o qual ainda é o segundo em importância no mundo, e tem tendência de crescimento, inclusive no Brasil. Por último, quase empatados, a energia nuclear (em amarelo) e as fontes representadas em azul, que correspondem basicamente à hidroelétrica, mas incorporam algumas outras fontes (geotérmica, eólica, solar, etc.).

FIGURA 1
EVOLUÇÃO DO MERCADO DE ENERGIA PRIMÁRIA (1850-2000)

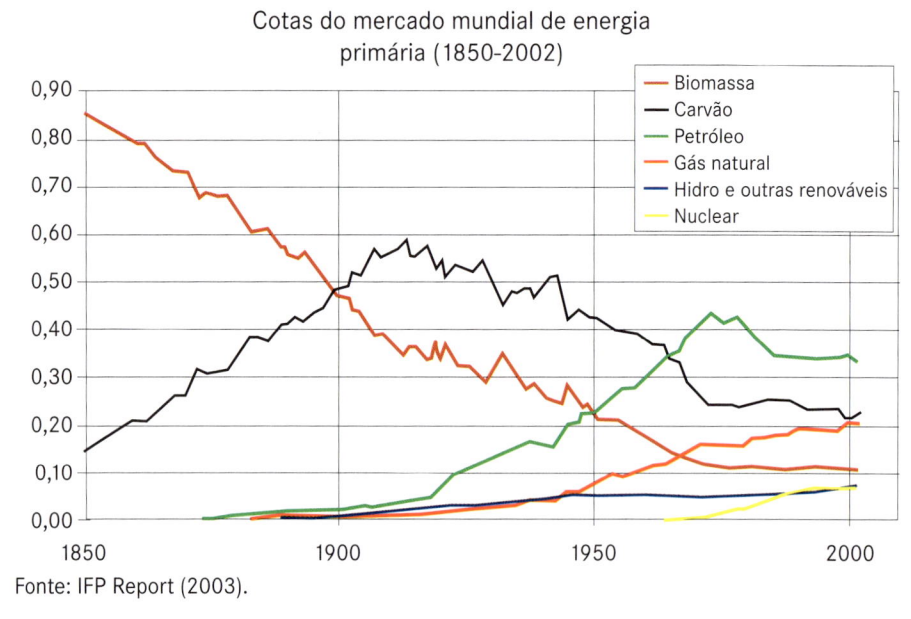

Cotas do mercado mundial de energia primária (1850-2002)

Fonte: IFP Report (2003).

Uma grande elevação do preço do petróleo convencional está ocorrendo. Contribuem para isso, além da desvalorização do dólar, a instabilidade da política mundial, cujo principal sintoma visível é a situação do Iraque, e o efeito estufa, uma preocupação ambiental crescente.

FIGURA 2
VARIAÇÃO DO CONSUMO MUNDIAL DE PETRÓLEO (1973-2000)

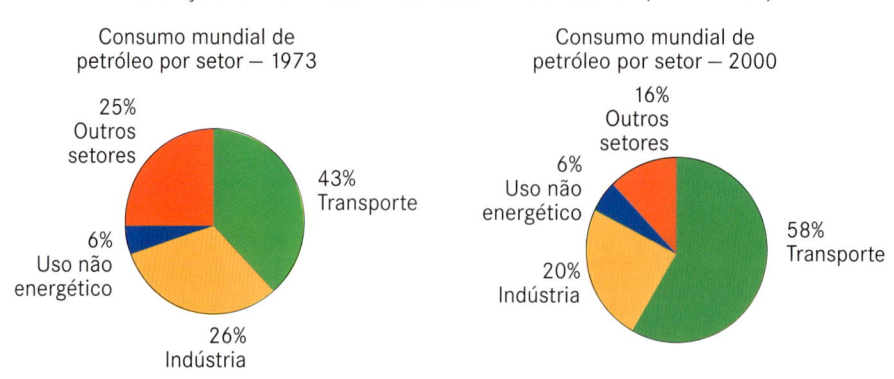

Consumo mundial de petróleo por setor – 1973
- 25% Outros setores
- 43% Transporte
- 6% Uso não energético
- 26% Indústria

Consumo mundial de petróleo por setor – 2000
- 16% Outros setores
- 6% Uso não energético
- 58% Transporte
- 20% Indústria

Fonte: Elaboração própria, a partir de IEA (2002).

A variação do consumo mundial de petróleo por setor entre 1973 e 2000 está ilustrada na figura 2. Na geração termoelétrica existem outras fontes, como o carvão mineral e o gás natural, mas no transporte urbano o petróleo é o mais usado. O percentual cresceu muito, de 43% para 58%, nesse período. A taxa de crescimento mais acentuada é nos países em desenvolvimento, em particular na China.

FIGURA 3

EVOLUÇÃO DA PRODUÇÃO DE PETRÓLEO E GÁS LIQUEFEITO POR REGIÃO ECONÔMICA

Fonte: Campbell (2003).

A evolução da produção regional de petróleo e gás liquefeito desde 1930, acompanhada de uma projeção para o futuro, feita por Colin Campbell, um autor muito referido, pode ser vista na figura 3. Ele prevê uma queda bastante grande da descoberta de novos campos, o que vai acarretar uma queda na produção.

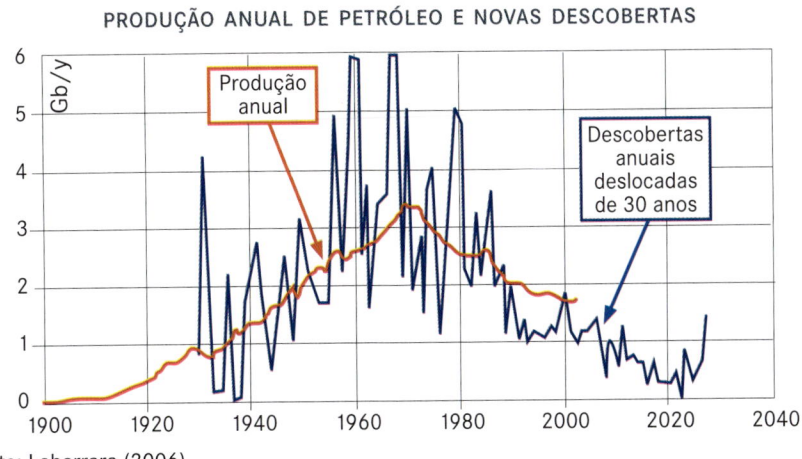

FIGURA 4

PRODUÇÃO ANUAL DE PETRÓLEO E NOVAS DESCOBERTAS

Fonte: Laherrere (2006).

FONTES ALTERNATIVAS DE ENERGIA NO BRASIL E NO MUNDO 141

A figura 4 é um gráfico interessante, mostrando a produção anual e as descobertas, sendo estas deslocadas em 30 anos, refletindo o tempo entre descoberta e produção. Nota-se o casamento dessas curvas, que também apontam para um decréscimo da produção.

O crescimento do preço internacional do petróleo repercute menos atualmente, porque a participação dele na economia mundial é bem menor do que por ocasião dos choques dos anos 1970: em nível mundial, sua participação no custo dos produtos caiu à metade.

A produção da Opep e os preços são fortemente influenciados por fatores geopolíticos. No primeiro choque, em 1973, a produção praticamente estagnou, e o preço subiu muito. Depois, no segundo choque, aconteceu uma redução da produção para manter o preço alto.

Há vários fatores de instabilidade influenciando as variações do preço do petróleo: o consumo da China, a situação do Iraque (um grande produtor), a instabilidade do Oriente Médio, as relações dos EUA com o mundo árabe, bem como a atual crise financeira e desvalorização do dólar.

A figura 5, com os percentuais da importação de diferentes países, mostra a atração que os EUA exercem – parece um acinte – sobre o petróleo do mundo, inclusive da Venezuela. A Venezuela briga muito com os norte-americanos, mas seu maior mercado são os EUA, onde tem, inclusive, uma rede de distribuição e refinarias. Os EUA são um mercado gigantesco, com consumo *per capita* anormalmente grande.

FIGURA 5
PARTICIPAÇÃO PERCENTUAL DO PETRÓLEO NAS EXPORTAÇÕES

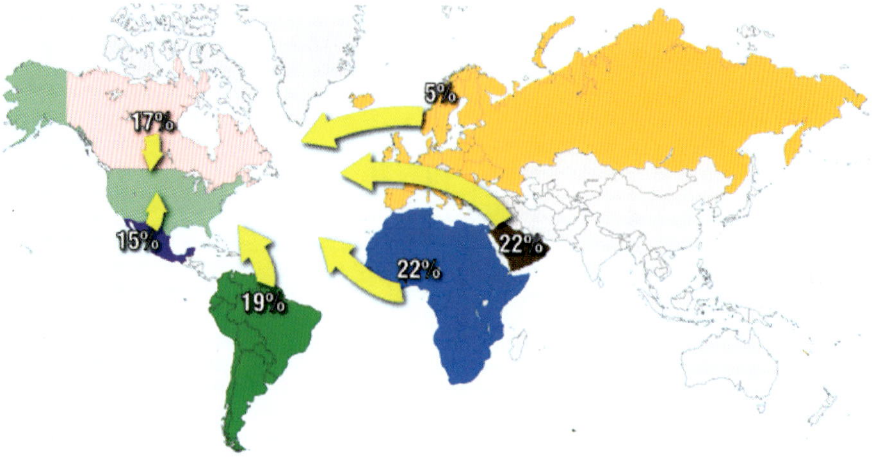

Fonte: Campbell (2003).

As mais importantes exportações de energia da América Latina são as de petróleo do México e da Venezuela para os EUA, de gás natural da Bolívia para o Brasil e da Argentina para o Chile, e de energia elétrica do Paraguai para o Brasil, através do projeto binacional. Quase 90% da energia de Itaipu são destinados ao Brasil.

A população da América Latina corresponde a 7% do total mundial, mas o seu consumo total de energia é bem menor, apenas 4,7%, porque os países mais ricos consomem muito mais. O petróleo e o gás natural, somados, correspondem a menos de metade da energia hidroelétrica; a nuclear corresponde a um percentual muito pequeno.

O Brasil é, de longe, o primeiro país em recursos hídricos do mundo, com 8,2 quilômetros cúbicos por ano, seguido pela Rússia, com 4,5 quilômetros cúbicos por ano (dados de 2003, da ONU). Na América Latina, Peru, com 1,9 quilômetro cúbico por ano e Venezuela, com 1,2 quilômetro cúbico por ano estão na lista dos maiores. Mas, em termos da capacidade instalada, o Brasil tem uma posição bem mais modesta, atrás dos EUA, Canadá e China. Nós usamos apenas 25% do potencial hidroelétrico, enquanto os EUA utilizam 80%, embora, no total, o percentual de energia hidroelétrica nos EUA seja modesto em relação à termoeletricidade. Mesmo assim, o que eles têm de energia elétrica é várias vezes a nossa capacidade instalada.

A geração hidroelétrica é afetada por questões ambientais, verificando-se movimentos contra grandes represas. Mas tem de haver planejamento para termoelétricas complementando o sistema hidroelétrico: não tem sentido, havendo água, queimar um combustível fóssil. E isso não foi bem-planejado — já temos uma crise latente de termoelétricas que não podem ser ligadas por falta de gás.

QUADRO 1

CARACTERÍSTICAS DE TECNOLOGIAS DE GERAÇÃO ELÉTRICA

	Hidro	Térmica	Nuclear	Alternativas
Investimento	Alto	Menor	Muito alto	Alto em geral
Custo do combustível	–	Muito alto	Baixo	Varia
Custo de energia	Baixo	Alto	Muito alto	Muito alto
Tempo de construção	Grande	Menor	Grande	Pequeno
Tempo de vida	Grande	Pequeno	Médio	?
Geração de emprego	Grande	Menor	Médio	Varia

(continua)

	Hidro	Térmica	Nuclear	Alternativas
Impacto ambiental	Reservat.	Atmosf.	Radiativ.	Pequeno
Efeito estufa	Menor	Grande	Nenhum	Varia
Importação	Pequena	Grande	Média	Varia
Tecnologia nacional	Grande	Pequena	Média	Pequena
Taxa de retorno	Baixa	Alta	Baixa	Varia
Papel do Estado	Grande	Menor	Grande	Varia

Fonte: Elaboração própria.

O quadro 1 compara as características de diferentes formas de geração de energia elétrica. Combinando todos os fatores, a hidroelétrica torna-se a mais barata e a termoelétrica é a mais cara, sendo que, no Brasil, a tendência nuclear sai mais cara ainda se comparada com as demais alternativas. Quanto ao efeito estufa, segundo os meus cálculos, ele é menor para a hidroelétrica do que no caso das termoelétricas, embora exista, como mostram medidas feitas pelo grupo da Coppe.

O Plano de Aceleração do Crescimento (PAC) gerou a expectativa de superação do marasmo em que caiu a economia brasileira há mais de uma década. É importante que tenha êxito, porque o Brasil sofre pelo atraso, principalmente as populações mais pobres, e é preciso que a energia não seja um gargalo para o desenvolvimento.

Houve ações positivas no governo Lula: suspensão das privatizações, que foram desastrosas no setor elétrico brasileiro, levando, inclusive, a um racionamento em 2001; renegociação de alguns contratos. Participei e briguei bastante dentro do governo para essas renegociações de contratos com algumas grandes empresas.

O novo modelo incluiu a volta do planejamento do setor elétrico. Concluiu-se, também, a duplicação de Tucuruí (na mesma barragem, com poucas obras, duplicou-se a potência). Também foram colocadas duas novas turbinas em Itaipu.

A expansão da transmissão foi muito significativa. Em fontes alternativas o Brasil levou a efeito um programa, chamado Proinfa, de 3,3 gigawatts de geração de potência eólica, de pequenas centrais hidroelétricas e de termoelétricas a biomassa, e a Eletrobras assumiu a responsabilidade de comprar esta energia, que será gerada por investidores privados.

Outro programa importante, chamado Luz para Todos, tem como objetivo universalizar o acesso à energia elétrica em áreas rurais. Está em vias de conclusão, também, a troca do gerador de vapor de Angra 1 (que era sujeito a uma corrosão muito forte), prolongando a vida útil do reator.

Agora os problemas. A conta de consumo de combustíveis (CCC) é uma conta de compensações que subsidia a geração termoelétrica em regiões isoladas, com o maior peso no Norte. O Brasil utiliza diesel nos sistemas isolados de geração elétrica, principalmente na região Norte. O diesel viaja pelo Brasil afora para chegar lá, no meio da floresta. Eu acho que é um erro. Em 2006, o gasto foi de R$ 4 bilhões, sendo quase a metade para Manaus; o restante para os demais pontos da região.

A gestão das empresas elétricas federais é afetada pelo preenchimento político de cargos. A tarifa para os consumidores está subindo muito. Aumentam as emissões de gases de efeito estufa no setor elétrico porque estamos fazendo usinas a carvão e a óleo, que o Brasil praticamente não usava. Nisso o Brasil está na contramão da história.

No primeiro leilão de expansão de energia elétrica dentro do novo modelo, foram habilitadas usinas a óleo, a diesel e a carvão, que são verdadeiros absurdos. Não é usada a tecnologia mais moderna. Este tipo de geração elétrica na rede é poluente e caríssimo.

Em matéria de preços, temos uma energia muito cara, mais cara que a de países muito ricos, como Espanha, Suíça, Alemanha, Dinamarca. Vários estados americanos têm energia mais barata do que nós, e o mesmo ocorre no Canadá. Além disso, seu custo está subindo muito acima da inflação, conforme mostra a figura 6, onde os preços estão corrigidos. Isso é um problema sério, tanto para as indústrias quanto para as famílias.

FIGURA 6
COMPORTAMENTO DOS PREÇOS DE ENERGIA ELÉTRICA
POR SETORES DA ECONOMIA

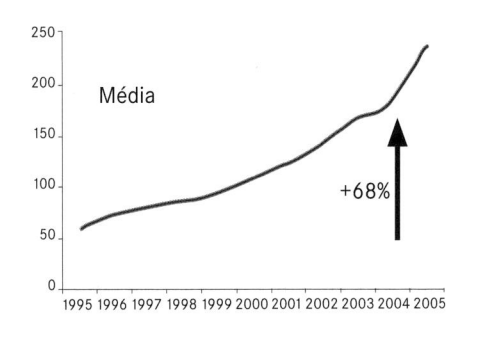

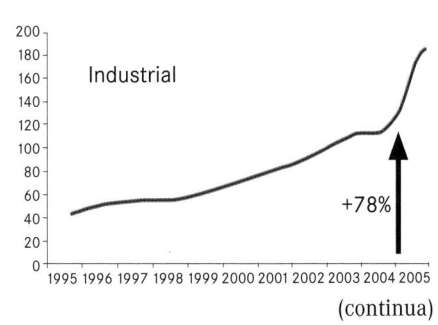

(continua)

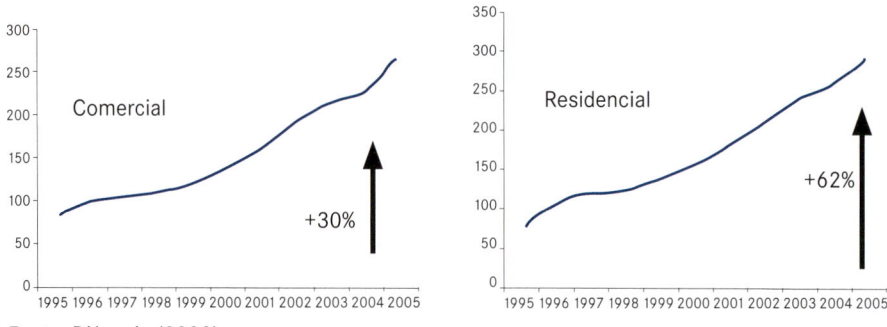

Fonte: D'Araujo (2009).

A Petrobras é recordista mundial na exploração de petróleo em águas profundas, conforme mostra a figura 7. A figura 8 ilustra essa tecnologia.

FIGURA 7

EVOLUÇÃO DA PRODUÇÃO MUNDIAL EM ÁGUAS PROFUNDAS

Recordes mundiais de produção em águas profundas

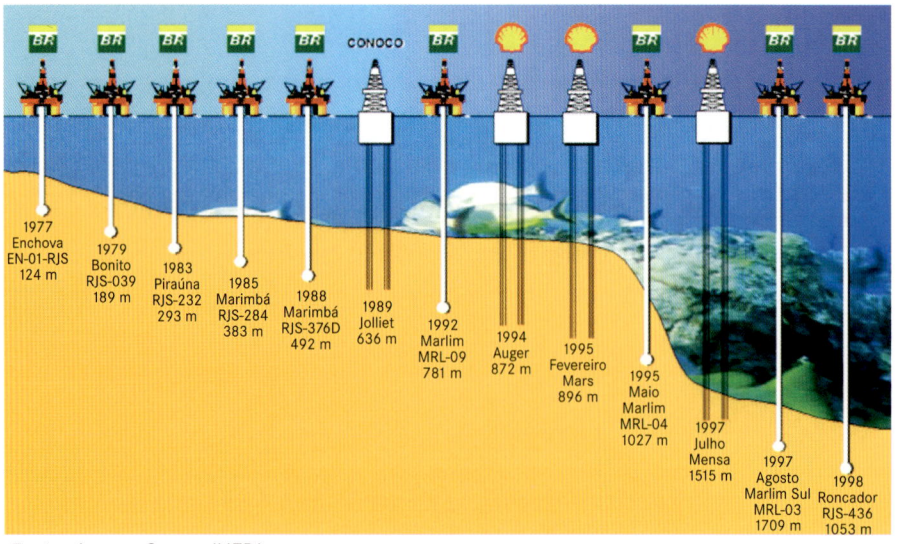

Fonte: Acervo Coppe/UFRJ.

O governo voltou a fazer encomendas à indústria nacional, o que é um ponto positivo. As pesquisas que embasam essa tecnologia de ponta envolvem a universidade. Em particular, a minha instituição, a Coppe, participa bastante. Nossos laboratórios fazem simulações em modelos computacionais para dutos de grandes profundidades.

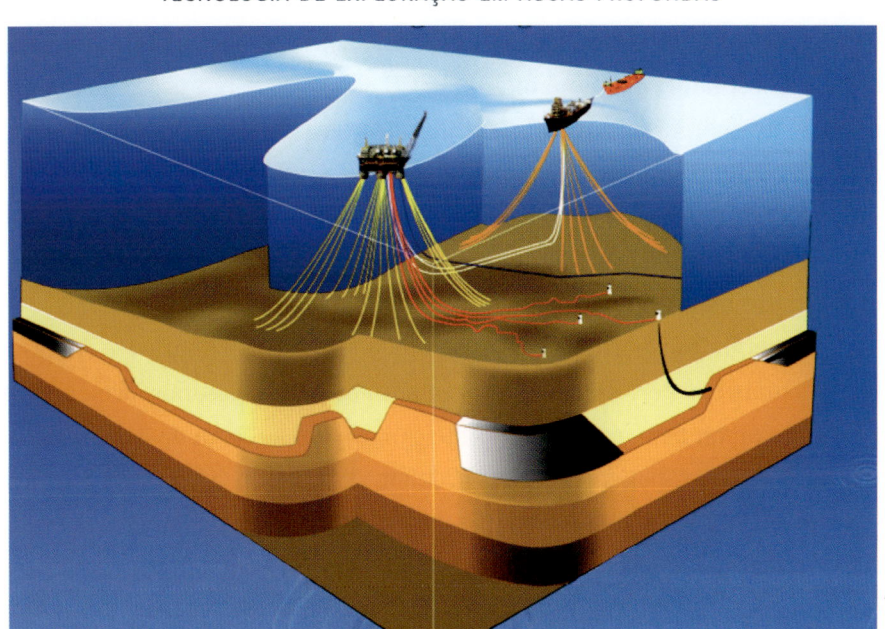

FIGURA 8

TECNOLOGIA DE EXPLORAÇÃO EM ÁGUAS PROFUNDAS

Fonte: Acervo Coppe/UFRJ.

O Brasil alcançou a autossuficiência, mas ainda importamos uma parte do petróleo leve e exportamos o mais pesado, para fazer um *blend* para o refino. Hoje a Petrobras está fora do Brasil, em vários países latino-americanos. Na Argentina, tornou-se a segunda maior produtora de petróleo e criou uma extensa rede de distribuição. Instalou-se na Bolívia desastradamente, no caso das refinarias, mas corretamente no caso do gás natural.

No caso da nacionalização do petróleo e do gás na Bolívia, o Brasil agiu com grande cuidado diplomático. A negociação, acho, foi bem-sucedida: salvam-se os dedos, ou seja, o gás natural; perdem-se os anéis, que são as refinarias. Não é de grande interesse para o Brasil ter refinarias na Bolívia.

Há alternativas ao gás boliviano? A produção nacional pode crescer, mas isso leva tempo. A proposta venezuelana de um novo gasoduto é de longo prazo e alto investimento. O transporte de GNL (gás natural liquefeito) por navio está sendo viabilizado pela Petrobras.

O carvão mineral é pouco usado no Brasil, mas, infelizmente estamos aumentando seu consumo na geração elétrica: já temos mais de uma usina vencedora dos leilões para fazer eletricidade com carvão. O maior problema é o efeito estufa. O carvão emite mais CO_2 do que os hidrocarbonetos por unidade de energia. A possibilidade do sequestro geológico do CO_2 de grandes usinas seria uma solução, mas ainda não é viável economicamente. A própria Petrobras está envolvida em estudos nos poços antigos de petróleo, que são possíveis depositórios desse CO_2. Mas isso é uma solução que ainda exige investimento e tecnologia.

A energia nuclear não gera gases de efeito estufa. Angra 1 e Angra 2 têm tido uma boa performance. Tiveram muitos problemas, mas já há alguns anos funcionam bem, com um fator de capacidade na faixa de 80% ou mais. Os geradores de vapor, que têm um problema crônico, estão em fase de troca. Discute-se Angra 3 e há planos, que o MCT tem defendido, de outros reatores nucleares. A questão do destino final dos rejeitos radiativos continua a mesma, não há definição no Brasil e, mesmo em outros países, isso não é muito simples. O plano de emergência para acidentes da central de Angra, eu o considero insuficiente. E há um acúmulo de dívidas, em particular de Angra 2.

No mundo todo não há um crescimento muito grande da energia nuclear, apesar de haver muitas cogitações de novos reatores. Ainda não há nenhum novo reator em construção nos EUA, embora haja vários em fase de projeto e licenciamento. Na Europa, nem a França os está construindo atualmente; só a Finlândia. Há muitas obras de reatores no Japão, na China e na Coreia do Sul. Quer dizer, hoje, a expansão da energia nuclear está mais concentrada na Ásia, o que não quer dizer que ela volte ou não a ser usada em maior escala nos países ocidentais.

Fala-se muito, depois dos acidentes de Three Mile Island e de Chernobil, nos reatores intrinsecamente seguros. São reatores protegidos contra um acidente grave. Com relação a uma possível excursão de radiatividade – que poderia levar a uma explosão nuclear –, com a tecnologia atual os reatores já são intrinsecamente seguros porque, se isso ocorre, há a expulsão do moderador, e como reatores só funcionam com o moderador, a fissão para. Então, o modelo é intrinsecamente seguro. A ideia é ser intrinsecamente seguro também quanto a uma explosão térmica, que pode arremessar para fora o material radiativo acumulado. Este é o conceito de reatores intrinsecamente seguros, mas eles não estão sendo feitos.

Quanto aos chamados reatores avançados, existem três grandes tipos: um de água fervente; um europeu, de água pressurizada; e um da Westinghouse, também de água pressurizada. É interessante observar que, no Brasil, existe uma tecnologia desenvolvida pela Marinha para submarinos que pode ser usada, em pequena escala, para reatores de baixa potência. Também a África do Sul desenvolveu um modelo de reator com uma tecnologia antiga que foi recuperada por eles, na qual o combustível são pequenas esferas em vez de barras, mas este modelo ainda não é comercial.

O emprego de urânio misturado com plutônio já é feito pelo Japão, que usa o plutônio de bombas nucleares desmontadas, e há a ideia de reaproveitar, na Argentina, a barra de combustível que sai do reator brasileiro. Isso não é trivial, mas a tecnologia é possível. Mais importante é o Accelerator-Driven Reactor, que é um projeto de um reator acoplado a um acelerador de prótons. Este é dirigido contra um alvo de isótopos de chumbo e bismuto para gerar nêutrons e transmutar parte dos rejeitos radiativos em outros, de vida mais curta. Ainda não existe na prática, mas é testado em laboratório.

Quanto ao enriquecimento de urânio pelo Brasil, falhou a tecnologia prevista no acordo com a Alemanha, e a Marinha desenvolveu a ultracentrifugação. É falsa a insinuação de que o Brasil enriqueceria urânio para poder fazer ogivas nucleares. Isso é proibido pela Constituição e vedado por compromissos assumidos pelo Brasil em três acordos internacionais. O projeto de Cachimbo, denunciado pela Sociedade Brasileira de Física, foi extinto. Foi correta a posição do governo no sentido de não aceitar inspeções nas instalações nucleares brasileiras, além daquelas previstas no Tratado de Não Proliferação de Armas Nucleares. O Brasil não está mais envolvido em projetos militares na área nuclear, como aconteceu no passado.

Em termos de efeito estufa, os emissores de gases que mais contribuem para ele são o carvão, o petróleo e o gás natural, mas também a hidroeletricidade, em muito menor escala. Não contribuem: energia da biomassa (álcool, bagaço de cana, biodiesel), energia nuclear e fontes alternativas, como energia solar, eólica e do mar.

FIGURA 9
DISTRIBUIÇÃO PERCENTUAL, POR PAÍSES, DAS EMISSÕES DE GEE EM 2003

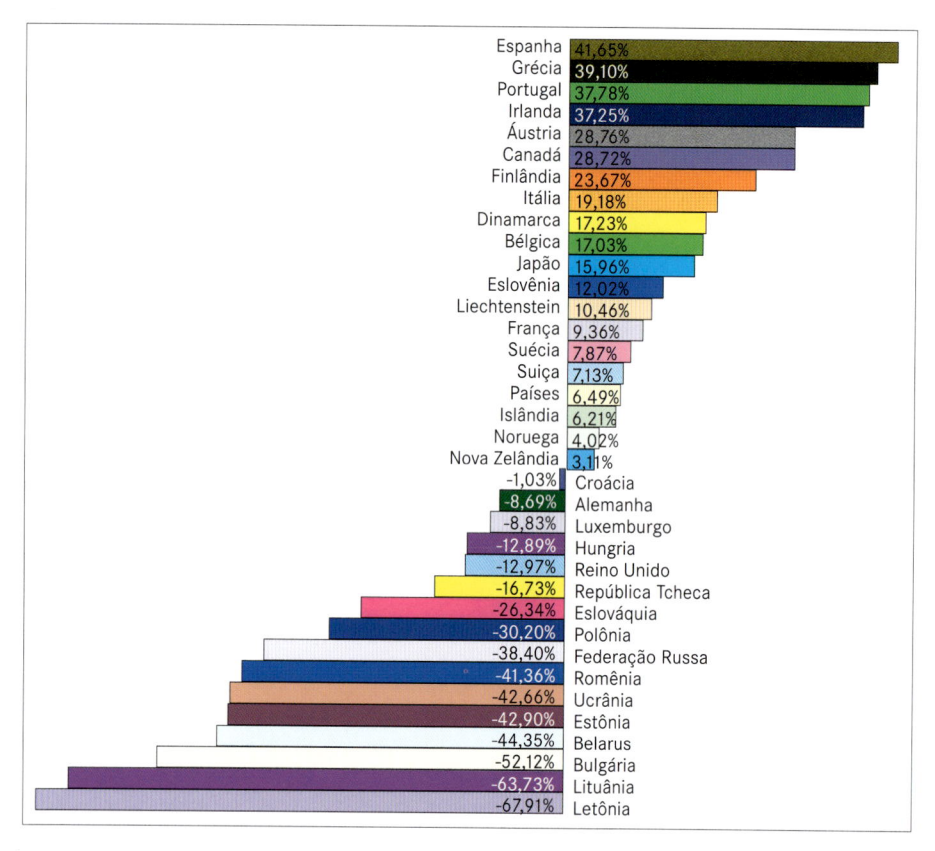

País	%
Espanha	41,65%
Grécia	39,10%
Portugal	37,78%
Irlanda	37,25%
Áustria	28,76%
Canadá	28,72%
Finlândia	23,67%
Itália	19,18%
Dinamarca	17,23%
Bélgica	17,03%
Japão	15,96%
Eslovênia	12,02%
Liechtenstein	10,46%
França	9,36%
Suécia	7,87%
Suíça	7,13%
Países	6,49%
Islândia	6,21%
Noruega	4,02%
Nova Zelândia	3,11%
Croácia	-1,03%
Alemanha	-8,69%
Luxemburgo	-8,83%
Hungria	-12,89%
Reino Unido	-12,97%
República Tcheca	-16,73%
Eslováquia	-26,34%
Polônia	-30,20%
Federação Russa	-38,40%
Romênia	-41,36%
Ucrânia	-42,66%
Estônia	-42,90%
Belarus	-44,35%
Bulgária	-52,12%
Lituânia	-63,73%
Letônia	-67,91%

Fonte: MCT (2003).

A figura 9 mostra a distribuição percentual, por país, das emissões em 2003, em relação às metas do Protocolo de Kyoto. De um modo geral, os países apresentam emissões muito acima das metas que deveriam atingir a partir de 2008, sendo que os países comunistas, não por intenção, mas devido a problemas econômicos, reduziram muito suas emissões e estão folgadamente dentro da meta. Entre os países que estão nessa situação temos que registrar a Alemanha e o Reino Unido. A Alemanha devido à incorporação da Alemanha Oriental, e o Reino Unido devido à passagem do carvão mineral para o gás natural. O quadro geral, portanto, não pode ser visto com otimismo quanto ao Protocolo de Kyoto.

A situação atual é a seguinte:

- os países desenvolvidos não estão reduzindo suas emissões de acordo com as metas do protocolo;
- os países em desenvolvimento tendem a aumentar suas emissões seguindo o padrão do desenvolvimento dos países desenvolvidos. A China, por exemplo, assume um padrão de consumo em transporte com grande emissão de gases. E é difícil censurá-la. Por que o chinês não pode ter um carro se o americano tem tantos?;
- as classes de alta renda nos países em desenvolvimento têm um alto consumo de energia e, portanto, um alto padrão de emissão em comparação com as populações mais pobres. Assim, a desigualdade entre países se reproduz na desigualdade interna em cada país no consumo de energia.

Nos países em desenvolvimento as camadas mais ricas da população escapam à obrigação de diminuir suas emissões por estarem protegidas pela parcela pobre da população, que contribui para uma média muito baixa. Cada família ou cada brasileiro que possui automóvel emite 13,5 vezes mais do que uma pessoa que não tem carro.

O Brasil tem algumas vantagens comparativas, graças ao forte componente de fontes renováveis em sua matriz energética: hidroeletricidade e biocombustíveis, tais como o álcool e, agora, o biodiesel. Já mencionei o Proinfa, que é um programa considerável – envolvendo a energia eólica, biomassa, pequenas hidroelétricas – que se encontra em andamento, embora atrasado. Temos programas de conservação de energia na Eletrobras, na Petrobras.

É importante notar que o setor de energia não emite tanto no Brasil. A maior parte da emissão é decorrente do desmatamento no uso da terra.

O Brasil dispõe de uma grande diversidade de opções de geração de energia, conforme ilustrado na figura 10. Empregamos alguns programas significativos em larga escala: álcool, bagaço, lenha e carvão vegetal, bem como a hidroelétrica. As energias do biodiesel, eólica, solar e do lixo são novas opções. As da linha de cima, exceto a nuclear, são todas grandes emissoras de gases de efeito estufa. Entre as de baixo, a hidráulica é a maior emissora; as outras são pequenas ou nulas no que tange à emissão.

FIGURA 10

OPÇÕES DE GERAÇÃO DE ENERGIA

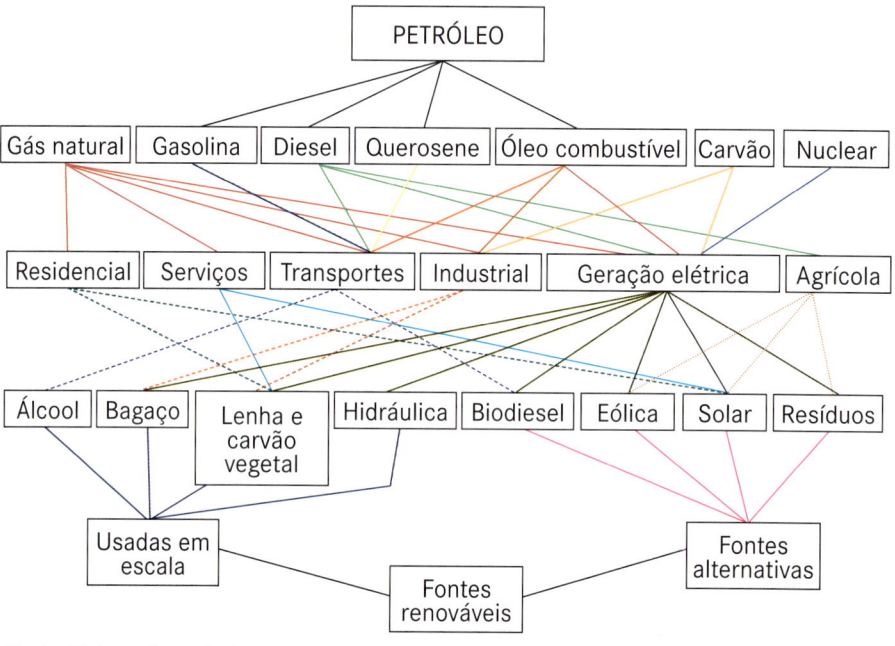

Fonte: Elaboração própria.

Fontes de biomassa para geração de energia incluem os recursos florestais, culturas de cana-de-açúcar, óleos vegetais, resíduos agropastoris (como o bagaço de cana e a casca de arroz) e resíduos urbanos (lixo). A utilização do lixo urbano teria um potencial muito grande.

O Proálcool passou por uma crise na década de 1990. Falta de álcool no Brasil e queda nos preços do petróleo contribuíram para isso. Em 2003 houve um renascimento do programa, com a alta do petróleo e os motores *flex-fuel*. Discute-se, até, se isso é um padrão para o mundo: em minha opinião não é.

A área de cana plantada no Brasil é de 7 milhões de hectares. Metade disso, mais ou menos (cerca de 4 milhões), destina-se a produzir álcool; o resto é açúcar. É pouco. Há uma expansão possível e muito significativa da produção, mas não basta para atender à demanda mundial, e nem acho que seja um bom negócio voltar a uma monocultura e ser um grande abastecedor, por exemplo, dos EUA. Vejam o que aconteceu com o Iraque. Porém, o consumo de álcool no mundo está crescendo, e o Brasil vai exportar. É uma solução parcial, até porque se destina ao carro privado de motor a explosão, que, num mundo com problemas de aquecimento global, deverá ter seu uso muito restringido no futuro.

Há uma grande mudança tecnológica em curso, que é a entrada da hidrólise na produção de álcool. Está-se colocando muito dinheiro nisso e, se entrar a hidrólise, a enorme vantagem comparativa da cana diminui um pouco, porque se torna possível fabricar álcool a partir de uma variedade de vegetais muito maior.

Biodiesel é um programa novo no Brasil e há várias fontes possíveis de produção desse combustível: mamona, soja, dendê, girassol e outras. Acho que deveríamos investir mais na tecnologia, que o governo se precipitou um pouco na expectativa de um crescimento significativo da produção de biodiesel. O governo tem um programa interessante de biodiesel, mas ainda com alguns gargalos tecnológicos.

A tendência hoje, no Brasil, é o domínio do óleo de soja na produção do biodiesel, o que não é bom. Plantar soja para fazer biodiesel não é uma boa solução. Grandes produtores tomam conta do mercado, apesar dos incentivos para os pequenos. Isso também aconteceu com o álcool na década de 1970, a despeito da legislação.

Há duas rotas para produzir biodiesel: a etílica e a metílica. A etílica tem algumas vantagens para o Brasil, porque utiliza o álcool, mas como insumo, coadjuvante da produção com óleo vegetal. O problema é que a tecnologia ainda necessita de algum desenvolvimento. A rota metílica é a mais difundida no Brasil e no restante do mundo – está sendo usada na maior parte da produção do biodiesel.

Está sendo planejado o emprego do biodiesel para transporte. A legislação determina sua adição ao diesel numa proporção de 2% em 2008, crescendo para 5% em 2013. Acho que se deveria pensar no biodiesel para substituir o diesel de petróleo em geração elétrica no Norte do país. Já existem geradores a óleo diesel, bastando substituir o combustível. Ao contrário do álcool, em que o Brasil é pioneiro, o biodiesel já é utilizado em vários países, que estão muito adiante de nós, principalmente na Europa.

No Instituto Virtual Internacional de Mudanças Globais (Ivig) da Coppe há uma planta piloto de biodiesel que foi desenvolvida para utilizar óleo comestível usado e tem sido aplicada para testar vários tipos de óleos vegetais. Um projeto inovador de geração de energia elétrica limpa, a partir das ondas do mar, também está sendo desenvolvido pela Coppe em parceria com a Eletrobras e com o governo do Ceará.

Bibliografia

BRASIL. Ministério da Ciência e Tecnologia (MCT). *Site oficial.* Disponível em: <www.mct.gov.br/>. Acesso em: abr. 2009.

CAMPBELL, Colin. The end of cheap oil. *Scientific American*, p. 91, March 1998.

_____. The heart of the matter. *The Association for the Study of Peak Oil and Gas (Aspo)*, Oct. 2003. Disponível em: <www.peakoil.net/publications/the-heart-of-the-matter>. Acesso em: abr. 2011.

D'ARAUJO, Roberto Pereira. *Setor elétrico brasileiro*: uma aventura mercantil. Brasília: Confea, 2009.

INSTITUT FRANÇAIS DU PÉTROLE (IFP). *IFP Report 2003.*

INTERNATIONAL ENERGY AGENCY (IEA). *Annual Report 2002.* Disponível em: <http://ieahia.org/pdfs/2002_annual_report.pdf>. Acesso em: abr. 2011.

LAHERRERE, Jean. In: Groningen Annual Energy Conference. Nov. 2006.

8   Biodiversidade ameaçada

ÂNGELO B. M. MACHADO

Considera-se biodiversidade a variedade dos componentes biológicos da natureza, o que inclui os animais, as plantas e os micro-organismos. No conceito está incluída também a variedade de ecossistemas, espécies, subespécies, populações e, em última análise, DNA. Biodiversidade, basicamente, é diversidade de DNA. Na prática o parâmetro mais usado para se medir a biodiversidade é a riqueza em espécies.

O termo "biodiversidade" ganhou as manchetes dos jornais quando o presidente George Bush (o pai) recusou-se a assinar a Convenção de Biodiversidade na Conferência do Rio, em 1992. Percebeu-se que biodiversidade não é só coisa de ambientalista que gosta de bichinho. Se o país mais próspero do mundo não assinou é porque há muito dinheiro em jogo. Foi bom, pois o povo, os empresários e o governo começaram a falar de biodiversidade como um assunto importante.

Por que é importante proteger a biodiversidade? Há razões éticas, estéticas, ecológicas e econômicas. Vou dar um exemplo simples de cada uma delas.

Razões éticas: os animais e as plantas têm direito à existência. Grande parte da população pensa assim e está disposta a boicotar empresas e países que não têm ética no trato da biodiversidade.

Razões estéticas: a biodiversidade é bonita. Existem ambientes naturais, plantas e animais bonitos. Mas sempre há quem diga que é absurdo gastar dinheiro para proteger bichos e plantas enquanto tanta criança morre de fome. São coisas diferentes: ambas – as crianças e a biodiversidade – precisam ser protegidas, mas as fontes de recursos destinadas à proteção da biodiversidade geralmente são diferentes das destinadas às ações sociais. Eu trabalho com espécies ameaçadas de extinção, e tenho um amigo que me perguntou, em tom de desafio: "Para que serve o mico-leão?" Eu respondi com outra pergunta: "Para que serve a Mona Lisa?" Um pouco espantado, ele respondeu: "Ela é bonita". Mineiramente, retruquei: "Uai! Mico-leão-dourado também é. Se é válido proteger uma obra bonita feita pelo homem, por que não uma feita pela natureza? Você já imaginou se um fungo começasse a corroer o sorriso da Mona Lisa e ela ficasse ameaçada de extinção? O mundo inteiro ficaria preocupado. Mas e o coitado do mico-leão?"

Na realidade o importante não é só proteger o mico. Ocorre que, para evitar sua extinção, é necessário proteger também as florestas onde ele vive e que têm uma enorme biodiversidade. O mico-leão é uma espécie-símbolo ou espécie-bandeira, usado para proteger toda a biodiversidade das matas onde vive. Não devemos esquecer que estética é também importante economicamente, pois é a base do ecoturismo, uma das maiores fontes de renda de alguns países da África, como o Quênia. O Brasil não está utilizando toda potencialidade dessa fonte. A maioria dos grandes doadores para conservação da biodiversidade no mundo não está motivada por questões econômicas ou ecológicas; conservam porque gostam de animais e de plantas, e quem gosta protege.

Sobre as razões ecológicas para conservação muito se poderia falar. Os benefícios ecológicos da biodiversidade, em termos de clima, proteção do solo, polinização, dispersão de sementes etc. são enormes. Perguntei àquele mesmo amigo o que achava de proteger uma mosquinha minúscula. Ele respondeu: "Dane-se a mosquinha". Mas eu expliquei que a mosquinha poliniza o cacaueiro. Se não existir mosquinha, o cacaueiro não dá frutos, e sem o fruto não se produz chocolate. Essa história mostra como um serviço ecológico liga uma mosquinha ao chocolate de que a criança gosta. O desaparecimento de uma espécie polinizadora pode desencadear uma série de processos em que o desaparecimento dos frutos afeta a população de pássaros que deles se alimentam ou dos roedores que vivem de suas sementes; isto, por sua vez, afeta as populações dos predadores que se alimentam dos pássaros ou dos roedores.

O exemplo do chocolate mostra a importância econômica de um serviço ecológico. Mas a importância econômica da biodiversidade se expressa também em produtos importantes para o homem. Todos sabemos das inúmeras plantas medicinais que existem em nossa flora. Hoje fala-se muito de fármacos, mas sabe-se muito pouco sobre o número deles, importantes para a medicina, que ainda podem ser descobertos em nossa biodiversidade. E esse número deve ser enorme.

Em uma ocasião fui falar aos funcionários na Bristol-Meyer Squid, grande indústria multinacional farmacêutica, sobre conservação da biodiversidade. Ao perguntar o que achavam de proteger cobras venenosas, ficaram confusos. Contei então a história de como os cientistas brasileiros Wilson Beraldo e Maurício Rocha e Silva, estudando o veneno da jararaca, descobriram uma substância que denominaram bradicinina, que abaixa a pressão arterial. Outro brasileiro, Sérgio Henrique Ferreira, descobriu o BPF, fator potenciador da bradicinina. Uma empresa farmacêutica multinacional utilizou essas pesquisas para produzir um dos mais importantes medicamentos ainda hoje usados em cardiologia, o Capoten. Foi uma grande surpresa no auditório, em grande parte formado por empregados que trabalhavam na embalagem do Capoten, o carro-chefe da empresa. E eu concluí: "Parte do salário de vocês está sendo paga pelas descobertas em cobras jararacas, e elas salvam mais vidas do que matam".

Estão desaparecendo plantas e animais que contêm moléculas que poderiam ser úteis. Por isso, em uma mesa-redonda sobre o assunto eu lancei o conceito de moléculas ameaçadas de extinção, ou seja, que se extinguem com o desaparecimento do animal ou planta que as produz. Há algum tempo publiquei *Os fugitivos da esquadra de Cabral*, livro destinado a adolescentes. Na história um índio tupiniquim estanca uma hemorragia de seu amigo português com uma planta *assegui*, nome que achei num dicionário tupi e que significa "corta sangue". Com a quase total destruição da mata Atlântica, a planta, potencialmente importante para a medicina, deve ter desaparecido, e o índio que a conhecia também. Sobrou só o nome num velho dicionário tupi. É um exemplo de molécula de um fármaco que provavelmente se extinguiu. Mas vamos tratar do tema principal: a biodiversidade ameaçada.

É hoje lugar-comum o desaparecimento de animais e plantas. Diariamente lê-se nos jornais sobre desmatamentos na Amazônia e na mata Atlântica, incêndios no Cerrado, tráfico ilegal de animais silvestres, mortandade de peixes, ursos polares e araras ameaçados. Sabe-se que 6,2% dos vertebrados da fauna brasileira estão na lista de espécies ameaçadas, na qual constam 627 espécies de animais. Na lista oficial de plantas ameaçadas de extinção no Brasil constam 472 espécies. Este número deverá aumentar muito na próxima revisão da lista, pois estudos feitos por um grande número de botânicos brasileiros sob coordenação da Fundação Biodiversitas mostraram uma lista com 1.495 espécies de plantas ameaçadas.

A extinção é um fenômeno biológico normal, e os exemplos estão aí, nos fósseis. Há um estudo segundo o qual a vida média de um animal é de 1 milhão de anos. O problema é que esta vida média está diminuindo, e a velocidade de extinção está sendo acelerada por um fator mil. Esta velocidade vai aumentar cada vez mais com o aquecimento global, podendo resultar em uma grande catástrofe. Estima-se que, hoje, a velocidade de extinção seja seis vezes maior do que a velocidade com que os cientistas descrevem novas espécies, ou seja, estão desaparecendo espécies potencialmente importantes sem o homem sequer saber que existiram. Independentemente de seu valor para a espécie humana, do ponto de vista filosófico é importante saber quantas e quais espécies existem conosco no planeta. Para isso dependemos de estudos taxonômicos. Os taxonomistas têm uma responsabilidade enorme. Antes eles não eram bem-vistos e foram comparados a colecionadores de selos. Hoje eles têm muito prestígio e uma enorme tarefa a realizar. Catalogar as espécies do planeta e evitar sua extinção é o grande desafio da biologia moderna.

Há cerca de 30 anos surgiu um novo ramo das ciências biológicas: a biologia da conservação. Ela tem como principal objetivo saber como as espécies estão sendo extintas e quais as estratégias para conservá-las. Durante mais de um século predominou, nas ciências biológicas, o paradigma darwiniano de como as espécies se formaram. A esse acrescenta-se, hoje, um novo paradigma: saber como e por que elas estão sendo extintas e o que fazer para diminuir o processo de extinção. Esse é o principal papel da biologia da conservação, que se utiliza de conceitos ecológicos aplicados. Como os recursos para conservação são limitados, é necessário priorizar atividades que rendam mais em termos de salvamento de espécies e ecossistemas. Esse é um caminho que os biólogos de conservação têm traçado com muito sucesso.

Em 1988 o biólogo Norman Myers criou o conceito de *hotspots*, com o objetivo de estabelecer prioridades para conservação. Esse conceito foi aperfeiçoado com a introdução de dados quantitativos por biólogos da conservação da ONG Conservation International, liderados por Russell Mittermeier.

Para que uma área seja considerada *hotspot* ela deve ter, no máximo, 30% de sua superfície coberta por vegetação original conservada, além de uma grande biodiversidade — pelo menos 1.500 espécies de plantas endêmicas, ou seja, plantas que só existem naquela região. Até hoje 34 áreas foram consideradas *hotspots* no mundo. Três quartos das espécies ameaçadas de extinção estão nos *hotspots*, ou seja, estão em ambiente que está sendo degradado num ritmo muito grande, onde está também um terço da população mundial. No Brasil nós temos dois *hotspots*: a mata Atlântica e o Cerrado. A primeira é dos ambientes mais ameaçados do planeta, pois só restam 8% da vegetação original. O número de espécies que devem ter desaparecido com a destruição da mata Atlântica é enorme. Uma diretriz proposta é que os recursos devem ser aplicados nos *hotspots*, porque serão mais rentáveis em termos de conservação.

Do mesmo grupo de biólogos da Conservation International surgiu também o conceito de *wilderness*, que significa áreas selvagens. Ao contrário dos *hotspots*, nas áreas de *wilderness* pelo menos 70% da cobertura vegetal estão conservados. Quatro áreas do mundo se caracterizam como áreas de *wilderness* com grande biodiversidade: as florestas Amazônica e do Congo, a Indonésia e a mata costeira da África. Existem, na Rússia, estepes enormes, mas que não têm grande biodiversidade e não se enquadram no conceito de *wilderness*.

Há divergência sobre onde seria mais eficiente aplicar recursos — nos *hotspots* ou nos *wilderness*. Nos primeiros os recursos teriam efeitos curativos; nos segundos, preventivos. A estratégia utilizada pela Conservation International depende do doador. Este às vezes quer financiar projetos para proteger aquilo que está mais ou menos bem-conservado, como a floresta Amazônica. Mas a maioria dos doadores tende a aplicar nos *hotspots*. Nos últimos 15 anos, US$ 750 milhões já foram utilizados para proteção dos *hotspots*, talvez o maior investimento já feito em uma só estratégia de conservação. Esse recurso vem, basicamente, de milionários que querem proteger porque gostam. Como já mencionei, quem gosta protege.

Outro conceito importante que surgiu há relativamente pouco tempo é o de países de megadiversidade. Duzentos cientistas trabalharam durante dois anos, determinando a riqueza de espécies, em especial o número de espécies endêmicas dos principais países. Definiram, então, os 17 países mais ricos em biodiversidade no mundo. Eles concentram dois terços das espécies do planeta. Os principais, em ordem de importância, são: Brasil, Indonésia, Colômbia, México, Austrália, Madagascar, China, Filipinas, Índia e Peru. A aplicação de recursos para conservação nesses países é extremamente eficiente em termos de conservação da diversidade global. O Brasil é o maior em biodiversidade em área terrestre e empata com a Indonésia em fauna marinha. É, pois, o país de maior biodiversidade do planeta, o que aumenta nossa responsabilidade. O mundo espera que possamos preservar esse enorme patrimônio biológico.

Até agora falamos em prioridade para conservação levando-se em conta regiões e países. A seguir abordaremos o assunto em nível de espécies. O primeiro registro de uma grande operação para salvamento de espécies ameaçadas está na Bíblia, na história da Arca de Noé que, aliás, tem sido usada como símbolo de conservação em projetos e ONGs em vários países. Como é provável que Noé tenha feito uma lista das espécies da arca, esta teria sido a primeira lista de espécies ameaçadas do mundo. Em 1966, The International Union for Conservation of Nature (IUCN) publicou a primeira lista de espécies animais ameaçadas de extinção, seguindo-se várias outras até a de 2009. As primeiras listas de espécies ameaçadas de extinção no Brasil foram publicadas em 1968, por Ademar Coimbra Filho e Alceu Magnanine (lista de animais) e José Cândido de Melo Carvalho (lista de animais e plantas). Esta última tornou-se a primeira lista *oficial* de espécies de animais e plantas ameaçados de extinção no Brasil. Em 1971, a Academia Brasileira de Ciências, por iniciativa de seu presidente, o neurobiólogo Aristides Pacheco Leão, promoveu o primeiro encontro de cientistas para discutir a questão das espécies ameaçadas no Brasil. A academia publicou, em 1972, o primeiro livro vermelho das espécies ameaçadas de extinção em nosso país.

As primeiras listas vermelhas publicadas pela IUCN eram muito subjetivas, e durante 20 anos os critérios foram sendo aperfeiçoados. Houve vários *workshops*, envolvendo um grande número de especialistas, para aperfeiçoar esses critérios e definir as categorias de extinção. Quando uma espécie está em risco extremamente alto de extinção na natureza, entra na categoria de "criticamente em perigo", seguindo-se a ela, em ordem decrescente de ameaça, as categorias "em perigo" e "vulnerável". Essas categorias são importantes para definição de prioridades de conservação dentro das listas vermelhas. A IUCN definiu cinco critérios para se incluir espécies na lista e definir a categoria de risco de extinção. Dois deles são mais usados: o que leva em consideração o decréscimo da população e o que leva em consideração o tamanho da área de distribuição da espécie. É fácil entender que uma espécie que ocupa uma área pequena é mais vulnerável do que uma abrigada em grande área. Uma espécie cuja população decresceu 50% em 10 anos entra na lista. Na prática, como dados de decréscimo de populações não são disponíveis para a maioria das espécies, o critério mais usado é a extensão de ocorrência das espécies acrescida de alguma outra condição agravante.

A metodologia mais utilizada hoje, no Brasil, para elaboração de listas nacionais e estaduais de espécies ameaçadas foi publicada em 1997, pela Fundação Biodiversitas, sob o título "Roteiro metodológico para elaboração de listas de espécies ameaçadas de extinção", e envolve três etapas.

Na primeira etapa, preparatória, com auxílio dos coordenadores dos principais grupos taxonômicos acertam-se critérios e categorias a serem utilizados, que hoje são os da IUCN, e elabora-se uma lista de espécies candidatas à lista, ou seja, as que os coordenadores suspeitam que possam estar ameaçadas. Em caso de revisão, as que já constam da lista são automaticamente incluídas como candidatas. Essa lista, contendo as informações básicas disponíveis sobre cada espécie, passa a integrar um banco de dados disponibilizado na internet para um grande número de especialistas. Estes adicionam informações e opinam a respeito de a espécie estar ou não ameaçada, bem como sobre a categoria de ameaça proposta. Na segunda etapa, decisória, os especialistas, reunidos durante quatro ou cinco dias em um *workshop*, analisam e decidem o *status* de conservação de cada espécie. Na terceira etapa, final, os nomes científicos e populares de cada espécie são revistos pelos coordenadores e a lista é, então, enviada ao órgão governamental responsável por sua homologação. A seguir a lista é publicada no *Diário Oficial* ou órgão equivalente estadual. Depois, publica-se a "Lista vermelha", em que, além dos nomes científicos e populares de cada espécie, acrescentam-se os estados e os biomas onde elas ocorrem. A etapa final de divulgação da lista é o *Livro vermelho*, onde cada espécie é tratada em um capítulo separado, de responsabilidade de um ou mais autores, contendo informações sobre as causas da ameaça, medidas para protegê-la e dados sobre sua biologia e bibliografia. O *Livro vermelho da fauna brasileira ameaçada de extinção*, lançado em 2008 pela Fundação Biodiversitas e Ministério do Meio Ambiente (MMA), tem dois volumes, 1.492 páginas e 282 autores, e contém informações sobre 627 espécies.

O número de espécies ameaçadas é variável nos diversos grupos taxonômicos, nos diversos biomas e estados brasileiros. No que se refere à fauna, a tabela a seguir mostra esses números por grupo taxonômico, assim como a percentagem de espécies ameaçadas em cada grupo, com base na lista em vigor.

TABELA

NÚMERO DE ESPÉCIES DE ANIMAIS AMEAÇADAS DE EXTINÇÃO NO BRASIL, POR GRUPO TAXONÔMICO
(LISTAS DO MMA — INSTRUÇÕES NORMATIVAS N°s 03/2003, 05/2004 E 52/2005)

Grupos taxonômicos	Espécies existentes (nº)	Espécies ameaçadas		
		(nº)	% sobre total geral de espécies ameaçadas	% sobre total de espécies existentes
Aves	1.800	160	25,5	8,8
Mamíferos	658	69	10,9	10,5
Répteis	641	20	3,2	3,1
Anfíbios	776	16	2,5	2,0
Peixes	2.868	154	24,5	5,4
Total vertebrados	**6.743**	**419**	**67,0**	**6,2**
Hemicordados	7	1	0,15	14,3
Equinodermos	329	19	3	5,8
Insetos	89.000	96	15,2	0,1
Aracnídeos	5.600	15	2,4	0,3
Diplópodos	320	4	0,6	1,2
Moluscos	2.400	40	6,4	1,6
Crustáceos	2.040	10	1,6	0,5
Annelida	1.000	6	0,9	0,6
Cnidária	470	5	0,8	1,1
Porífera	300	11	1,7	3,6
Onychophora	4	1	0,1	25
Total invertebrados	**101.470**	**208**	**33**	**0,2**
Total geral	**108.200**	**627**	**100**	**0,6**

Fonte: Adaptada do *Livro vermelho da fauna brasileira ameaçada de extinção*. Fundação Biodiversitas/MMA (2002, p. 64, v. 1).

Verifica-se que o número de espécies ameaçadas foi maior nas aves (160), seguidas dos peixes (154) e dos insetos (96). O número de vertebrados ameaçados é o dobro dos invertebrados, apesar de estes terem um número muito maior de espécies conhecidas na natureza. Isso se deve não a uma diferença real, mas ao fato de que, para a grande maioria dos invertebrados, não existem informações suficientes para saber se estão ou não ameaçados. Entre as espécies ameaçadas algumas são mais conhecidas da população, como o lobo-guará, o tamanduá-bandeira, o muriqui-do-norte, as quatro espécies de micos-leão, os tatus canastra e bola, o jaó, seis espécies de albatroz, três de mutum, quatro de papagaio, a cobra jararaca-ilhoa, quatro espécies de tartarugas marinhas, quatro de tubarão, os peixes néon e surubim. Foram consideradas extintas uma espécie de arara, um maçarico, uma perereca, dois insetos e duas minhocas. A ararinha-azul consta como extinta na natureza, mas ainda existem exemplares em cativeiro.

Com relação aos biomas, o maior número de espécies ameaçadas ocorre na mata Atlântica (383), o que corresponde a 60,5% de todas as espécies ameaçadas do Brasil, seguindo-se o Cerrado com 112 espécies, o bioma marinho com 92, os campos sulinos com 60 e a Amazônia com 58 espécies. Ao contrário do que geralmente se pensa, a Amazônia tem apenas 9,1% das espécies ameaçadas no Brasil. Com relação aos dois *hotspots* do Brasil, 60,5% das espécies ameaçadas estão na mata Atlântica, e 17,7% no Cerrado. Os estados com maior número de espécies ameaçadas são, em sequência: São Paulo (214), Rio de Janeiro (187), Bahia (164), Minas Gerais (149), Espírito Santo (121). É fácil verificar que, nesses estados, o bioma predominante é a mata Atlântica, o mais destruído do Brasil.

Como as listas são revistas periodicamente, pode-se monitorar o *status* de conservação de cada espécie verificando-se as que saíram, as que entraram na nova lista ou mudaram de categoria de ameaça. Esse estudo pode ser feito em uma escala temporal mais ampla, verificando-se a frequência com que uma espécie esteve na lista a partir de 1968 e calculando-se aquilo que, no *Livro vermelho*, denominei taxa de permanência em listas. Uma espécie que permaneceu em todas as listas nos últimos 41 anos tem uma taxa de permanência de 100, o que indica que os fatores deletérios que as levaram a entrar na lista continuam atuando.

Hoje vários estados brasileiros têm listas vermelhas, cuja principal função é proteger espécies que não entraram na lista nacional, mas estão ameaçadas nos estados. Um exemplo é a anta, que não está ameaçada de extinção no Brasil porque ainda existem populações grandes na Amazônia, mas em Minas e em vários estados encontra-se ameaçada. Assim, ela consta de listas estaduais, mas não da nacional. O que nos interessa é preservar a diversidade genética e, sob esse ponto de vista, a anta da Amazônia deve ser diferente da anta de Minas. As listas estaduais, portanto, complementam a lista nacional, e existem hoje para sete estados brasileiros.

A nossa Constituição foi a primeira a conter a palavra "diversidade" como valor a ser preservado. Foi o nosso grupo de ambientalistas do Centro para Conservação da Natureza, em Minas Gerais, que passou a proposta para a Sociedade Brasileira para o Progresso da Ciência (SBPC) que, por intermédio do então deputado Fábio Feldman, incluiu no texto da Constituição a obrigatoriedade de "preservar a diversidade e a integridade do patrimônio genético do país". Esse é o objetivo principal das listas (nacional e estaduais) de espécies ameaçadas.

A elaboração dessas listas tem contribuído muito para aumentar o conhecimento sobre nossa biodiversidade. Isto porque o maior problema encontrado nesse trabalho é a falta de informações que permitam concluir se determinada espécie está ameaçada ou não. As espécies nessa situação são rotuladas como "DD" (deficiente em dados), e tal rotulação determina prioridade em pesquisas sobre elas, especialmente no que se refere à distribuição geográfica.

Do que foi visto acima ficam claros a importância da biodiversidade e o fato de que ela está seriamente ameaçada no Brasil e em todo o mundo, devendo o quadro se agravar com o aquecimento global. Foram vistas, também, várias estratégias para priorização de recursos para conservação envolvendo espécies e ecossistemas. Cabe dizer que existe, hoje, um grande número de mecanismos de apoio e financiamento de projetos voltados à proteção de nossa biodiversidade ameaçada, com recursos do governo ou de ONGs. Este assunto é tratado em profundidade no *Livro vermelho da fauna brasileira ameaçada de extinção*. Nossa legislação é também muito boa, e aumentam os esforços para que seja cumprida. Acredito, entretanto, que todas essas estratégias de proteção à biodiversidade só serão bem-sucedidas se a população estiver consciente da importância dessa proteção – o que se consegue através de educação. Há mais de 30 anos o ecologista e educador inglês Broad já dizia que na educação reside a única esperança de se evitar a total destruição da natureza, e que a educação ambiental é mais eficiente quando feita com as crianças. Em relação a estas, mais importante do que desenvolver medo de catástrofes ecológicas é incentivar o amor pelos animais e pelas plantas – porque quem gosta protege.

Veja, a seguir, espécies brasileiras ameaçadas de extinção.

BIODIVERSIDADE AMEAÇADA 165

Sugestões de leitura

CORADIN, L.; ROMA, J. C.; MARINI FILHO, O. J. Ações governamentais e não governamentais em desenvolvimento no país e mecanismos de apoio e financiamento de projetos voltados para as espécies da fauna brasileira ameaçada de extinção. In: MACHADO, A. B. M.; DRUMMOND, G. M.; PAGLIA, A. P. (Eds.). *Livro vermelho da fauna brasileira ameaçada de extinção.* Brasilia, DF: MMA; Belo Horizonte: Fundação Biodiversitas, 2008. 2 v., 1.492 p.

MACHADO, A. B. M. Listas de espécies da fauna brasileira ameaçadas de extinção: aspectos históricos e comparativos. In: MACHADO, A. B. M.; DRUMMOND, G. M.; PAGLIA, A. P. (Eds.). *Livro vermelho da fauna brasileira ameaçada de extinção.* Brasília, DF: MMA/Belo Horizonte: Fundação Biodiversitas, 2008. 2 v., 1.492 p.

_____; DRUMMOND, G. M.; PAGLIA, A. P. (Eds.). *Livro vermelho da fauna brasileira ameaçada de extinção.* Brasilia, DF: MMA; Belo Horizonte: Fundação Biodiversitas, 2008. 2 v., 1.420 p.

MITTERMEIER, R. A.; ROBLES-GIL, P.; MITTERMEIER. C. G. (Eds.). *Megadiversity*: earth's biologically wealthiest nations. Mexico City: Cemex, 1997. 503 p.

_____; MITTERMEIER. C. G.; ROBLES-GIL, P.; PILIGRIM, J. D.; KONSTANT, W. R.; FONSECA, G. A. B.; BROOKS, T. M. (Eds.). *Wilderness:* earth's last wild places. Mexico City: Cemex, 2002. 391 p.

_____; ROBLES-GIL, P.; HOFFMANN, M.; PILGRIM, J.; BROOKS, T.; MITTERMEIER, C. G.; LAMOUREAUX, J.; FONSECA, G. A. B. (Eds.). *Hotspots revisited*: earth's biologically richest and most endangered terrestrial ecoregions. Mexico City: Cemex, 2004. 392 p.

TABARELLI, M. et al. Desafios e oportunidades para conservação da biodiversidade na mata Atlântica brasileira. *Megadiversidade*, v. 1, n. 1, jul. 2005. (publicação científica da ONG Conservação Internacional, 214 p.).

9   O papel dos aerossóis no sistema climático

PAULO ARTAXO

Aerossóis são partículas sólidas ou líquidas dispersas na atmosfera. Estas partículas estão sempre presentes na atmosfera e são respiradas pelas pessoas junto com os gases. Seus efeitos, tanto nas nuvens quanto no balanço radiativo terrestre, são um dos componentes importantes do sistema climático. Este capítulo irá discutir os efeitos das partículas de aerossóis no clima, iniciando com uma introdução sobre mudanças climáticas globais e finalizando com uma discussão sobre estratégias para lidar com elas.

Como introdução, vale a pena baixar da internet o software "Google Earth" <http://earth.google.com> e empregá-lo para fazer um zoom, que vai desde uma visão global do planeta como um todo, passando pela mesoescala, até chegar, por exemplo, à floresta amazônica, atingindo a máxima resolução que os satélites conseguem obter, permitindo quase observar árvores individuais. Os processos relevantes para as mudanças globais continuam bem abaixo disso; vão ao nível celular, vão ao nível do que ocorre no estômato de cada uma das folhas, das plantas da floresta, vão ao nível molecular. Sem olhar o sistema climático da Terra desde os seus menores componentes até os maiores, não se consegue explicar o comportamento do clima do planeta em que vivemos. As partículas de aerossóis são um desses componentes essenciais.

Um dos sintomas importantes das mudanças globais (figura 1) é o aumento da concentração dos gases de efeito estufa, como o CO_2, mas está longe de ser só este. O comportamento da biosfera de nosso planeta é afetado pela extinção de espécies, pelo crescimento exponencial da população humana, pelo aumento da deposição do nitrogênio resultante de emissões antropogênicas e muitos outros efeitos.

FIGURA 1

MUDANÇAS GLOBAIS: EFEITO ESTUFA, BIODIVERSIDADE, POPULAÇÃO, NITROGÊNIO E MUITOS OUTROS ASPECTOS

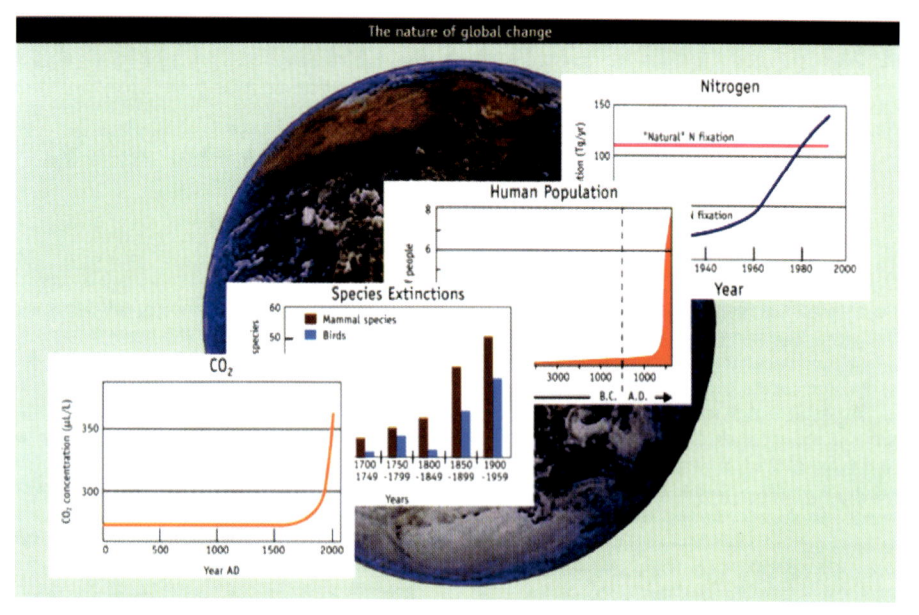

Fonte: IPCC.

Entram em jogo muito mais mudanças do que imaginamos, que incluem o aumento do número de restaurantes McDonald's, o uso de água e o número de veículos em circulação. A espécie humana conseguiu um tal grau de dominação sobre os recursos naturais de nosso planeta, que estamos muito rapidamente esgotando esses recursos, de forma não sustentável. A questão é como reverter esse processo.

Para isso é preciso entender quais são os processos químicos, físicos e biológicos que controlam a composição da atmosfera terrestre (figura 2). É uma série extremamente complexa de processos, e deve ser enfatizado que cada um deles dá uma contribuição importante para o todo: radiação solar, trocas entre estratosfera e troposfera, interações com as nuvens, oceanos, relâmpagos, aerossóis, emissões vulcânicas e emissões antropogênicas. O que o homem está fazendo é alterar uma série desses processos, em particular a composição da atmosfera, e, com isso, está modificando várias propriedades desse ecossistema, entre as quais o balanço de radiação, levando ao aquecimento global.

FIGURA 2

PROCESSOS FÍSICO-QUÍMICOS QUE AFETAM A COMPOSIÇÃO DA ATMOSFERA

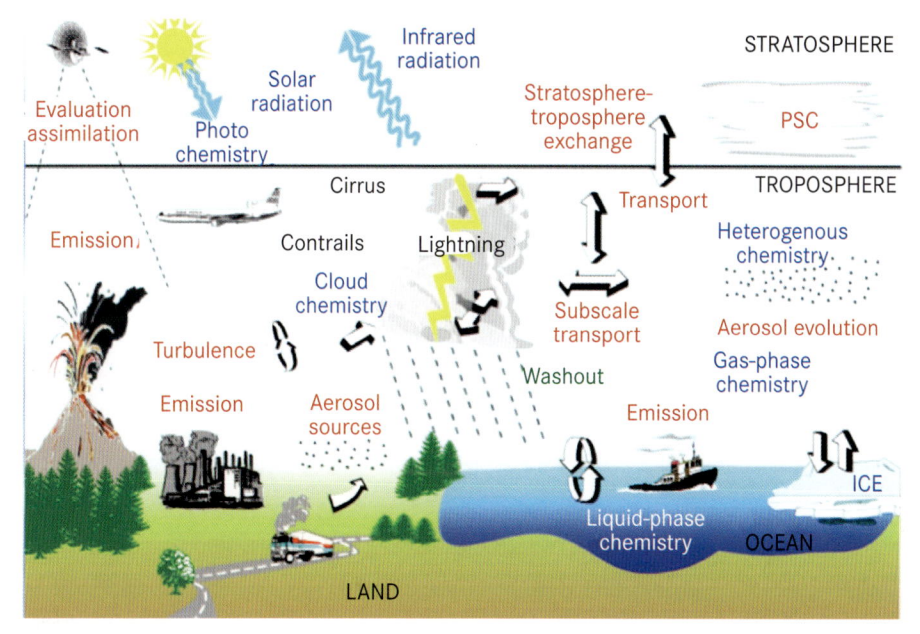

Fonte: U. S. CCSP.

O gráfico da figura 3 mostra a evolução histórica das emissões e absorções de um dos gases de efeito estufa, o CO_2 (dióxido de carbono) atmosférico, de 1850 até o ano 2000. O fluxo de CO_2 é medido em petagramas (1 Pg = 10^{15} gramas) de C/ano. A parte superior do gráfico, à esquerda, mostra as emissões; a inferior, as absorções por absorvedores naturais.

A maioria das emissões provém da queima de combustíveis fósseis para produção de energia. O uso da terra (faixa laranja no gráfico) corresponde ao desmatamento. Ele contribui significativamente desde 1850, de início com o desmatamento da Europa, depois dos Estados Unidos e também da Ásia. Nos últimos 30 anos, infelizmente, o Brasil vem contribuindo com a maior fatia, pelo desmatamento da Amazônia.

Um importante absorvedor do dióxido de carbono da atmosfera é o oceano (faixa azul no gráfico), mas os oceanos estão começando a ficar saturados em sua capacidade de absorção de CO_2 atmosférico. A faixa verde representa a absorção pelos ecossistemas terrestres: as plantas fixam carbono pela fotossíntese, mas essa fixação também tem limites, porque depende não só do carbono na atmosfera, mas também de água, de radiação e de nutrientes, nem sempre disponíveis em quantidades ideais em todos os ecossistemas. A faixa amarela é a parte do CO_2 acumulada na atmosfera, levando a concentrações crescentes dos gases de efeito estufa.

Quem são os principais emissores desses gases? Estão identificados no gráfico da direita, que compara emissões de CO_2, em bilhões de toneladas métricas, em 1990 e 2002. Os EUA são, de longe, o maior emissor, respondendo por 26% do total emitido anualmente para a atmosfera. O pior é que as emissões americanas continuam crescendo: de 1990 até 2002 cresceram cerca de 20%. Em segundo lugar vem a Comunidade Econômica Europeia, com concentrações estabilizadas nos últimos 10 anos. Depois a China, cujas emissões vêm aumentando com a gigantesca taxa do crescimento econômico chinês, seguida por Rússia, Japão, Índia e demais países.

FIGURA 3

EMISSÕES E ABSORÇÃO DE CO_2 ATMOSFÉRICO

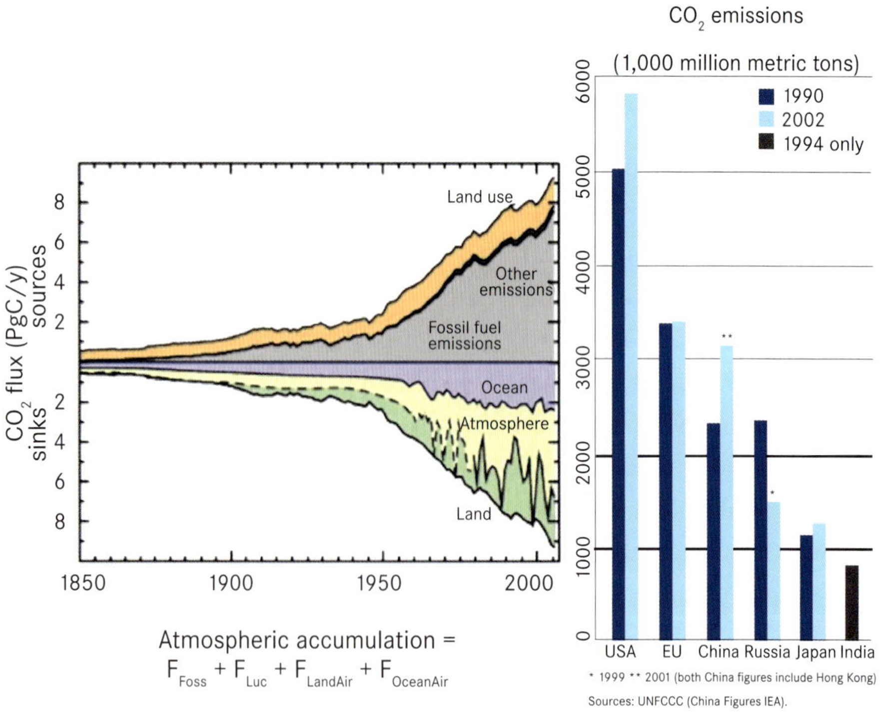

Atmospheric accumulation = $F_{Foss} + F_{Luc} + F_{LandAir} + F_{OceanAir}$

Fonte: IPCC.

O Brasil, nessa escala que só inclui emissões pelo setor energético, está em décimo sexto lugar. No entanto, se levarmos em conta as emissões de queimadas na Amazônia, subiremos para um não honroso quarto lugar entre os maiores poluidores do planeta, o que não é uma posição muito confortável para nós.

Os gráficos da figura 4 mostram o crescimento das concentrações atmosféricas de gases de efeito estufa desde a Revolução Industrial.

FIGURA 4

EVOLUÇÃO DOS GASES DE EFEITO ESTUFA NA ATMOSFERA

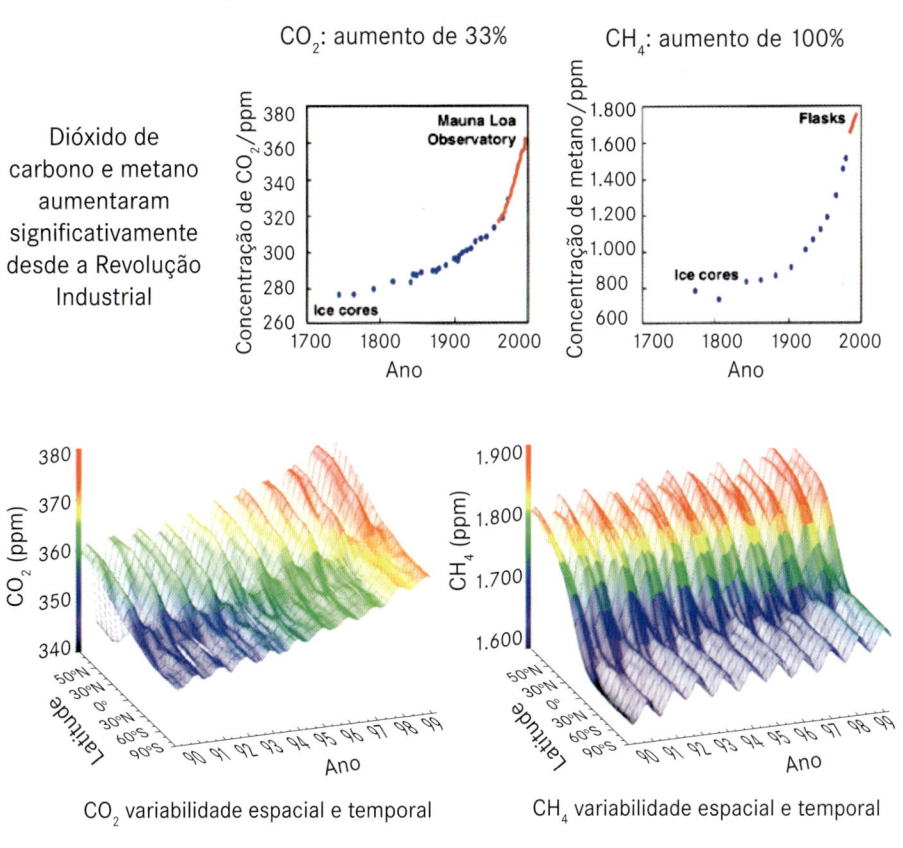

Dióxido de carbono e metano aumentaram significativamente desde a Revolução Industrial

Fonte: IPCC.

Nos últimos 300 anos a concentração de CO_2 passou de 280 ppm (partes por milhão), para o nível atual de 375 ppm, podendo atingir ao final do século valores que podem variar entre 600 e 900 ppm. Mas o CO_2 não é o único gás de efeito estufa; no gráfico estão as concentrações de metano (CH_4), que passaram de 800 ppm para 1.800 ppm hoje, ou seja, as concentrações de metano mais que dobraram. As principais fontes de emissão de metano são a criação de gado, o cultivo de arroz alagado e vazamentos na extração e transporte de gás natural. Portanto, regular a concentração de metano envolve, basicamente, regular a produção de alimentos – principalmente reduzir a produção de carne bovina.

Outro gás potente no efeito estufa, também associado à produção de alimentos, é o óxido nitroso (N_2O). Quando se adicionam ao solo fertilizantes nitrogenados, amônia ou ureia, para aumentar a produção agrícola, as bactérias do solo processam o nitrogênio e produzem, como resíduo, N_2O. As concentrações atmosféricas de CO_2, CH_4 e N_2O ao longo dos últimos 650 mil anos são mostradas na figura 5. Para todos eles, as concentrações atuais são as mais altas do período.

FIGURA 5

CONCENTRAÇÃO DE CO_2, METANO E ÓXIDO NITROSO NOS ÚLTIMOS 650 MIL ANOS

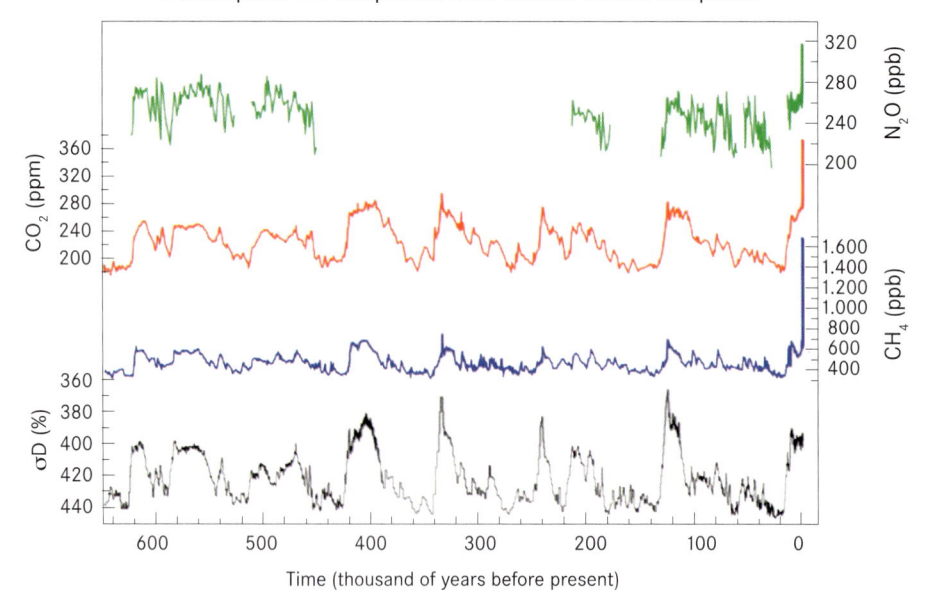

A linha preta é a temperatura na mesma escala temporal.

Fonte: IPCC.

A variação dessas concentrações nos últimos 650 mil anos aparece nos três gráficos superiores (verde, N_2O; vermelho, CO_2; azul, CH_4) da figura 5. O gráfico de baixo, em preto, mostra a variação correspondente da temperatura média de nosso planeta. Há períodos interglaciais, de mais alta temperatura, e períodos glaciais; então temos cinco eras glaciais. O que se observa é que, sempre que a temperatura aumenta, aumentam as concentrações de CO_2 e de metano. Existe uma associação clara entre a temperatura média de nosso planeta e a concentração de gases de efeito estufa.

Essa associação se dá porque o aumento da concentração desses gases de efeito estufa altera o balanço de radiação terrestre (figura 6). Toda a vida no nosso planeta, sem exceção, depende dos 342 watts por metro quadrado de energia que a Terra recebe do Sol, em média, todo dia. Parte dessa radiação é refletida de volta para o espaço pelas nuvens, parte pelo albedo (refletividade) da superfície terrestre. Outra parte é absorvida pela superfície em comprimentos de onda da luz visível, aquecendo-a.

O aquecimento produz radiação que volta para o espaço em comprimentos de onda mais longos, na faixa do infravermelho, na forma de calor (faixa de cor vermelha na ilustração). Parte dessa radiação é interceptada pelas nuvens, pelos gases de efeito estufa e pelas partículas de aerossóis, fazendo com que uma fração dela volte para a superfície e torne o nosso planeta habitável. Se não houvesse esse efeito estufa natural, a temperatura média de nosso planeta seria de –17 °C. É graças ao efeito estufa natural que o planeta tem a vida como a conhecemos. O problema é que estamos aumentando este efeito estufa pela emissão de gases poluidores.

FIGURA 6

BALANÇO DE RADIAÇÃO TERRESTRE

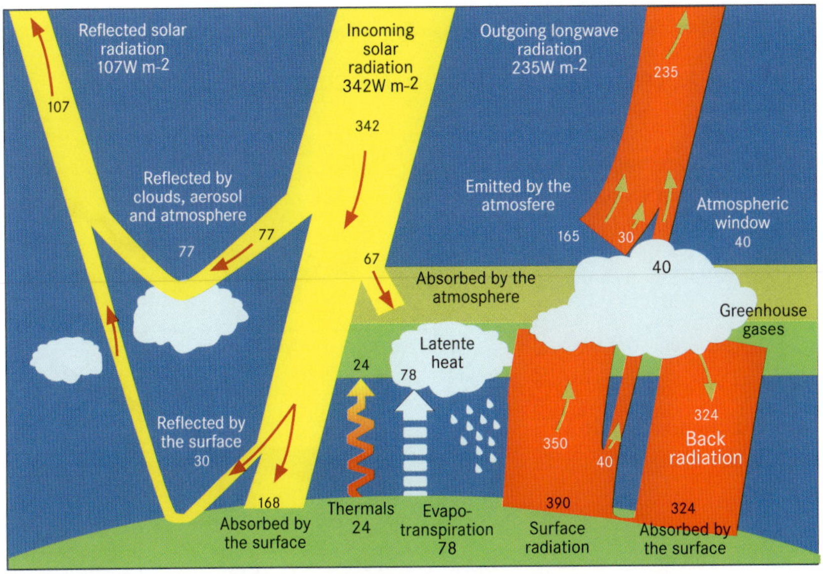

Fonte: Experimento de Grande Escala da Biosfera e da Atmosfera na Amazônia (LBA).

A figura 7 foi publicada no relatório do Painel Intergovernamental sobre Mudança Climática (IPCC), de que fiz parte. A parte superior mostra a variação da temperatura nos últimos 150 anos. Vemos que, de 1850 até 1950, houve uma considerável variabilidade da temperatura, o que é normal num sistema climático que tem flutuações naturais importantes. Mas sistematicamente, a partir de cerca de 1970, a temperatura começou a aumentar acima da flutuação natural, e foi reduzindo essa flutuação de maneira sistemática, porque começamos a suplantar os sistemas naturais que regulam a temperatura do nosso planeta com emissão dos gases de efeito estufa. Então, o que observamos é um sistemático aquecimento, que hoje, em média, é da ordem de 0,76°C no planeta como um todo.

O gráfico (b) da figura 7 mostra o aumento médio do nível do mar. A água do oceano, quando se aquece, aumenta de volume, dilata-se, provocando aumento do nível dos mares. Observamos uma elevação sistemática, ainda pequena, da ordem de 15 cm, mas já facilmente perceptível nessa série temporal.

O gráfico (c) da figura 7 sinaliza o derretimento da cobertura de neve no hemisfério Norte, a partir de 1970, devido ao aquecimento global. Isso é particularmente importante, porque reduz a refletividade (albedo) da superfície, o que aumenta a absorção e realimenta o efeito, conforme comentarei adiante.

FIGURA 7

TEMPERATURA, NÍVEL DO MAR E COBERTURA DE NEVE

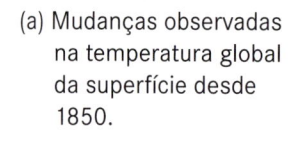

(a) Mudanças observadas na temperatura global da superfície desde 1850.

(b) Nível médio do nível do mar desde 1850.

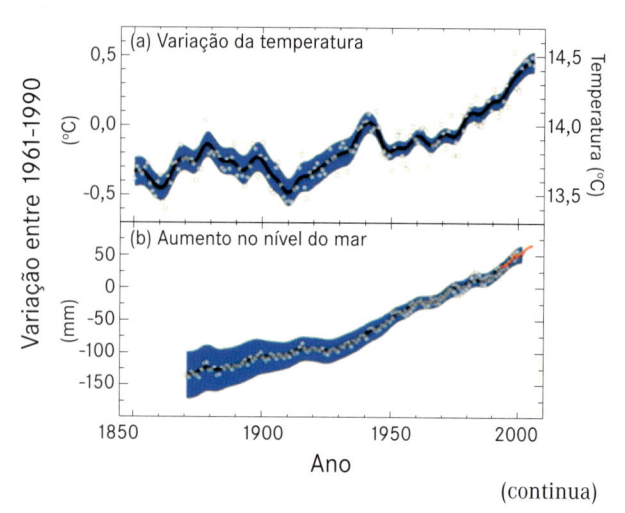

(continua)

(c) Cobertura de neve no hemisfério Norte.

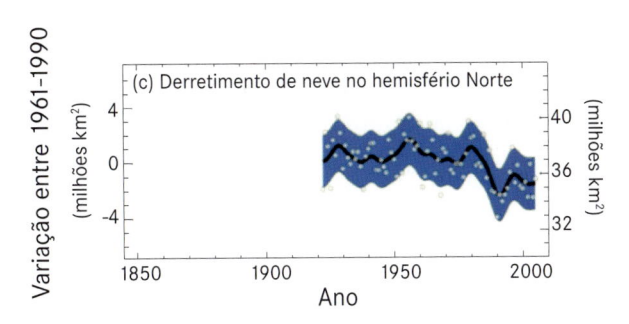

Fonte: IPCC.

Um dos aspectos mais importantes deste último relatório do IPCC, que teve forte repercussão nos governos de praticamente todos os países, é o que aparece na figura 8. Ele identifica, para cada região do globo, o efeito das emissões antropogênicas. Para a América do Sul a linha preta dá a média de temperatura nos últimos 150 anos; em azul observa-se quanto seria o aumento de temperatura se somente as forçantes naturais do sistema climático estivessem operando e, em vermelho, está a previsão do aumento de temperatura devido às forças naturais somadas às forçantes antropogênicas. O que esse gráfico mostra, de uma maneira absolutamente clara, é que só se explica o aumento observado de temperatura para cada continente do nosso planeta levando em conta as emissões antropogênicas.

Esse gráfico derrubou de uma vez por todas a dúvida sobre o aumento de temperatura ser ou não causado pelo homem. Então, com 95% de índice de confiabilidade, o IPCC demonstra claramente que o aumento de temperatura é, sim, causado pelo homem, em todas as regiões do planeta. O argumento dos céticos já não funciona mais e isso mudou completamente o panorama de como devemos lidar com as mudanças climáticas globais.

O aquecimento pode ser visto não só pelo aumento de temperatura, mas de inúmeros outros ângulos. Além do aumento global da temperatura da superfície terrestre, também está havendo um aumento global da temperatura superficial do oceano. Isso é esperado devido ao contato da atmosfera com este último. O oceano se aquece lentamente, com uma inércia muito maior que a atmosfera, em vista da maior capacidade térmica da água.

Além da elevação do nível médio do mar, a quantidade de vapor da água na atmosfera também está aumentando. Isso intensifica o ciclo hidrológico que regula a presença ou ausência de chuva. Assim, aumentam os eventos extremos de precipitação: tanto chuvas muito fortes quanto secas extremas. São estatisticamente significativos o aumento da incidência dos furacões de níveis 4 e 5, o aumento da incidência de secas no mundo todo, de eventos de temperaturas extremas e de ondas de calor. Por outro lado, está havendo um decréscimo na extensão de neve do hemisfério Norte e na extensão de gelo do Ártico, bem como um decréscimo pronunciado da maior parte das geleiras.

A figura 8 é um detalhamento, ano a ano, da temperatura do planeta, entre 1850 e 2005. Calculando a taxa de elevação da temperatura nos últimos 100 anos, o resultado é 0,074°C por década. Calculando essa taxa nos últimos 50 anos, ela praticamente dobra para 0,128°C por década. Ou seja, a taxa do aquecimento está se acelerando rapidamente. Os últimos 14 anos incluem os 12 anos mais quentes da história nos últimos 650 mil anos.

A região ártica está sofrendo um aquecimento muito mais rápido do que as demais regiões de nosso planeta, com alterações, para mais, de até 2°C. Isto está levando a um rápido derretimento das geleiras na Groenlândia e do gelo marinho no Ártico. Por que nos preocuparmos com isso? Por causa da elevação do nível do mar. Se toda a água armazenada na Groenlândia derretesse (o que não pode acontecer numa escala temporal inferior a 300 ou 500 anos), o nível médio do mar poderia subir até sete metros!

FIGURA 8

TEMPERATURA MÉDIA GLOBAL — 1850-2005

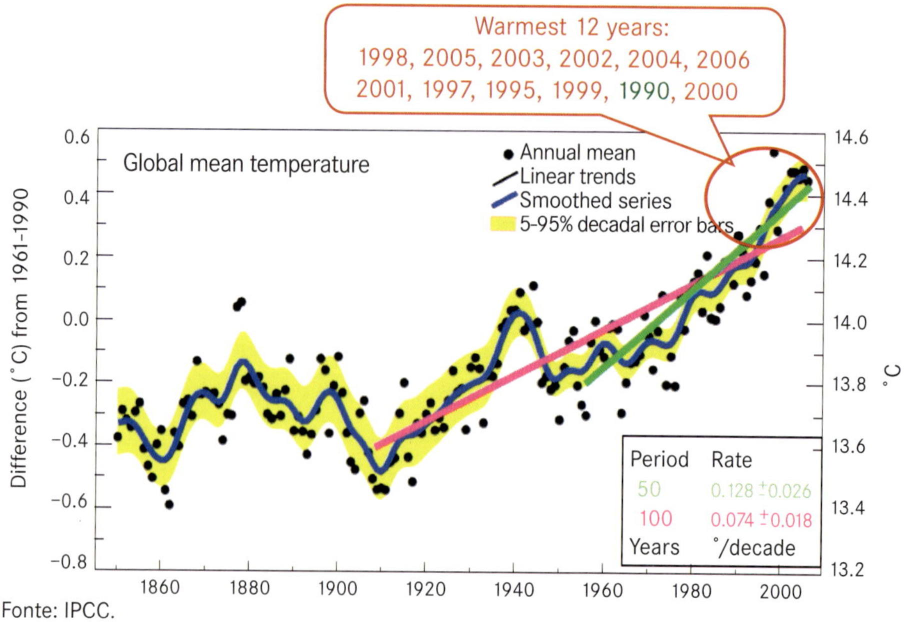

Fonte: IPCC.

Além disso, há outro aspecto importante: na medida em que o aquecimento derrete essa neve/gelo, convertendo-a em água do oceano, altera-se o albedo da superfície na região ártica: ela absorve mais radiação solar, intensificando o aquecimento. A neve/gelo tem um albedo de 0,7 a 0,8, ou seja, reflete a maior parte da radiação de volta para o espaço e não aquece. Com um albedo de 0,2, é absorvida a maior parte da radiação e a água aquece muito mais rapidamente. Isso acontece tanto no oceano quanto nas extensas áreas de tundra e de vegetação da Sibéria e do Canadá. É por essa razão que preocupa muito o que acontece na região do Ártico, uma parte importante do sistema terrestre.

A figura 9 mostra a evolução temporal da quantidade total de vapor de água na atmosfera desde 1988. Em cerca de 20 anos, houve um aumento da ordem de 7%, o que afeta profundamente o ciclo hidrológico. E não se trata de mudanças climáticas para o futuro: estamos falando de passado e presente. Na figura 10 o IPCC compilou séries temporais de taxa de precipitação em praticamente todas as estações meteorológicas do globo. Em várias estações há um aumento significativo da precipitação – por exemplo, no Sul do Brasil, na bacia do Prata, em várias regiões dos EUA, no norte da Europa e na região do Himalaia.

FIGURA 9

AUMENTO DO VAPOR DE ÁGUA NA ATMOSFERA — 1988-2005

A basic physical law tells us that the water holding capacity of the atmosphere goes up at about 7% per degree Celsius increase in temperature.

Observations show that this is happening at the surface: this means moisture available for storms and an enhanced greenhouse effect.

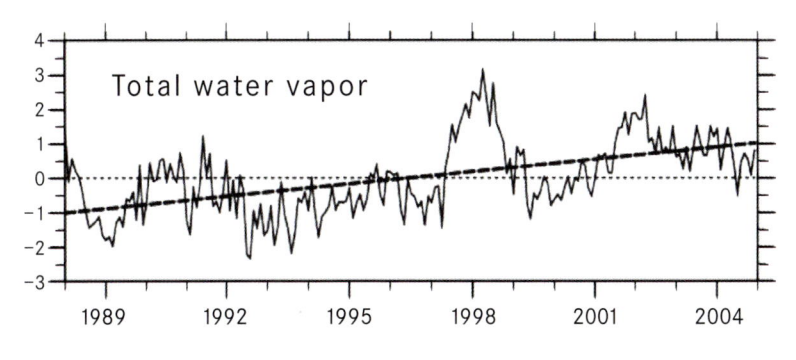

Fonte: IPCC.

Por outro lado, em outras regiões está havendo reduções na taxa de precipitação. Isso afeta fortemente a agricultura. É o padrão de distribuição de chuva que está mudando, não a chuva total, porque o vapor de água que sobe tem de cair em algum lugar; o que muda é onde e quando ele cai. Isso é crítico: muitas regiões do globo estão sofrendo estresse hídrico pronunciado, e é possível que isso afete o Brasil, na região central e no sul da Amazônia.

FIGURA 10

MUDANÇAS NA PRECIPITAÇÃO

A precipitação já está mudando significativamente em grandes áreas

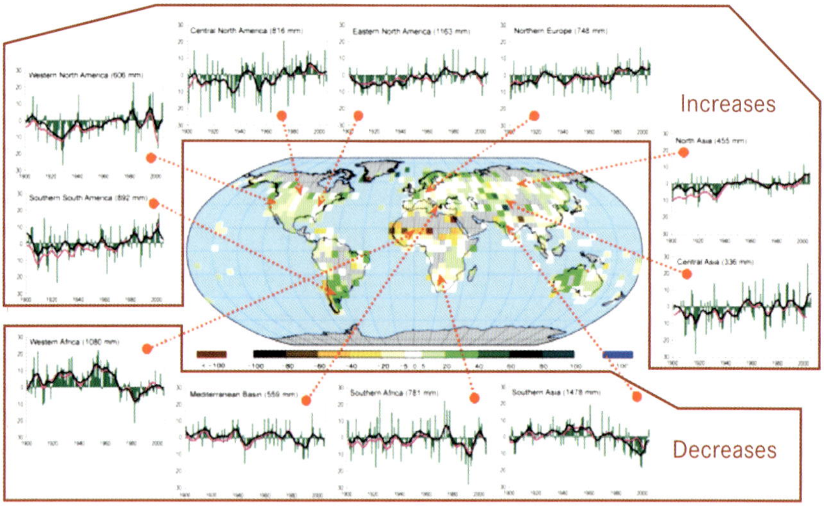

Smoothed annual anomalies for precipitation (%) over land from 1900 to 2005; other regions are dominated by variability.

Fonte: IPCC.

Outra questão relevante é a das ondas de calor. Em 2003, na Europa, uma onda de calor matou quase 30 mil pessoas em cerca de dois meses. A figura 11 mostra a anomalia de temperatura para junho, julho e agosto na Europa central, desde 1800 até 2005. Vê-se que existe alta variabilidade na temperatura, mas depois de 1970 essa anomalia, sistematicamente, começou a ficar cada vez mais positiva. O ano de 2003, foi 4°C mais quente do que a média da série toda. Isso era esperado porque, com mais energia armazenada na atmosfera, essa energia tem de ser dissipada de alguma maneira, através de furacões, de ondas de calor e de outros fenômenos. Este aumento da frequência de ondas de calor tem implicações sociais importantes.

FIGURA 11

AUMENTO DAS ONDAS DE CALOR NA EUROPA CENTRAL

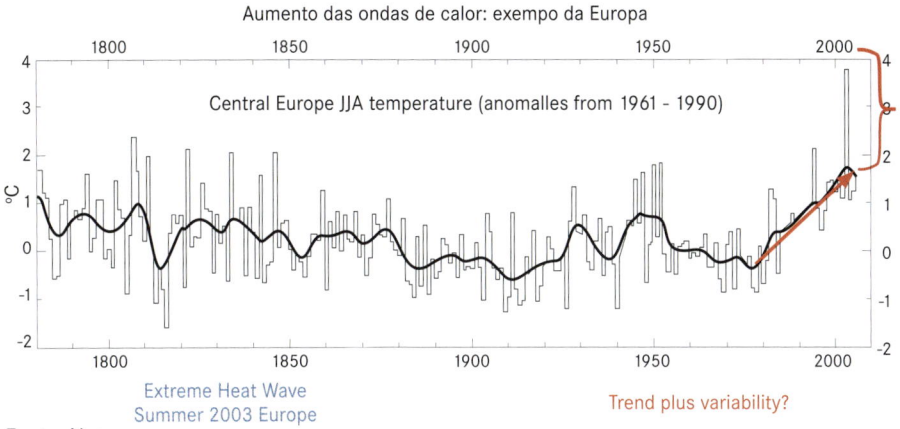

Aumento das ondas de calor: exempo da Europa

Extreme Heat Wave Summer 2003 Europe

Trend plus variability?

Fonte: Nasa.

FIGURA 12

EFEITOS DE VARIAÇÕES NA CIRCULAÇÃO ATMOSFÉRICA

Mudanças na circulação atmosférica alteram temperatura e precipitação

When the North Atlantic Oscillation (NAO) and Northern Annular Mode (NAM) indices become more positive, storm tracks, temperatures and precipitation change as indicated.

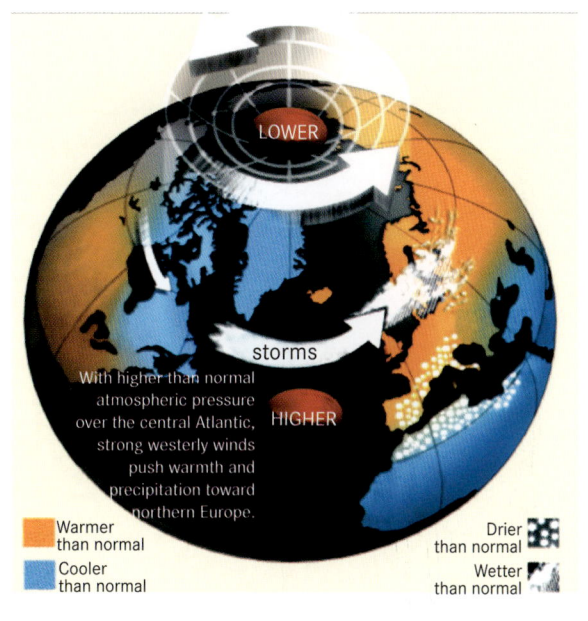

With higher than normal atmospheric pressure over the central Atlantic, strong westerly winds push warmth and precipitation toward northern Europe.

Fonte: US GCRP.

Um componente importante das alterações climáticas é a alteração da circulação atmosférica. Como vimos, o Ártico está sofrendo um aquecimento mais pronunciado do que a média do globo. Isso está fazendo com que ocorra uma alteração no padrão dos centros de baixa pressão em relação aos centros de alta pressão (figura 12). Esses centros são os motores da circulação atmosférica de nosso planeta e, devido a essa alteração, o ar frio – que até há alguns anos atingiria a Europa – hoje se desloca para o norte, deixando a Europa com massas de ar de centros de alta pressão durante dois ou três meses. Daí as ondas de calor cada vez mais frequentes, trazendo problemas de saúde para a população.

Outro aspecto relevante é a incidência de tornados tropicais, ciclones, tufões e furacões. O gráfico superior da figura 13 mostra, desde o começo da década de 1950, o número total de furacões por ano. O número total não aumenta, mas, a partir de 1994, observamos um aumento do número de furacões de categoria 4 ou 5 no Caribe. O gráfico da parte inferior mostra a anomalia de temperatura da superfície do mar. Como o mar está ficando mais quente, e como a temperatura do mar é chave para fornecer energia aos furacões, eles estão ficando cada vez mais fortes, e o poder destrutivo desses furacões está aumentando. Eventualmente pode acontecer de o oceano Atlântico Sul também aumentar de temperatura, e é possível que daqui a alguns anos os brasileiros comecem a ver maior incidência de furacões como o Catarina, uma das primeiras tormentas tropicais que atingiu o Brasil.

FIGURA 13

VARIAÇÃO NA INCIDÊNCIA DE FURACÕES

O aumento da incidência de furacões está ligado ao aumento da temperatura superficial do mar

N. Atlantic hurricane record best

Marked increase after 1994

surveillance Global number and percentage of intense hurricanes is increasing.

Fonte: IPCC.

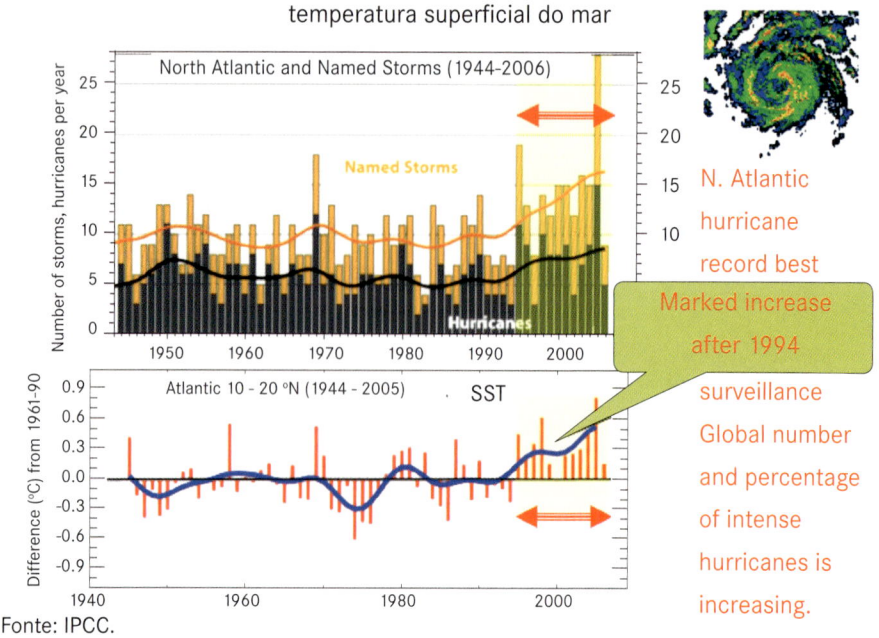

Para mensurar e combinar todos esses efeitos, o IPCC utiliza o que se chama de *forçantes radiativas* dos componentes do sistema climático global. O que é isso? No topo da figura 14 está representada a forçante radiativa do CO_2 (1,66 watt por metro quadrado). Esse é o fluxo extra de calor na superfície da Terra devido às emissões de CO_2. Logo abaixo aparecem N_2O, CH_4 e clorofluorcarbonos, que dão contribuições da mesma ordem, bem como o ozônio – tanto na troposfera quanto na estratosfera.

FIGURA 14

FORÇANTES RADIATIVAS DOS COMPONENTES DO SISTEMA CLIMÁTICO GLOBAL

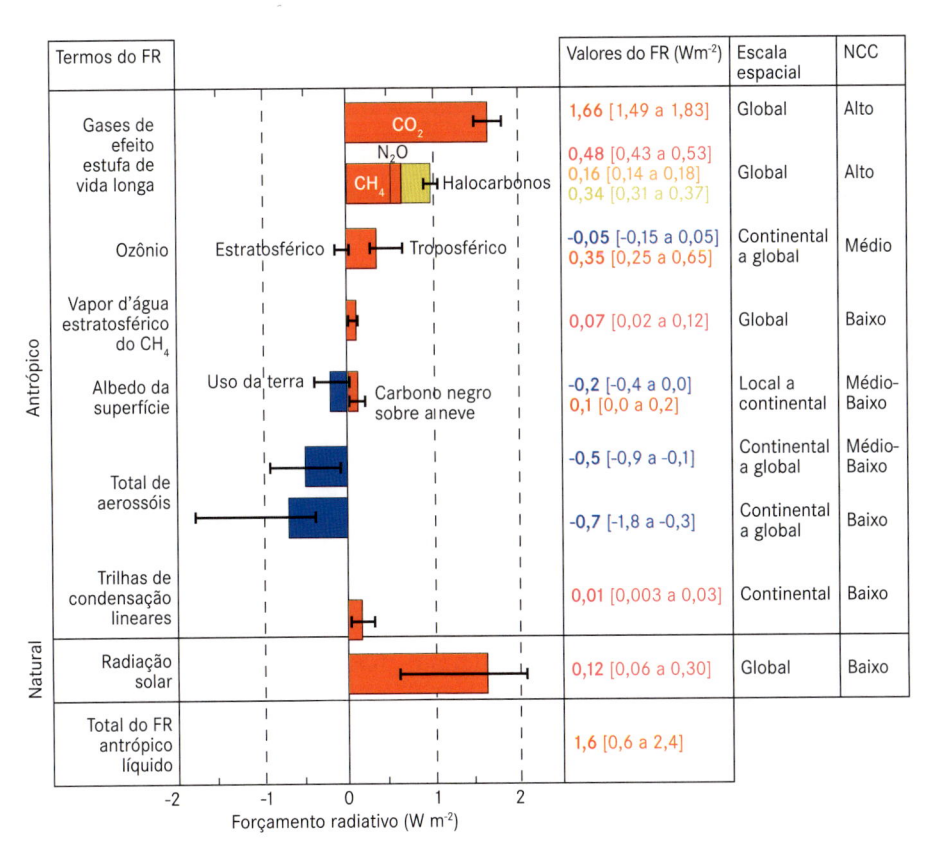

	Termos do FR		Valores do FR (Wm^{-2})	Escala espacial	NCC
Antrópico	Gases de efeito estufa de vida longa	CO_2 / N_2O / CH_4 / Halocarbonos	1,66 [1,49 a 1,83] / 0,48 [0,43 a 0,53] / 0,16 [0,14 a 0,18] / 0,34 [0,31 a 0,37]	Global / Global	Alto / Alto
	Ozônio	Estratosférico / Troposférico	-0,05 [-0,15 a 0,05] / 0,35 [0,25 a 0,65]	Continental a global	Médio
	Vapor d'água estratosférico do CH_4		0,07 [0,02 a 0,12]	Global	Baixo
	Albedo da superfície	Uso da terra / Carbono negro sobre a neve	-0,2 [-0,4 a 0,0] / 0,1 [0,0 a 0,2]	Local a continental	Médio-Baixo
	Total de aerossóis		-0,5 [-0,9 a -0,1] / -0,7 [-1,8 a -0,3]	Continental a global / Continental a global	Médio-Baixo / Baixo
	Trilhas de condensação lineares		0,01 [0,003 a 0,03]	Continental	Baixo
Natural	Radiação solar		0,12 [0,06 a 0,30]	Global	Baixo
	Total do FR antrópico líquido		1,6 [0,6 a 2,4]		

Forçamento radiativo (W m^{-2})

Fonte: ©IPCC – WG1-AR4 (2007).

Comparando esses números com a incidência média total de radiação solar, que vimos ser de 342 watts por metro quadrado, observamos que 1,66 watt por metro quadrado é uma quantidade muito pequena. Então o calor adicional é pouco, mas é capaz de fazer todos esses estragos no clima. Isso mostra que o sistema climático é extremamente sensível, muito mais sensível do que pensávamos algumas décadas atrás.

As barras em vermelho são os componentes do sistema climático que trazem aquecimento, basicamente os gases de efeito estufa. Estamos alterando o clima global, não só do lado do aquecimento, mas também do lado do resfriamento (barras em roxo), emitindo partículas de aerossóis para a atmosfera. Essas partículas, que são emitidas, por exemplo, pelo cano de descarga de um ônibus (aquela fumaça preta), têm várias propriedades e influenciam o clima de diversas maneiras. Uma delas é o tamanho, muito próximo do comprimento de onda da luz. Elas interagem muito fortemente com a radiação, absorvendo-a.

Se a partícula está, digamos, a um quilômetro de altura, ela absorve a radiação, reemite essa radiação em todas as direções, e em parte, de volta para o espaço, deixando a superfície aqui embaixo mais fria. Dessa forma ela resfria a superfície do planeta. Resfria quanto? O gráfico mostra que os aerossóis têm um efeito direto de resfriamento em radiação de –0,5 watt por metro quadrado.

Além do efeito direto dos aerossóis na radiação, eles têm outro efeito indireto muito importante, na nucleação de nuvens. Para formar uma nuvem não basta ter só vapor de água; é preciso haver núcleos de condensação, que são partículas de aerossol em torno das quais esse vapor de água se condensa. Quando há mais partículas de aerossol, isso altera o tempo de residência das nuvens na atmosfera e altera as propriedades radiativas dessas nuvens, o que acaba provocando um resfriamento adicional, de –0,7 watt por metro quadrado.

No último relatório do IPCC (2001), esses dois componentes – efeito direto e efeito indireto dos aerossóis no clima – não haviam sido quantificados. Não era possível, naquela época, fechar o balanço de radiação, por falta de conhecimento científico. Hoje conhecemos os dois componentes e podemos fechar este balanço. Contribuíram para isso vários experimentos que brasileiros fizeram na Amazônia.

O balanço líquido de forçantes radiativas antropogênicas (figura 15), somando os componentes positivos e subtraindo os negativos, dá uma forçante radiativa final de 1,6 watt por metro quadrado. Isso é quanto o homem está contribuindo para o aquecimento global. É a resultante do aquecimento dos gases de efeito estufa, da ordem de 2,9 watts por metro quadrado, reduzida pela absorção de radiação dos aerossóis, da ordem de 1,3 watt por metro quadrado.

FIGURA 15
A FORÇANTE FINAL
Combinando todos os efeitos antropogênicos

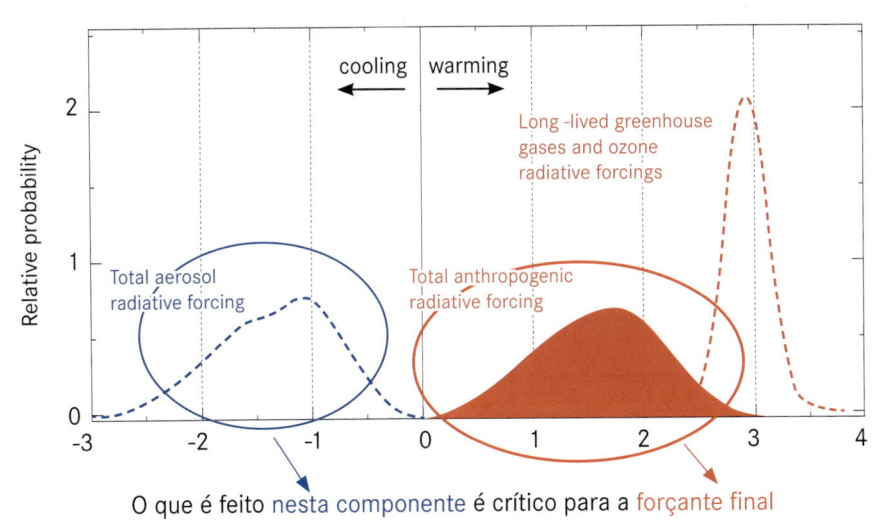

[Gráfico: eixo x "Relative probability" vs forçante radiativa de -3 a 4; setas "cooling ← | → warming"; curvas mostrando "Total aerosol radiative forcing" (azul, tracejada), "Long-lived greenhouse gases and ozone radiative forcings" (vermelho, tracejada), e "Total anthropogenic radiative forcing" (vermelho, preenchida). Anotação: "O que é feito nesta componente é crítico para a forçante final"]

- *Combined anthropogenic forcing* is not straight sum of individual terms.
- Tropospheric ozone, cloud-albedo, contrails → asymmetric range about the central estimate
- Uncertainties for the agents represented by normal distributions except: contrail (lognormal); discrete values → trop. ozone, direct aerosol, cloud albedo
- Monte Carlo calculations to derive probability density functions for the combined effect

Fonte: IPCC.

Vemos, então, que o que ocorrer com o componente aerossóis é crítico para a forçante climática final do sistema. Por que isso preocupa? Porque as concentrações de aerossóis nos últimos 10 anos têm diminuído significativamente na atmosfera. A razão é que aerossóis, além de ter um efeito climático importante, constituem fortes poluentes. Num ambiente típico, temos de 3 a 4 mil partículas de aerossóis por centímetro cúbico, que cada um de nós fica respirando, expirando e aspirando. Devido aos efeitos nocivos à saúde, países como China e Índia, e cidades como São Paulo estão fazendo um grande esforço para reduzir a concentração de aerossóis. Se esse esforço for muito bem-sucedido, pode levar a um aquecimento ainda mais rápido e mais pronunciado do sistema climático como um todo. Vemos, assim, como é complicado o inter-relacionamento entre as diferentes intervenções do próprio homem sobre o clima.

Chegamos ao ponto mais difícil – a pergunta: bom, e agora? O que acontecerá no futuro? (figura 16). Para fazer previsões sobre aquecimento futuro, precisamos: a) ter um cenário para as emissões de gases de efeito estufa ao longo deste século; b) inserir esse cenário num modelo climático, que fornecerá, como resultado, o possível aumento da temperatura do planeta.

Vários cenários possíveis estão representados no gráfico da esquerda da figura 16.

FIGURA 16

AQUECIMENTO AO LONGO DOS PRÓXIMOS 100 ANOS
DE ACORDO COM VÁRIOS CENÁRIOS DE EMISSÕES

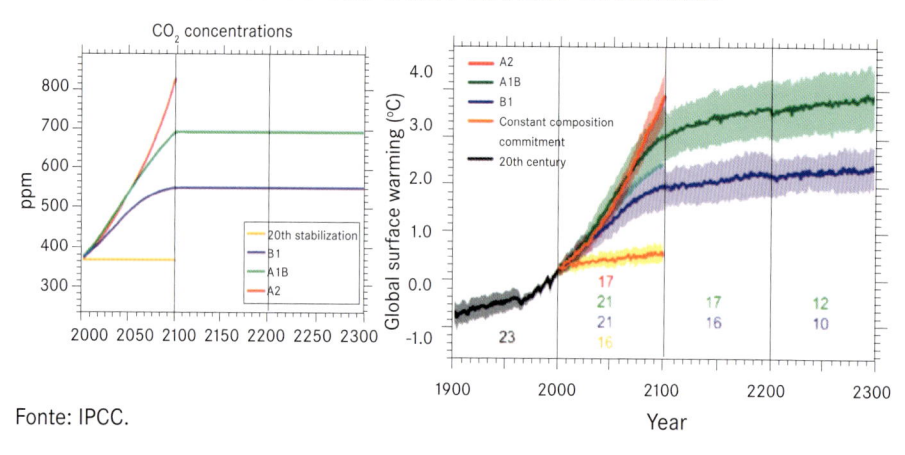

Fonte: IPCC.

O primeiro cenário (linha alaranjada) é a estabilização: imaginar que se pare amanhã de emitir qualquer gás de efeito estufa, congelando a concentração de CO_2 na atmosfera em seu valor atual de 385 ppm. Neste cenário ninguém queima combustível fóssil, ninguém anda de carro, ninguém come, ninguém produz matéria-prima e assim por diante, pois qualquer atividade humana emite gases de feito estufa para a atmosfera. Esse cenário é obviamente irrealista, mas utilizado para servir como referência. O cenário da linha azul (B1) é um cenário ainda otimista, no qual a concentração de CO_2 se estabiliza, no final do século, num valor da ordem de 600 ppm, aproximadamente o dobro dos valores pré-industriais. Para isso precisaríamos reduzir as emissões de gases de efeito estufa em, pelo menos, 80%. O cenário verde (A1B) é um cenário intermediário, e o cenário vermelho (A2) corresponde à inação total: nenhum mecanismo de redução de gases de efeito estufa é implantado, e as concentrações atingem de 800 a 900 ppm no final do século, triplicando o valor das concentrações pré-industriais.

O gráfico da direita na figura 16 mostra a variação de temperatura nos últimos 100 anos e a previsão para próximos 100, nos diferentes cenários. A linha marcada em amarelo mostra que, mesmo se parássemos imediatamente de emitir gases de efeito estufa, o planeta iria continuar se aquecendo, na ordem de 0,5°C. Isto porque o tempo de residência desses gases na atmosfera é alto – o do CO_2 é em torno de 110 anos, o do metano é da ordem de 11 anos – e eles podem continuar atuando (mesmo que a gente pare de emitir hoje) pelas próximas centenas de anos. Mas esse é um cenário irrealista. Os outros três cenários preveem um aquecimento médio de 2°C a 4°C (para os próximos 30 anos as previsões dos três praticamente coincidem). Lembro que os efeitos que analisamos corresponderam a um aquecimento de 0,76°C nos últimos 150 anos. Então, na hipótese mais otimista, o aquecimento pode ser da ordem de 2°C e, na mais pessimista, da ordem de 4°C. Mas estas são médias sobre o globo como um todo, e há grande variabilidade regional.

O IPCC também fez projeções (figura 17) para a distribuição regional desses aumentos de temperatura: estão representados o cenário otimista B1, o cenário intermediário A1B, e o cenário pessimista A2. Em todos eles a elevação de temperatura é sempre maior nas áreas continentais do que nas áreas oceânicas. Isso é esperado, porque o oceano tem uma enorme capacidade calorífica, sua capacidade de absorver calor é muito maior do que a das áreas continentais.

FIGURA 17

ESTIMATIVAS DE AUMENTO REGIONAL DE TEMPERATURA (2029 E 2099) DE ACORDO COM TRÊS CENÁRIOS DE EMISSÕES

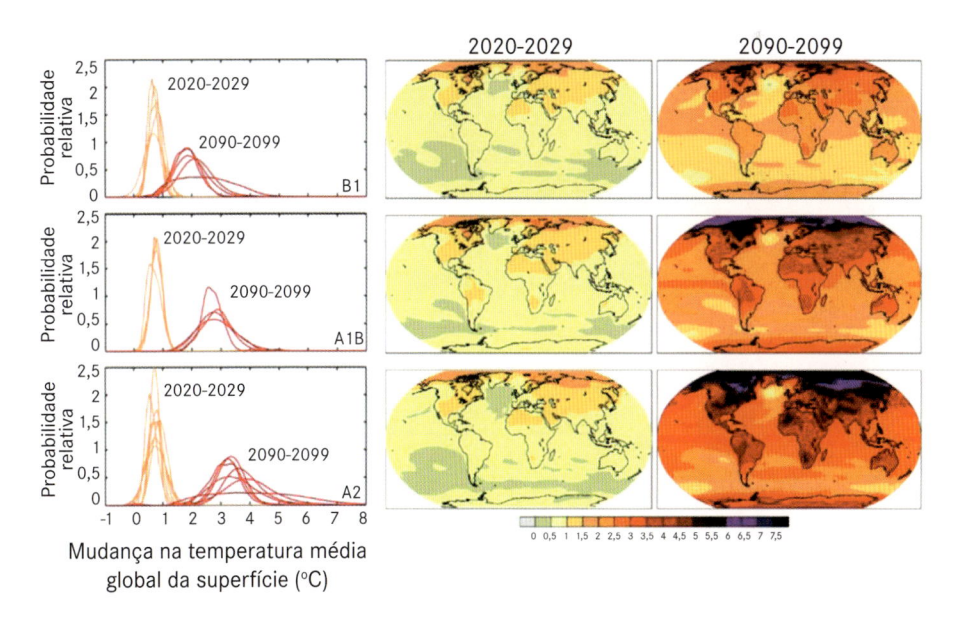

Fonte: © IPCC – WG1-AR4 (2007).

As previsões para a última década do século estão na coluna da direita. No cenário A2, o Ártico pode aquecer-se, ao longo deste século, em torno de 7°C a 7,5°C; a Amazônia, em torno de 5°C. É um aquecimento extremamente pronunciado, num curto espaço de tempo, para que qualquer ecossistema tenha condições de se adaptar.

A coluna do meio mostra previsões para os próximos 30 anos. É muito difícil, para um político, pensar sobre previsões para daqui a 100 anos, mas 30 anos ainda é um tempo que ele consegue imaginar. Na maior parte do Canadá, Sibéria e Ártico, num período de 30 anos o aquecimento é da ordem de 2,5°C a 3°C. Não parece um aquecimento muito pronunciado, mas já tem vários efeitos secundários no sistema climático.

Um efeito regional importante são alterações no padrão de precipitação (figura 18). Quando aumenta a temperatura, aumenta a evapotranspiração, resultante da evaporação da superfície e da transpiração das plantas, e isso afeta o ciclo hidrológico global. As projeções são para o cenário médio (A1B) e mostram a distribuição geográfica das variações da precipitação (para + ou para −) em %.

FIGURA 18

CENÁRIOS PARA VARIAÇÕES NA PRECIPITAÇÃO

Mudanças regionais no padrão de precipitação
para o final do século, relativo a 200 (em%)

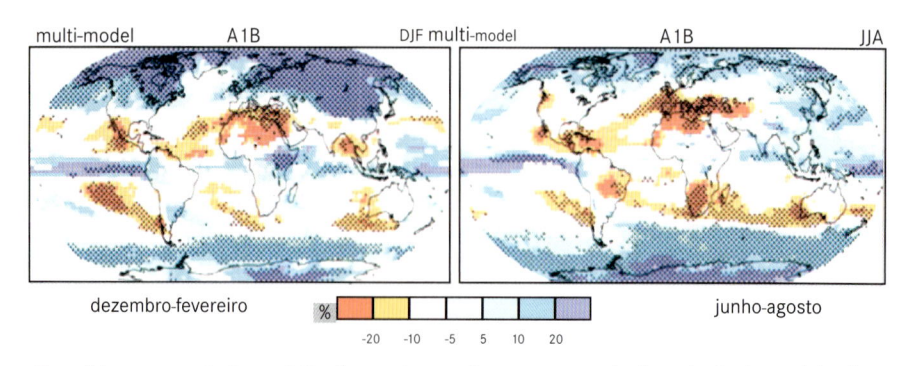

Deverá haver aumento de precipitação em algumas áreas e outras sofrerão redução da precipitação

Fonte: IPCC.

Observamos que no período de junho a agosto, na região do Brasil central e na Amazônia, a incidência de chuva poderia ser reduzida em até

20%, o que, associado com o aquecimento da ordem de 4°C a 5°C, tornaria impossível, para um ecossistema como a floresta amazônica, sustentar uma floresta tropical chuvosa. Isso levaria a um cenário de perda de 30% a 40% da superfície da floresta amazônica ao longo deste século. Isso é preocupante por várias razões. Uma delas é que cada hectare da floresta amazônica tem em torno de 100 toneladas de carbono armazenado na forma de madeira e material orgânico. Com a perda, este carbono vai para a atmosfera, intensificando muito o aumento da concentração dos gases de efeito estufa, o que é um efeito secundário extremamente importante.

Assim, o Brasil está entre os países que podem sofrer as consequências do aquecimento global de forma muito intensa. Vemos também que, no período de junho a agosto, toda a área do Mediterrâneo poderia tornar-se muito mais árida – a parte do sul da Espanha, por exemplo, poderia se tornar desértica num intervalo de tempo relativamente curto. Os impactos dessas variações de precipitação nos ecossistemas e os impactos na agricultura certamente seriam muito importantes.

As regiões tropicais são as grandes fontes de vapor de água para a atmosfera, devido à maior temperatura e à presença de fortes correntes de convecção que levam a grandes alturas o vapor de água da superfície. Em particular, a floresta amazônica é uma importantíssima fonte de vapor de água para o ciclo hidrológico global. Ao trocar a floresta por uma área de pastagem ou por uma área cultivada, reduz-se muito o fluxo de vapor de água global, o grande motor desse ciclo hidrológico.

A partir de áreas do oceano Pacífico, enormes fluxos de vapor de água são redistribuídos para as regiões temperadas. Quando ocorre o El Niño esses fluxos são fortemente alterados por um aquecimento da ordem de 1,5°C da água do mar. Com uma previsão de aquecimento da água no Pacífico da ordem de 2°C a 2,5°C, poderíamos ter, no final do século, um El Niño praticamente permanente, com fortes efeitos sobre a distribuição de chuvas.

Quanto à elevação do nível do mar, os modelos não são ainda sofisticados o suficiente para prever de quanto vai ser num lugar específico, como o Rio de Janeiro. Podemos prever médias globais. A figura 19 mostra a série temporal dos últimos 150 anos e a previsão para o próximo século: uma elevação média global da ordem de 40 cm.

FIGURA 19
PROJEÇÕES DE ELEVAÇÃO NO NÍVEL DO MAR

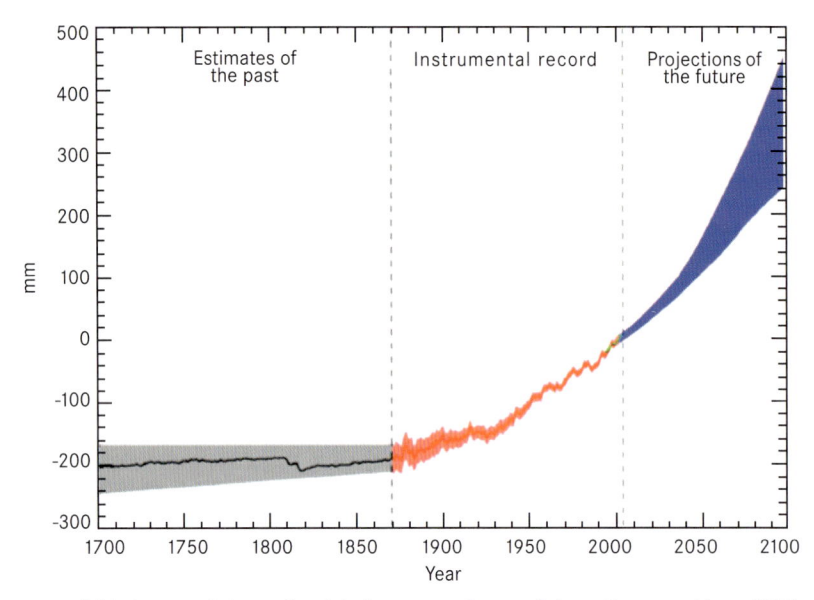

Aumento do nível do mar nos últimos e nos próximos anos

Série temporal da media global no passado e no futuro. O zero está em 2001.
Fonte: IPCC.

Pode haver elevações de nível do mar diferenciadas, mas nunca em valores exagerados propalados por jornais e revistas que mostram uma porção muito significativa do Rio de Janeiro sendo inundada pelo mar. É importante salientar que tal cenário não tem a menor chance de ocorrer nos próximos 100 a 200 anos. A exploração sensacionalista das mudanças globais tem sido muito forte na imprensa, e é preciso ressaltar que a maior parte dos cientistas de maneira alguma compartilha esse sentimento de fim do mundo devido às mudanças globais.

Soar o alarme pode ser extremamente positivo para o sistema climático, porque mostra que os padrões de consumo de energia que temos hoje são insustentáveis e têm que ser mudados. Na realidade, já estão mudando, e mais depressa do que imaginávamos. Já há uma corrida enorme em prol da energia eólica, energia fotovoltaica, energias renováveis, biocombustíveis, melhor eficiência nas indústrias; e tudo isso é muito salutar para a humanidade. A época de desperdício de energia que vivemos hoje, felizmente, está com os dias contados.

O IPCC divulgou, até agora, três relatórios de avaliação do clima global. O primeiro no início de fevereiro de 2007, o segundo no começo de abril de 2007 e o terceiro no princípio de maio de 2007. O primeiro relatório, no qual trabalhei, trata das bases físico-químicas do sistema climático; o segundo relatório discute a mitigação (como reduzir os danos) e os efeitos das mudanças globais, analisa quais são os impactos das mudanças na disponibilidade de água, nos ecossistemas, na produção de alimentos, o dano nas áreas costeiras e os prejuízos para a saúde humana produzidos pelo aumento da temperatura. O terceiro relatório do IPCC diz respeito aos impactos econômicos das mudanças globais. A pergunta principal é: quanto vai custar o conserto do estrago que estamos fazendo? O cálculo dos economistas mostra que é muito mais barato do que se imaginava há alguns anos. Vai custar em torno de 1,5% do produto nacional bruto global, gasto ao longo deste século. Então essa mudança é factível, mas obviamente vai requerer um esforço importante de alteração nos padrões de consumo da maior parte da população humana, a utilização de matérias-primas de forma muito mais inteligente e mais eficiente do que temos hoje. Alterações muito importantes na produção de cereais, de grãos e muitas outras vão ocorrer ao longo deste século, e é fundamental que empresas como a Empresa Brasileira de Pesquisa Agropecuária (Embrapa) desenvolvam novas variedades, novas tecnologias para adaptar a agricultura brasileira às mudanças climáticas.

Para o Brasil, uma questão central é a das relações entre o clima e a Amazônia. O ecossistema amazônico está fortemente inter-relacionado com o sistema climático e com a atmosfera (figura 20). Há um fluxo de carbono muito intenso da atmosfera para o ecossistema pela fotossíntese, e um fluxo reverso na forma de respiração. A atmosfera também contém aerossóis e gases traços (ou seja, em pequenas quantidades), como dióxido de carbono (CO_2), metano (CH_4), óxido nitroso (N_2O) e ozônio (O_3), resultantes de atividades antropogênicas.

As nuvens são críticas na reciclagem da água para esse ecossistema. Essa água também carrega nutrientes, como fósforo, potássio, enxofre e outros. Os nutrientes influenciam o ciclo do carbono, e existe um ciclo natural de funcionamento que correspondeu à evolução desse ecossistema ao longo dos últimos milhões de anos.

As atividades antropogênicas alteram a maior parte desses ciclos e a maior parte desses fluxos de forma ainda desconhecida pela ciência. Um dos processos mais importantes está associado às partículas de aerossóis, que são absolutamente críticas para o sistema climático global. A própria vegetação emite essas partículas, mas as queimadas da Amazônia estão alterando a população e as propriedades físico-químicas dos aerossóis.

FIGURA 20

EXPERIMENTO DE GRANDE ESCALA DA BIOSFERA E DA ATMOSFERA NA AMAZÔNIA (LBA)

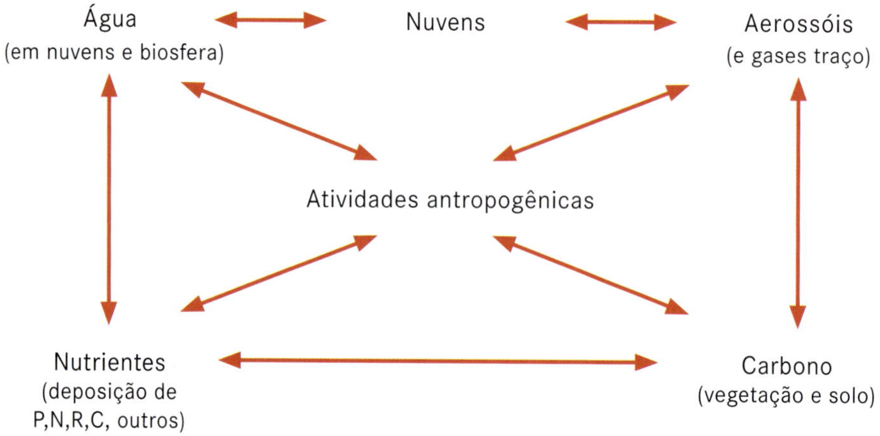

Água (em nuvens e biosfera) ↔ Nuvens ↔ Aerossóis (e gases traço)

Atividades antropogênicas

Nutrientes (deposição de P,N,R,C, outros) ↔ Carbono (vegetação e solo)

Fonte: LBA.

O gráfico da esquerda na figura 21 mostra a área anual desmatada na Amazônia ao longo das últimas décadas – algo em torno de 20 mil a 25 mil quilômetros quadrados de floresta são desmatados a cada ano, de acordo com estimativas do Inpe. Nos últimos três anos houve um decréscimo na taxa de desmatamento, que foi comemorado pelo governo, mas não está claro a que devemos atribuir esse decréscimo. Segundo algumas ONGs ele foi devido à queda da cotação da soja no mercado internacional e à queda do dólar, que tornou menos lucrativa a abertura de novas áreas florestais para o plantio de soja. O agronegócio da Amazônia reduziu-se ou deslocou-se para outras regiões diante disso. Então, não sabemos se essa queda vai ser sustentável no médio ou no longo prazo.

O gráfico da direita da figura 21 revela o número de focos de incêndios (queimadas) de 1999 até 2006. Cerca de 200 mil a 250 mil focos de incêndio são observados a cada ano na Amazônia. Não são pequenas fogueiras para fazer churrasco ou algo parecido, porque a resolução do satélite é de 500 m x 500 m. São grandes incêndios, que também sofreram uma redução em

2006, e a questão principal é tentarmos forçar essa curva a cair cada vez mais, intensificando todos os esforços para ajudar o governo nesse sentido.

Isso é importante porque, no inventário das emissões de gás de efeito estufa do Brasil, 74% vêm das emissões de queimadas na Amazônia, o que tem um lado ruim, mas também tem um lado bom. O lado ruim é que a maior parte dos gases de efeito estufa lançados pelo Brasil está associada à destruição da biodiversidade e do ecossistema — ambos de um valor inestimável.

FIGURA 21

DESFLORESTAMENTO E FOCOS DE QUEIMADAS NA AMAZÔNIA

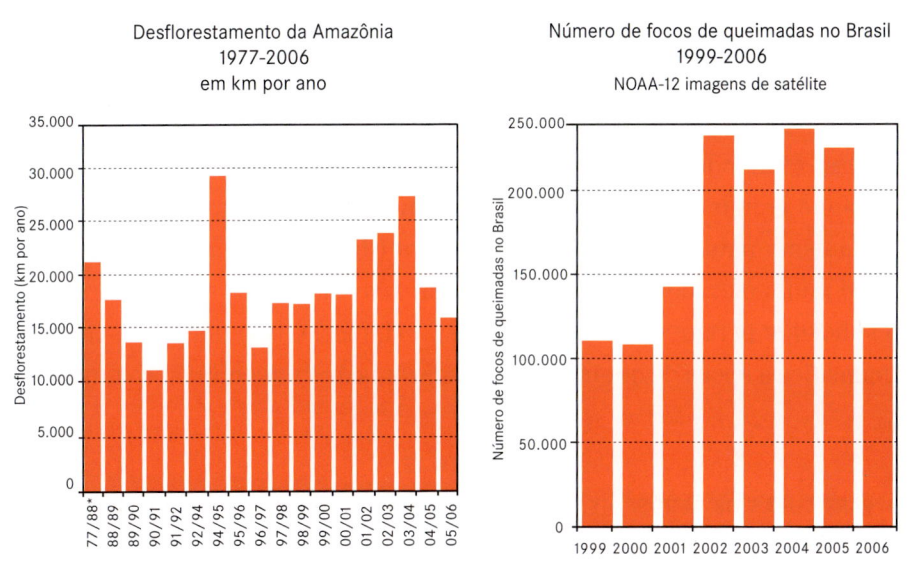

Desflorestamento da Amazônia
1977-2006
em km por ano

Número de focos de queimadas no Brasil
1999-2006
NOAA-12 imagens de satélite

* Média anual da década.
Fonte: Inpe (2005).

O lado bom dos 74% das emissões brasileiras serem provenientes de queimadas é que reduzir essas taxas de emissão não é muito caro; não é preciso reestruturar todo o parque energético do país. Em princípio também não é muito difícil; basta um trabalho coordenado dos governos municipais, estaduais e federal junto aos agentes econômicos que atuam na Amazônia: plantadores de soja, madeireiros etc. Temos que fazer um grande acordo nacional, reduzindo drasticamente essas emissões. Isso trará, inclusive, benefícios financeiros que o Brasil pode auferir no mercado internacional dos créditos de carbono.

De acordo com os inventários nacionais de emissão de gases de efeito estufa, o Brasil é o quarto ou quinto maior emissor do planeta, de forma que nosso papel nessas emissões é muito importante e muito relevante. As emissões derivadas das queimadas elevam as concentrações de partículas de aerossóis na Amazônia a níveis muito mais altos que nas poluídas áreas urbanas brasileiras, como São Paulo. A máxima concentração permitida pela legislação brasileira é 50 microgramas por metro cúbico, mas, na Amazônia, são frequentemente observadas concentrações da ordem de 300 a 500 microgramas por metro cúbico de material particulado. Isso tem efeitos muito pronunciados sobre o ecossistema da Amazônia. Um deles é que essas altíssimas concentrações de partículas absorvem radiação solar, reduzindo a capacidade da floresta de realizar a fotossíntese e remover CO_2 da atmosfera. Durante a estação de queimadas enormes plumas saem da Amazônia, entrando na circulação global e influenciando a composição global da atmosfera.

O segundo papel que essas partículas têm é na nucleação de nuvens. Uma nuvem se forma quando o vapor d'água se deposita sobre essas partículas, formando gotículas, que crescem e se difundem até chegar a um tamanho grande o suficiente para começar a se precipitar, o que é parte do mecanismo natural de formação de chuva (figura 22). Quando há um número muito elevado de partículas, as gotículas são menores e não crescem o suficiente para atingir o limiar para precipitação. Isso diminui a chuva e intensifica a época de queimadas na Amazônia de forma muito pronunciada.

FIGURA 22

PARTÍCULAS DE AEROSSÓIS, NÚCLEOS DE CONDENSAÇÃO DE NUVENS E CHUVA

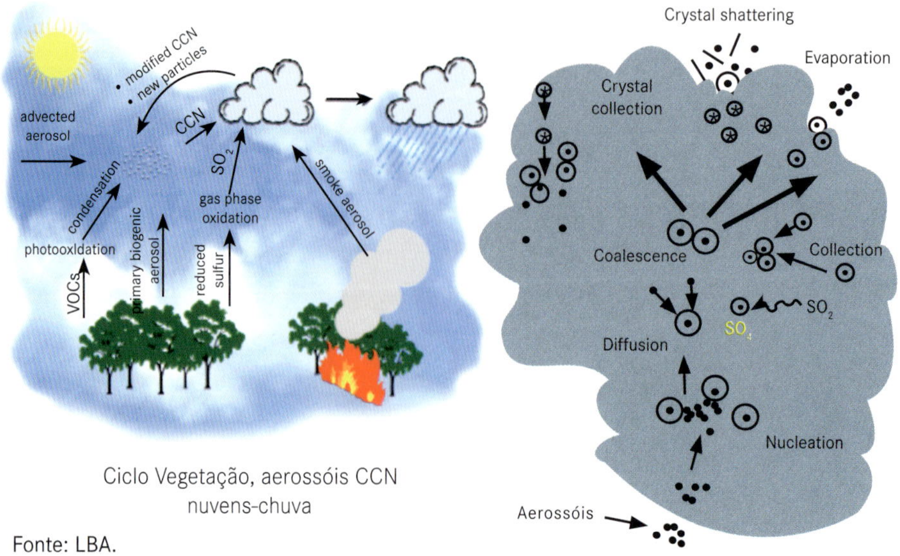

Ciclo Vegetação, aerossóis CCN nuvens-chuva

Fonte: LBA.

O processo de ocupação da Amazônia contempla o asfaltamento de rodovias, tais como Manaus-Porto Velho e Cuiabá-Santarém. Um artigo recente, publicado na revista *Nature*, prevê que, em 2050, sem uma forte intervenção no processo de ocupação da Amazônia, 50% da floresta original terão sido desmatados, com uma emissão total da ordem de 30 Pg (1 petagrama = 10^{15}g) de carbono. Para se ter uma ideia de quanto é isso, a queima de todos os combustíveis fósseis injeta, por ano, 6,2 Pg de carbono na atmosfera. Então, é o equivalente à queima de todo o petróleo no planeta por cerca de cinco anos.

Se o governo atuar no processo de ocupação da Amazônia, o que não ocorre hoje, o cenário é muito mais otimista, com desmatamento da ordem de 30% da floresta original e emissão da ordem de 17 Pg de carbono. Note-se que, mesmo num cenário hoje considerado otimista, é uma emissão muito significativa.

Para terminar, reitero que não corroboramos os prognósticos pessimistas ou terroristas de que esta questão possa levar ao fim do mundo. Muito pelo contrário, temos uma oportunidade única de controlar a utilização de nossos recursos naturais de forma realmente sustentável. É claro que não dá para sustentar o padrão de consumo atual nos próximos 20 a 30 anos. Se cada um dos 2 bilhões de chineses e indianos quiser ter um forno de micro-ondas, uma televisão e um automóvel, o planeta não terá recursos naturais para isso.

Então, é inevitável que este padrão de consumo tenha que ser alterado. As questões são: de que maneira, quem paga a conta e em que escala de tempo vamos conseguir implementar essas alterações. Construir hidrelétricas na Amazônia vai ficar cada vez mais difícil, construir termoelétricas a gás natural (dependentes da Bolívia) vai ficar cada vez mais difícil. Usinas termoelétricas a gás também implicam problemas ambientais importantes. Pessoalmente, não acho que a opção nuclear seja um caminho aceitável, porque esta ainda não teve vários de seus problemas resolvidos, como a questão da segurança e a do lixo atômico.

Sem dúvida teremos que implantar, em larga escala, programas de energias renováveis, tais como biocombustíveis, energia solar, energia eólica e outras. O Brasil tem vantagens estratégicas enormes nesse terreno – energia solar abundante, energia eólica abundante, particularmente no Nordeste. Temos também que aprimorar nosso programa de biocombustíveis. É importante lembrar que nunca iremos substituir todo o petróleo do mundo por álcool, porque não há terra agricultável para fazer isso de forma sustentada. Então, reduzir a utilização de combustíveis líquidos é crítico, e deve ser feito o quanto antes.

Uma tarefa prioritária para nós, brasileiros, é reduzir drasticamente as queimadas na Amazônia. Em conclusão, o Brasil tem importantes vantagens estratégicas, e precisamos saber aproveitá-las ao longo deste século. Temos a oportunidade de abrir uma janela de desenvolvimento extremamente importante para o futuro do país.

10   Agricultura e meio ambiente[1]

SILVIO CRESTANA

Fazer gestão em agricultura e sua relação com o meio ambiente, de um ponto de vista fundamental, é lidar com sistemas não lineares, sistemas complexos de muitas variáveis. Essas variáveis estão interligadas, e as respostas desses sistemas, conforme a boa matemática, dependem das condições iniciais e de contorno, ou seja, não existe solução única. A solução pode ser muito diferente, dependendo de como se inicia e em que ambiente se está.

A agricultura é uma forma de ocupação do ambiente e de utilização dos recursos naturais pelo homem, o que requer grandes esforços no sentido de entendê-los; e esse entendimento será fundamentalmente deficiente enquanto não se conhecer a forte interação entre processos e também entre a matéria que compõe a natureza – o que é e como a rica e complexa estrutura dessa matéria interage. Nesse contexto, deve haver uma conexão muito forte da ciência com a área agrícola, com a agronomia, com a pecuária e com todo o sistema de manejo do ambiente agrícola.

A Empresa Brasileira de Pesquisa Agropecuária (Embrapa) integra o Sistema Nacional de Pesquisa Agropecuária e dispõe de uma rede de pesquisa, desenvolvimento e inovação (PD&I) distribuída em, praticamente, todo o território nacional (figura 1) – presente em todos os ecossistemas, em todos os biomas. No caso da Amazônia, por exemplo, a Embrapa é a instituição que

---

[1] Agradeço à colega Ana Christina Sagebin Albuquerque pela edição e revisão do texto e imagens, assim como ao dr. Ricardo Alamino Figueiredo, representando todos os colegas da Embrapa que contribuíram para minha apresentação por ocasião do ciclo "O futuro da Terra".

tem a maior presença, contando com um centro de pesquisa em cada estado que compõe esse bioma. A empresa desenvolve pesquisas e atua em todas as macrorregiões brasileiras.

FIGURA 1

SISTEMA NACIONAL DE PESQUISA AGROPECUÁRIA E
REDE EMBRAPA DE PESQUISA, DESENVOLVIMENTO E INOVAÇÃO

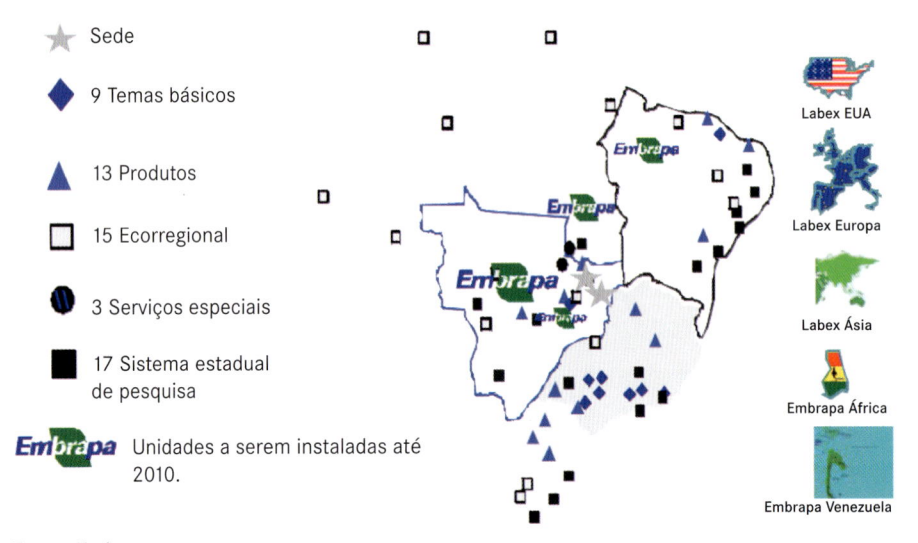

- ★ Sede
- ◆ 9 Temas básicos
- ▲ 13 Produtos
- ☐ 15 Ecorregional
- ● 3 Serviços especiais
- ■ 17 Sistema estadual de pesquisa
- *Embrapa* Unidades a serem instaladas até 2010.

Labex EUA
Labex Europa
Labex Ásia
Embrapa África
Embrapa Venezuela

Fonte: Embrapa.

No exterior (figura 2), a Embrapa conta com os Labex (laboratórios virtuais da Embrapa no exterior) nos Estados Unidos; na Europa os Labex estão localizados na França, na Holanda e na Inglaterra; na Ásia recém-instalou-se um laboratório na Coreia do Sul. No continente africano foi montado um escritório de transferência de tecnologia em Gana e, na América Latina, há um escritório na Venezuela. Adicionalmente, está em discussão a instalação de outro escritório de transferência de tecnologia nesse continente, decorrência das grandes demandas recebidas pela empresa. O Brasil assumiu liderança mundial em agricultura tropical, sendo duplamente líder: na produção agrícola tropical e no conhecimento tecnológico.

FIGURA 2
LABORATÓRIOS E ESCRITÓRIOS DE TRANSFERÊNCIA
DE TECNOLOGIA DA EMBRAPA NO EXTERIOR

Embrapa: cooperação internacional

Labex EUA: USDA-ARS
Recursos genéticos, alimento seguro e nanotecnologia

Labex Europa: Agropolis
Economia agrícola, recursos naturais e tecnologia de alimentos
(Montpelier, França)
Biologia avançada (Wageningen, Holanda)
Interações planta-pestes (Rothamsted, Reino Unido)

Labex Ásia: Agência de Desenvolvimento Rural
Recursos genéticos, ciências animais (Coreia do Sul)

Embrapa África – Embrapa Venezuela
Transferência de tecnologia

Labex EUA
Labex Europa
Labex Ásia
Embrapa África
Embrapa Venezuela

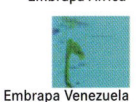

Fonte: Embrapa.

Um primeiro ponto, importante de ser abordado ao se discutir a questão agrícola brasileira, é a tese defendida por um grupo de economistas de que "o desenvolvimento dos países emergentes, e aí se inclui o Brasil, se dará muito pela agricultura, mas pela via do uso predatório de recursos naturais". Para esses estudiosos o Brasil estaria se desenvolvendo pela utilização de seus recursos naturais de forma destrutiva, extrativista, o que significa que, a seguir, o país estaria destruindo a floresta amazônica, poluindo as águas do Pantanal, desrespeitando a legislação que regulamenta os rios, os mananciais e as florestas, por exemplo.

As nações que competem com o Brasil no mercado internacional agropecuário e florestal apresentam fortes subsídios à agricultura – o que não é o caso brasileiro. E muitos dos países que hoje criticam, afirmando que os brasileiros estão destruindo as florestas, já destruíram as suas há muito tempo. Isso não significa que não se deva trabalhar fortemente na conservação das florestas nacionais; ao contrário, cada vez mais é necessário associar conhecimento e tecnologia nessa direção. Todavia, ao analisar-se a dinâmica das florestas no mundo (tabela a seguir), percebe-se, claramente, que nenhuma outra nação tem autoridade moral para criticar o Brasil.

Se o desflorestamento mundial prosseguir no ritmo atual, o Brasil – por ser um dos que menos desmatou – deverá deter, em breve, quase metade das florestas primárias do planeta. O paradoxo é que, ao invés de ser reconhecido pelo seu histórico de manutenção da cobertura florestal, o país é severamente criticado pelos campeões do desmatamento e alijado da própria memória <www.desmatamento.cnpm.embrapa.br/index.htm>.

Há cerca de 8 mil anos o país possuía 9,8% das florestas mundiais. Hoje, detém-se 28,3%. Dos 64 milhões de quilômetros quadrados de florestas existentes antes da expansão demográfica e tecnológica ocorrida nesse período, restam menos de 15,5 milhões (cerca de 24%). Mais de 75% das florestas primárias do planeta já desapareceram.

TABELA

DINÂMICA DAS FLORESTAS NO MUNDO:
REMANESCENTES DE FLORESTAS PRIMÁRIAS ORIGINAIS NO PLANETA
(EM MIL KM^2)

	Passado		Presente		
	Florestas existentes há 8 mil anos (mil km^2)	% do total (mundo)	Florestas existentes hoje (mil km^2)	% do total existente no passado	% do total mundial existente no presente
África	6.799	10,6	527	7,8	3,4
Ásia	15.132	23,6	844	5,6	5,5
América do Norte	10.877	16,9	3.737	34,4	24,2
América Central	1.779	2,8	172	9,7	1,1
América do Sul	11.709	18,2	6.412	54,8	41,4
Rússia	11.759	18,3	3.448	29,3	22,3
Europa	4.690	7,3	14	0,3	0,1
Oceania	1.431	2,2	319	22,3	2,1
Mundo	64.176	100,0	15.473	24,1	100,0
Brasil	6.304	9,8	4.378	69,4	28,3

Diz-se que, ao exportar uma semente, está-se comercializando *commodities*, matéria-prima; que apenas o suor do povo brasileiro ou a água contida nessa semente – de soja, por exemplo – estão sendo exportados. Isso não é verdade. Não apenas a Embrapa, mas as universidades, os institutos de pesquisa, embutiram muito conhecimento nesse material para que o país pudesse ser competitivo.

A soja é uma cultura típica de clima temperado, com origem na Ásia, em regiões mais frias que as médias brasileiras, de sorte que, sem intenso trabalho de pesquisa, desenvolvimento e inovação (PD&I) seu cultivo não seria viável na região Centro-Oeste do Brasil, onde, hoje, está localizada a maior parte da produção nacional de soja; não mais no estado do Paraná ou no Rio Grande do Sul. De fato, na região Sul, de clima subtropical, as baixas temperaturas limitam o cultivo da soja no outono-inverno.

O sucesso na produção brasileira de soja se deve, principalmente, aos trabalhos desenvolvidos pela pesquisadora da Embrapa, dra. Johanna Döbereiner, sobre fixação biológica do nitrogênio. Ao eliminarem-se os gastos com a importação desse nutriente, bilhões de dólares vêm sendo economizados a cada safra, viabilizando economicamente o cultivo da soja, ao mesmo tempo que se está deixando de impactar o ambiente por não se empregar nitrogênio de origem fóssil, oriundo essencialmente do petróleo. O uso de inoculantes à base de *Bradyrhizobium*, o desenvolvimento de cultivares produtivos em condições de temperaturas elevadas e alta incidência de radiação solar, associado ao sistema plantio direto e ao manejo integrado de pragas caracterizam a sustentabilidade da cultura da soja no Brasil.

Um segundo aspecto, fundamental para que a soja se transformasse em um dos pilares do agronegócio no Brasil, foi o desenvolvimento de plantas com o que se chama "período juvenil" – isso é uma invenção brasileira.

> A soja encontrou, no Brasil, e com especial ênfase na Região Centro-Oeste (Cerrado), clima favorável, especialmente em relação a temperaturas adequadas ao cultivo durante todo o ano. [...] a adaptação da soja às baixas latitudes, através da introdução de genes para "período juvenil longo" no germoplasma brasileiro, identificado pelo melhorista Romeu Afonso de Souza Kiihl, como pesquisador na Embrapa Soja. Este foi o ponto de partida para a difusão da cultura para os cerrados brasileiros. As cultivares portadoras dessa característica, recessiva e controlada por um, dois ou mais genes, dependendo do genótipo, não florescem antes que seu período juvenil, ou subperíodo vegetativo, seja completado, mesmo quando plantadas em condições de dias curtos. Com isso, foi possível o cultivo da espécie, originária de países de clima temperado, até mesmo nas baixas latitudes de um país tropical como o Brasil. Aliou-se, a essa adaptação, excelente potencial genético produtivo à planta.[2]

---

[2] KIIHL, R. A. S.; CALVO, E. S. A soja no Brasil: mais de 100 anos de história, quatro décadas de sucesso. In: ALBUQUERQUE, A. C. S.; SILVA, A. G. Agricultura tropical: quatro décadas de inovações tecnológicas, institucionais e políticas. Brasília: Embrapa Informação Tecnológica, 2008, p. 199-218. (Produção e produtividade agrícola, v. 1.).

Ao ter sido capaz de desenvolver uma soja que produz em condições competitivas em âmbito internacional, o Brasil é, por conseguinte, competitivo também em produção animal, qual seja, a criação de bovinos, de suínos ou de aves, uma vez que a proteína vegetal é que irá gerar proteína animal. Num grão de uma semente – que ao final tem produtividade e lucratividade, portanto tem grande valor – estão embutidos vários genes específicos, que foram trabalhados nos laboratórios e campos experimentais para se atingir tal fim (figura 3).

Nisso a agricultura difere de outras áreas da indústria. Com condições adequadas de temperatura e umidade, com materiais apropriados e empregando robôs, pode-se fabricar um carro em qualquer lugar do mundo, sem nenhuma dificuldade. Atendidas essas condições, é possível fabricar uma geladeira no Vietnã, na Rússia, nos Estados Unidos ou no Brasil. Isso não é verdadeiro quando se trata da agricultura. Ela depende do ecossistema. Assim, quando se viabiliza uma planta, produção animal, florestal, ou a produção de energia num dado ecossistema, antes de tudo foi necessário entender como funciona aquele ecossistema. Foi preciso estudá-lo, pois, do contrário, não seria possível produzir; não seria possível utilizar aquele ambiente produtivamente.

FIGURA 3

SEMENTE: CHIP DA PESQUISA E TECNOLOGIA NA AGRICULTURA

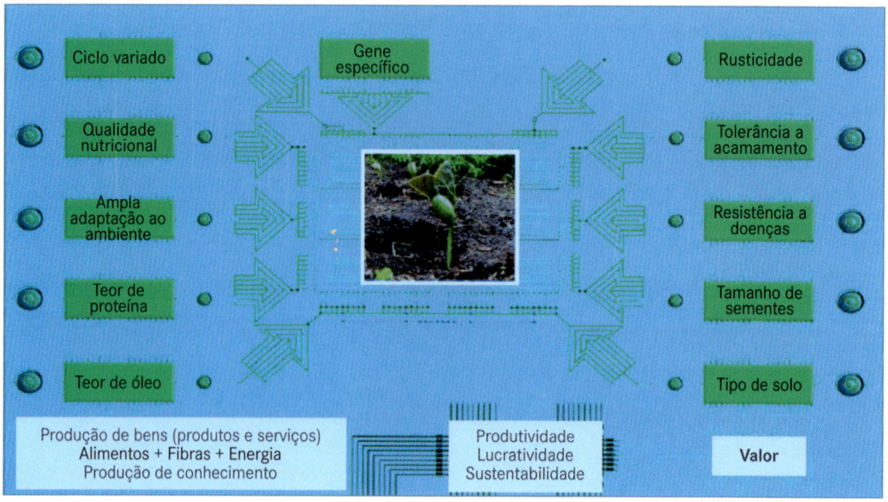

Fonte: Embrapa.

O esforço em ciência e tecnologia embutido em uma semente inclui inúmeros aspectos (figura 3), entre os quais:
- o teor de proteína, importante fator de qualidade nutricional;
- o teor de óleo, com papel de destaque também na produção de energia combustível (biodiesel);
- a variabilidade das condições de campo e de clima, com anos mais ou menos chuvosos;
- o tipo de solo – arenoso, argiloso, retendo mais ou menos água, com distintos níveis de fertilidade e conservação;
- a ampla adaptação ao ambiente, incluindo, entre outros, fatores de microfauna, macrofauna etc.;
- a resistência a doenças, pragas etc.;
- a tolerância ao acamamento – para arroz, por exemplo, era muito comum ter-se plantas com 1,5 a dois metros de altura, as quais tombavam na primeira ventania, de sorte que, quando da colheita, perdia-se tudo.

Todos esses aspectos, acrescidos de outros tantos aqui não mencionados, são considerados ao desenvolver-se uma nova cultivar, e foram representados na figura 3 fazendo-se uma analogia com um chip de computador. No vale do Silício, a partir de um grão de areia – de silício – originou-se a revolução da informática. No Brasil, com o conhecimento embutido na semente, está sendo gerada a revolução da agricultura tropical, aquela que pode ser chamada de "a revolução dourada", por estar sendo realizada na região dos trópicos, contando com o Sol como maior fonte energética, propulsora das transformações ocorridas.

Os resultados desse esforço, que chamamos de primeiro ciclo da revolução da agricultura tropical, encontram-se sumarizados na figura 4. Atualmente 40% das exportações são advindos do negócio agrícola, e 37% dos empregos diretos da população economicamente ativa do Brasil são originados na agricultura. O negócio agrícola representa um terço do produto interno bruto brasileiro; este é o maior negócio do país, maior do que qualquer indústria, seja ela metalúrgica, siderúrgica ou petrolífera.

FIGURA 4
A REVOLUÇÃO DA AGRICULTURA TROPICAL (1º CICLO)

Resultados:

- 133M t de grãos
- 21,9 M t de carne
- 17,5M t de legumes e hortaliças
- 41 M t de frutas
- 25,4 B l de leite
- Saldo comercial: US$ 49,9 Bl

Impactos econômicos e sociais:

- Interiorização do desenvolvimento
- Empregos, saúde, educação
- Estabilização do abastecimento
- Redução do preço da cesta básica
- Aumento do salário real
- Aumento das exportações agrícolas
- Menor vulnerabilidade

Ativos:

- Terras improdutivas
- Investimento público

Setores:

- Leite
- Frutas
- Grãos
- Carne
- Fibras
- Legumes
- Cana-de-açúcar

Fonte: Embrapa.

A Embrapa está sendo chamada para participar em uma missão complicada: descobrir como o Brasil pode ajudar a Venezuela. O modelo venezuelano foi baseado na venda de petróleo, principalmente para os Estados Unidos, e na compra do restante dos bens necessários para atender às demandas da população venezuelana – assim era o Brasil há 30 anos, caracterizado por grande insegurança alimentar. Hoje três quartos dos alimentos consumidos na Venezuela são importados, de sorte que aquele país não tem segurança alimentar.

Ao analisar-se a história americana, constata-se, claramente, que os Estados Unidos possuem todas as seguranças que garantem a soberania nacional, das quais não abrem mão. Primeiro, a soberania territorial e, em seguida, a soberania alimentar. Se for preciso subsidiar a agricultura e usar os cofres públicos para bancar o produtor, para que seja viabilizado o alimento para a população, isso será feito. Foi assim que os americanos deram o grande salto em sua agricultura. Enorme injeção de recursos públicos, recursos do Tesouro, foi destinada à produção agrícola. A terceira soberania da qual os Estados Unidos não abrem mão é a segurança energética. Não há desenvolvimento em qualquer parte do mundo se não houver energia a custo razoável, acessível para qualquer processo energeticamente dependente. Nesta direção o Brasil já avançou muito: já conquistou sua segurança alimentar e energética — suficiente para exportar excedentes de alimentos e deter a maior matriz energética renovável do planeta.

Hoje, podemos afirmar que o desenvolvimento foi levado para o interior do Brasil. Os IDHs (índices de desenvolvimento humano) mais altos estão no interior do país e não nas grandes metrópoles. A decisão de transferir a capital para Brasília contribuiu fortemente para essa interiorização do desenvolvimento. Nessa mesma época, foi, também, criada a Embrapa – hoje com 36 anos –, e implementado o Sistema Nacional de Pesquisa Agropecuária. A partir de terras improdutivas e investimento público, bens foram gerados, representados pelos grãos, carne, leite, frutas, legumes e hortaliças, fibras e cana-de-açúcar (figura 4).

Em um segundo ciclo da revolução realizada pelo Brasil na agricultura tropical (figura 5), o qual começa agora, o desafio não mais é a segurança alimentar. O público urbano já não entende a importância da agricultura; esqueceu-se do rural. O consumo de arroz e de feijão — excelente combinação de aminoácidos, de proteína vegetal com amido — infelizmente está caindo no Brasil, a ponto de ser necessário realizar-se uma campanha muito forte para estimular o consumo desses produtos, em lugar de *fast food*. Basta ver o que aconteceu nos Estados Unidos, onde os problemas de obesidade oneram os cofres públicos em virtude de gastos exorbitantes com a saúde, onde é enorme o dispêndio com o tratamento de doenças coronarianas e todas as consequências da alimentação inadequada da população.

FIGURA 5

A REVOLUÇÃO DA AGRICULTURA TROPICAL (2º CICLO)

Alimento, energia e fibras

Impactos:

- Riscos ambientais
- Ganhos sociais e econômicos
- Ecoeconomia – certificações, práticas ambientais (BPAs)
- Ex.: "moratória da soja", governança do bioma amazônico, créditos de carbono
- Agricultura e mudanças climáticas
- Gestão de sistemas complexos

Ativos:

- Terras
- Tecnologia
- Logística

Passivos:

- Meio ambiente
- Rede social/regional (Norte e Nordeste)
- Globalização

Vencido o desafio da ocupação e do desenvolvimento do Cerrado, o segundo ciclo da agricultura deve gerar, além de alimentos, fibras, celulose (para papel), tecelagem (algodão, por exemplo) e agricultura de energia. E, nesse cenário, a atenção deve estar voltada para a existência de um corredor de desenvolvimento (figura 5), que passa pelos estados do Tocantins, do Maranhão e do Piauí. É preciso que, agora, se caminhe produtiva e sustentavelmente para outros ecossistemas – principalmente os semiáridos – ou para regiões que apresentam condições de temperatura e de precipitação bastante diferentes daquelas onde já se está com o desenvolvimento da agricultura tropical consolidado. Vários exemplos de agricultura irrigada no semiárido já podem ser apresentados, principalmente no vale do São Francisco, como em Petrolina, no interior do estado de Pernambuco.

Ativos importantes estão disponíveis para a concretização desse segundo ciclo da revolução da agricultura tropical no Brasil, mas também há passivos, e todos os impactos devem ser considerados (figura 5). Esse é um sistema complexo, que desafia a ciência brasileira e internacional, e nem sempre é recomendável confiar plena e cegamente em avaliações exógenas. Um exemplo clássico foi o da Petróleo Brasileiro S.A. (Petrobras), quando uma comissão de peritos renomados dos Estados Unidos veio ao Brasil e concluiu, num famoso relatório, que "o Brasil é inviável; nunca será autossuficiente em petróleo". Muito recentemente, o país contrariou essa predição (de ser possível extrair petróleo apenas do solo, esquecendo o *off shore*) e dominou a exploração de petróleo em águas profundas. A Petrobras conseguiu esse feito graças ao Centro de Pesquisa da Petrobras (Cenpes), à ciência brasileira. Outro exemplo de sucesso é a Empresa Brasileira de Aeronáutica (Embraer), em São José dos Campos, SP, que também se baseou na ciência e tecnologias brasileiras para liderar a fabricação de aviões de pequeno e médio portes.

A esses exemplos, acrescenta-se, com muito orgulho, o da Embrapa, do Sistema Nacional de Pesquisa Agropecuária. A comunidade científica brasileira foi capaz de aproveitar as terras do bioma cerrado, caracterizado pela presença de oxissolos, com baixa fertilidade e com problemas de toxidez de alumínio, entre outras condições impróprias à agricultura. E também houve professores das melhores universidades do mundo dizendo que os cerrados eram agricolamente inviáveis. O brasileiro contrariou também essa assertiva, mostrando que é viável fazer agricultura no Cerrado, agricultura tropical sustentável e altamente eficiente.

Isso traz, também, um desafio internacional. O Brasil é longo na vertical, diferentemente dos países da Europa. É fácil transplantar conhecimento de um lugar para outro em uma mesma latitude (leste-oeste), mas não se pode fazer a mesma coisa do norte para o sul. Assim, o Brasil é obrigado pela natureza, pela geografia, a desenvolver sua ciência e agricultura na direção norte-sul. Em compensação, o que se aprende no país é passível de ser levado para países do hemisfério Sul, com latitudes muito similares, a exemplo da África e da América Latina, cujos desafios lembram muito aqueles enfrentados pelo Brasil há quatro décadas.

Uma área importante da ciência, que vem se desenvolvendo em ritmo acelerado, é a ecoeconomia. A certificação de produtos e processos, o rastreamento, a verificação das boas práticas agrícolas são, cada vez mais, exigidos. O consumidor quer saber o que aconteceu com determinado produto, que insumos foram utilizados, como foi produzido, colhido, transportado e armazenado até ser comercializado. Um exemplo é, novamente, a soja. Embora apenas 2% de toda a produção brasileira sejam oriundos da Amazônia, isso é suficiente para que o país seja denunciado por estar destruindo a Amazônia por causa da soja. Então, até por questões de marketing, em determinado momento poderá ser importante não incentivar o consumo da soja lá produzida.

A sustentabilidade do desenvolvimento passa pela variável econômica: se não houver lucro, é inviável. O equilíbrio social, a equidade, são cobrados, ou seja, o mundo quer saber se há trabalho escravo, se há menores trabalhando. Grandes desigualdades regionais ainda existem no país. Ao mesmo tempo, a questão ambiental — se, com o desenvolvimento, gases de efeito estufa estão sendo gerados — também pesa fortemente. A globalização pesa no desenvolvimento. É preciso saber o que os outros países pensam do Brasil, o que pretendem importar ou exportar e como se protegem quando a competitividade brasileira supera a deles.

O balanço entre o que o negócio agrícola vem exportando e importando desde o ano 2000 está representado na figura 6. As barras escuras contabilizam as importações, e as claras quantificam as exportações brasileiras. O saldo, cada vez maior, é apresentado na curva em cinza. Daí depreende-se que, de fato, é a agricultura que está pagando a dívida externa do Brasil – atualmente, praticamente zerada – e gerando as reservas em dólar disponíveis, hoje, no país. Mesmo em uma situação de crise econômica mundial, conforme se está presenciando, tal tendência não deve mudar.

FIGURA 6

IMPACTOS MACROECONÔMICOS DA AGRICULTURA:
SALDO DA BALANÇA COMERCIAL DO NEGÓCIO AGRÍCOLA BRASILEIRO

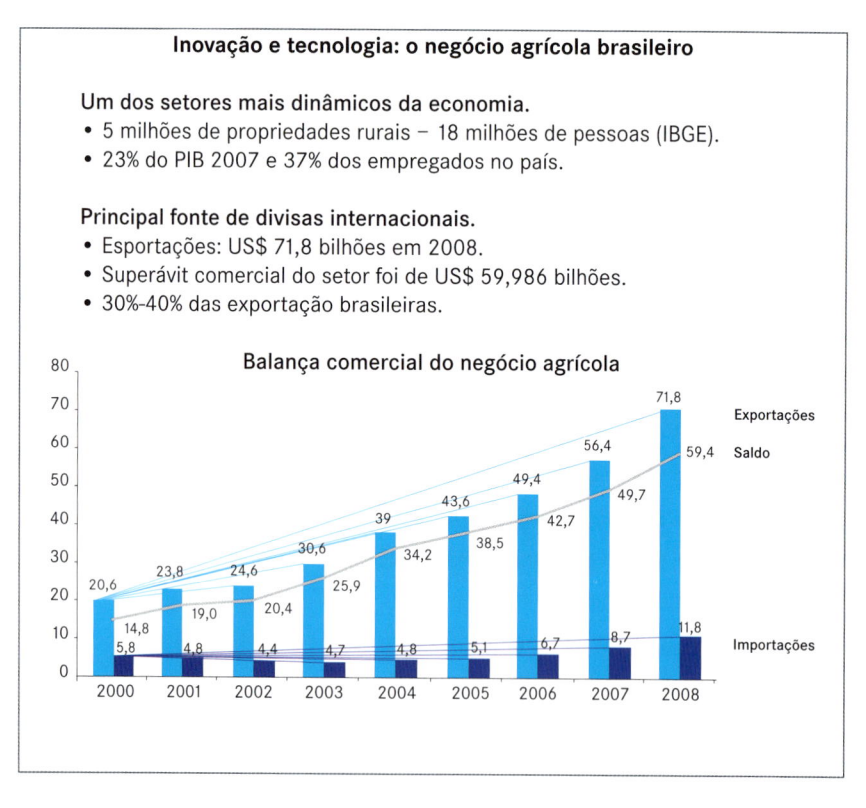

Inovação e tecnologia: o negócio agrícola brasileiro

Um dos setores mais dinâmicos da economia.
• 5 milhões de propriedades rurais – 18 milhões de pessoas (IBGE).
• 23% do PIB 2007 e 37% dos empregados no país.

Principal fonte de divisas internacionais.
• Exportações: US$ 71,8 bilhões em 2008.
• Superávit comercial do setor foi de US$ 59,986 bilhões.
• 30%-40% das exportação brasileiras.

O mundo está olhando para o Brasil e, na figura 7, o porquê é apresentado. Os dados ali mostrados, fornecidos pela Organização das Nações Unidas para Agricultura e Alimentação (FAO), ilustram a área já ocupada pela agricultura em 14 países com a maior área agrícola do mundo. No Brasil, a área ocupada com produção de alimentos, fibra e energia é da ordem de 55 milhões de hectares, e outros 250 milhões de hectares, pelo menos, podem ser deslocados para outras finalidades, além da produção agrícola. Isso sem destruir a floresta amazônica, sem destruir o Pantanal, sem invadir esses ecossistemas frágeis.

FIGURA 7

DISPONIBILIDADE DE TERRA E TECNOLOGIA
PARA EXPANSÃO DA AGRICULTURA NO MUNDO

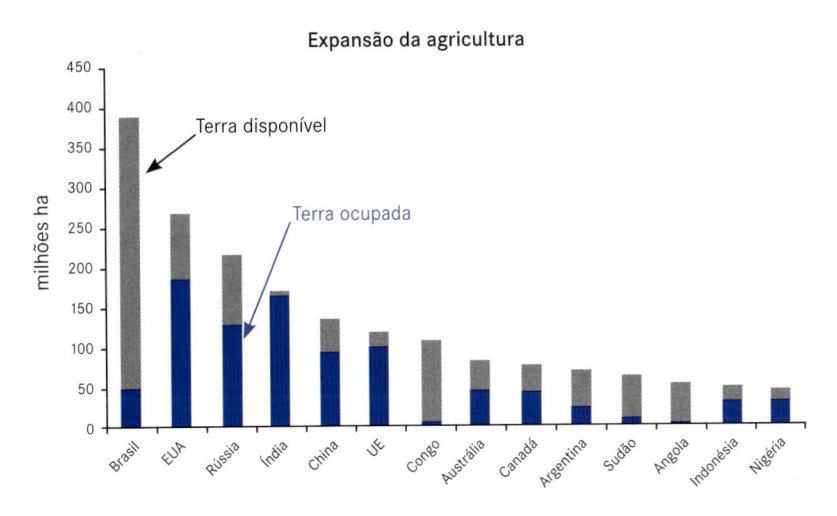

[Gráfico de barras: Expansão da agricultura, milhões ha, mostrando Terra disponível e Terra ocupada para os países: Brasil, EUA, Rússia, Índia, China, UE, Congo, Austrália, Canadá, Argentina, Sudão, Angola, Indonésia, Nigéria]

Disponibilidade de terra e tecnologia

Os Estados Unidos ainda contam com uma reserva de terras agricultáveis que já está bem pequena, se comparada à do Brasil ou mesmo ao que já está sendo explorado naquele país. A Índia já não tem mais terra a ser ocupada em agricultura, com uma população de mais de 1 bilhão de habitantes, dos quais 300 milhões — uma vez e meia a população brasileira — são desnutridos. Este é um país emergente importante, que deverá ser grande consumidor dos produtos brasileiros. Na China resta pouco de uma área agricultável total menor que a da Índia, de modo que o país já optou — o que é estratégico para o Brasil — pelo modelo industrial de desenvolvimento. A China não deverá fazer agricultura, uma vez que não possui água nem energia suficientes — elementos essenciais para tanto. Deverá, sim, precisar de muito minério, de muito petróleo e de muita energia, de água e dos produtos necessários para alimentar sua população e suprir seu modelo de desenvolvimento industrial.

Há cerca de 30 anos, quando da ocorrência de uma crise na produção agrícola norte-americana, o Japão se deu conta de que não podia ficar dependendo de um único país como fornecedor dos alimentos que não podia produzir. Decidiu, então, apostar no Cerrado brasileiro, passando a financiar projetos para promoção do desenvolvimento agrícola dessa região. Como resultado do investimento feito, hoje o Japão pode comprar dos Estados Unidos ou do Brasil, porque há fartura na oferta.

A China está agindo da mesma forma, com a diferença de que decidiu investir na África. Como mencionado, a Embrapa mantém um escritório no continente africano, e sabe-se que a China está montando centros de pesquisa na África. O país está investindo US$ 5 bilhões em cinco anos, devendo elevar essas cifras para US$ 20 bilhões, principalmente em infraestrutura, estradas, energia elétrica, represas, diques, além da indústria metalúrgica e siderúrgica, em sintonia com o modelo industrial chinês. O escritório da Embrapa na África não está lá para competir com a China; é uma complementaridade no interesse dos africanos e, potencialmente, dos chineses e de outros países que lá investem.

Países que sustentam crescimento da ordem de 10% como, até recentemente, China e Índia, introduzem no mercado de consumo 70 milhões a 100 milhões de habitantes por ano, o que equivale à metade da população do Brasil. Uma pesquisa mostra o que cada novo habitante consome quando tem algum dinheiro. Ele consegue um emprego e começa a ganhar US$ 40 ao mês — que é quanto ganha na China quem começa a trabalhar. Em primeiro lugar, compra e leva para casa um bife e, depois, um produto lácteo. Em terceiro lugar, compra um produto embutido. Em quarto lugar, compra uma bicicleta; depois, abre uma conta em um banco. As três primeiras prioridades são alimentos. Assim, a demanda por alimentos no mundo aumenta e, nesse cenário, analisando as terras disponíveis para produzi-los, o Brasil tem um papel muito destacado a desempenhar.

Ao fazer frente a essas demandas — e a outras que ainda hão de vir — é preciso prestar muita atenção aos possíveis efeitos nocivos da agricultura sobre o ambiente (figura 8). No tocante a queimadas não é preciso ir longe: no estado de São Paulo, o mais desenvolvido do Brasil, 50% dos canaviais ainda são queimados. O desmatamento ocorre em todos os biomas brasileiros; a mata Atlântica já foi praticamente destruída. O impacto da poluição sobre recursos hídricos vem causando graves mortandades de peixes. Outrossim, mais de 60 milhões de hectares já foram degradados no Brasil pela ocupação de terras realizada de forma inapropriada.

FIGURA 8

CONSEQUÊNCIAS AMBIENTAIS DE SISTEMAS
INADEQUADOS DE USO DA TERRA PARA AGRICULTURA

- Queimadas
- Desmatamento
- Vegetações secundárias (< pousio)
- Impacto nos recursos hídricos
- Processo de degradação

No documento "a Embrapa nos biomas brasileiros" é apresentada a presença da empresa na Amazônia, na Caatinga, no Cerrado, na mata Atlântica, no Pantanal e no Pampa, ressaltando o que está sendo realizado em cada um desses biomas, de acordo com três vertentes: (1) a do ordenamento e monitoramento da gestão do território; (2) como os recursos naturais vêm sendo valorados e manejados; (3) aquela que demonstra como a produção agropecuária pode ser sustentável em áreas já alteradas e de uso alternativo (figura 9).

FIGURA 9
VERTENTES DE ATUAÇÃO DA EMBRAPA NOS BIOMAS AMAZÔNIA, CAATINGA, CERRADO, MATA ATLÂNTICA, PANTANAL E PAMPA

Agricultura sustentável: vertentes de ações nos biomas

1. Manejo, ordenamento e monitoramento territorial
2. Manejo, valoração e valorização de recursos hídricos e florestais
3. Sistemas integrados sustentáveis para áreas alteradas e de uso alternativo

Brasil: único país do mundo que oferece dois terços do território para preservação

Distintos aspectos devem ser trabalhados nos biomas brasileiros, entre os quais as questões relativas a como recuperar áreas degradadas (quais tecnologias são aplicáveis) e, também, as relacionadas à gestão do consumo e da qualidade da água. Da mesma forma, revestem-se de fundamental importância as questões relativas à gestão do espaço rural, à gestão socioambiental da agricultura familiar — abordagem deveras importante, uma vez que o pequeno agricultor, se estiver deprimido, sem alternativas de renda, certamente irá buscar sua sobrevivência na exploração, nem sempre sustentável, dos recursos naturais. Na maioria das vezes, a delimitação de áreas não funciona, pois estas poderão ser invadidas se não for observada a dimensão social da preservação da área, se a necessidade de gerar renda não for atendida. Nesse contexto a dimensão socioeconômica é essencial quando se analisa desenvolvimento visando à conservação e à preservação ambiental.

Outro ponto fundamental a ser abordado é a gestão das áreas protegidas — a legislação brasileira estabelece que determinado percentual deve ser mantido sob proteção em cada propriedade rural do país. Qual é o alcance territorial da legislação ambiental e indigenista brasileira? Quanto da área indicada na figura 7 como disponível para agricultura no Brasil (de acordo com dados da FAO) pode, de fato, ser utilizada em atividade agrícola, se considerarmos as áreas reservadas para preservação do ambiente ou para conservação ambiental? Lembremos que o conceito de preservação do ambiente compreende a proteção da natureza, independentemente do interesse utilitário e do valor econômico que possa ter, e que conservação ambiental assume um significado de salvar a natureza integrando-a com o ser humano, cuja participação se dá, sempre, com o intuito de proteção.

A fim de determinar quanta terra está legalmente disponível para agricultura no Brasil (figura 10) é preciso que se considerem as áreas destinadas para unidades de conservação (UCs) estaduais e federais, terras indígenas (TIs), reservas legais (RLs) e áreas de proteção permanente (APPs), assim como as UCs municipais, áreas do Exército brasileiro (em torno de 1.917), bases da Aeronáutica, áreas da Marinha, bases navais e fluviais e outras ocupações irreversíveis, como monumentos e reservas particulares do patrimônio natural (RPPNs). Nesse contexto a demonstração da viabilidade ecológica, social e econômica de estruturas como APPs ou RLs vem sendo abordada pela comunidade científica brasileira.

Outros pontos importantes a considerar quando da delimitação da agricultura nos distintos biomas são a sustentabilidade e a avaliação da aptidão agrícola dos solos. Nesse sentido vários atributos devem ser considerados, entre os quais a textura e a estrutura dos solos, associadas a classes de declive. É totalmente impróprio fazer-se qualquer referência à fragilidade ambiental sem que se considerem parâmetros geomorfológicos e pedológicos.

FIGURA 10

GESTÃO TERRITORIAL DA AGRICULTURA: ALCANCE TERRITORIAL
DA LEGISLAÇÃO AMBIENTAL E INDIGENISTA BRASILEIRA

Inovação e tecnologia: gestão territorial da agricultura

Alcance territorial da legislação ambiental e indigenista
- TIs: 12,7% UCs: 15,7% APPs: 26,59% RLs: 22,31%
- Terra legalmente disponível para produção, cidades, estradas etc.: ~33,15%
- Áreas prioritárias de preservação (~10%) ⇨ 23%
- Bioma Amazônia: 49% área brasileira ⇨ disponível para agricultura: 6,94%

Legislação e realidade
- Histórico ocupação das terras
- Legitimidade vs. legalidade
- Governança
- Sustentabilidade

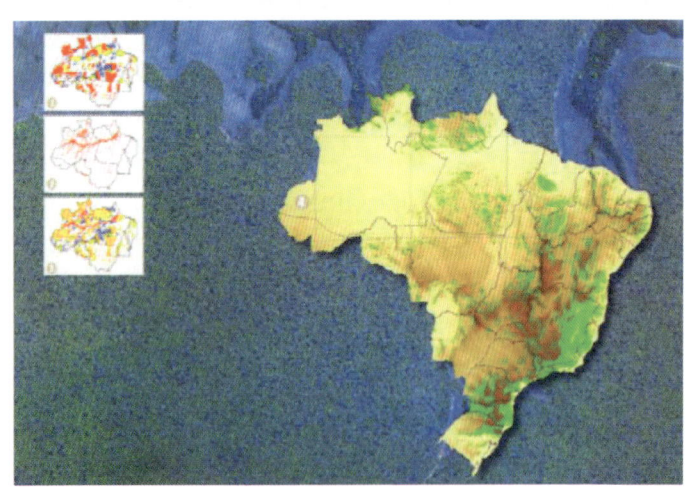

A valorização de ativos, de serviços ambientais, vai ser importante também como fonte de renda, desde que se consiga caracterizar como serviço ambiental a natureza produzindo um serviço, ou a agricultura sustentável produzindo serviço. Um exemplo de desafio neste momento é trabalhar com etanol e produzir indicadores de sustentabilidade da agricultura, caracterizados em três aspectos: o econômico, o social e o ambiental. Do ponto de vista técnico-econômico, o país encontra-se em posição bastante confortável, privilegiada, se considerada a eficiência e a qualidade do etanol produzido, focando tanto o consumidor interno quanto o mercado de exportação. Já nos campos social e ambiental, critérios ainda devem ser estabelecidos para se garantir que, num futuro próximo, o Brasil se posicione bem — não só competitiva, mas, também, sustentavelmente. No longo prazo, fornecedores e indústrias que não cumprirem os critérios preestabelecidos deverão ficar alijados dos mercados nacional e internacional.

Hoje, fala-se muito sobre a questão da emissão de gases de efeito estufa (GEE) em associação ao aquecimento global e à geração de biocombustível, mais especificamente, o bioetanol. Nesse contexto é importante apontar que, em relação às emissões totais de CO_2 fóssil entre os países-membros do G-20, em milhões de toneladas, o Brasil ocupa a quinta posição <www.eia.dor.gov/environment.html>, a 19ª se medidas as emissões em toneladas por quilômetro quadrado, a 13ª por habitante e a 20ª se consideradas as emissões de CO_2 fóssil por unidade de produto interno bruto <www.cnpm.embrapa.br/_website/co2/>.

Ao mesmo tempo, estudos desenvolvidos por pesquisadores da Embrapa Agrobiologia vêm demonstrando a mitigação das emissões de GEEs pelo uso de etanol de cana-de-açúcar. Ao calcular-se o balanço energético da cana-de-açúcar cultivada para produção de bioetanol, isto é, a relação entre a energia produzida pelo etanol da cana e a energia derivada de combustíveis fósseis utilizados em sua produção, verifica-se que este situa-se em torno de 9,35 MJ/ha/ano. Outrossim, um hectare de cana produz cerca de 6,5 mil litros de etanol, acumulando cerca de 9.581 quilos de CO_2/ha/ano. Mas a utilização do bioetanol produzido permite que se evite a emissão de 6.337 quilos de CO_2 eq/ha/ano. Ora, pressupondo que o etanol produzido em um hectare de cana pode substituir 4,5 mil litros de gasolina, que emitiriam 16.425 quilos CO_2 eq/ha/ano, pode-se afirmar que 6,5 mil litros de etanol emitem apenas 4.420 CO_2 eq/ha/ano de GEEs. E, se o etanol substituir a gasolina pura, um hectare de cana substituirá 12 mil quilos de CO_2 fóssil (figura 11).

Finalmente, com a substituição da colheita manual, anulando-se, então, a prática da queima, o poder de mitigação de GEEs do etanol da cana-de-açúcar é ainda maior, de tal forma que apenas o plantio de florestas ou de capim-elefante, para produção de energia por combustão, pode ser mais efetivo, por hectare, que o etanol da cana na mitigação do aquecimento do planeta.

FIGURA 11
MITIGAÇÃO DOS GASES DE EFEITO ESTUFA PELO USO DE ETANOL DA CANA-DE-AÇÚCAR/POSIÇÃO BRASILEIRA, ENTRE OS PAÍSES DO G-20, QUANTO À EMISSÃO DE CO_2 FÓSSIL

Mitigação dos gases de efeito estufa

- Posição brasileira quanto à emissão de CO_2 fóssil – países do G20:
  - País: 18°   Per capita: 13°   km²: 19°   PIB: 20°
- Mitigação dos gases de efeito estufa pelo uso de etanol de cana-de-açúcar
  - 1 ha cana (6,5 mil l etanol)   substitui   4,5 mil l gasolina
  - ↓   ↓
  - 4.420 kg CO_2 eq/ha/ano GEEs   16.425 kg CO_2 eq/ha/ano
- Se etanol substitui gasolina pura, 1 ha cana substituirá 12t CO_2 fóssil
- Eficiência, por hectare, na mitigação do aquecimento do planeta

Etanol da cana < apenas Plantio de florestas energéticas   Plantio de capim-elefante

Produção de energia por combustão

Inovação e tecnologia: conservação ambiental

O ordenamento, monitoramento e gestão em territórios, envolvendo ações como o zoneamento ecológico econômico (ZEE), o zoneamento de risco climático (ZRC) e o zoneamento agroecológico (ZAE) para culturas são formas muito práticas de contribuição da ciência, desde que seja possível estabelecer critérios e implementá-los na forma de legislação. O ZAE e, por conseguinte, a educação agroambiental, tem um componente educacional cada vez mais importante para os jovens e para a sociedade em geral. A legislação ambiental deve ser equilibrada, contemplando as três premissas do desenvolvimento sustentável – o tripé economicamente viável, socialmente justo e culturalmente aceito. É fácil dizer "não", dizer "não pode", mas, ao mesmo tempo, o país precisa buscar seu desenvolvimento, e o desafio é a conciliação entre a proteção/conservação do ambiente e sua utilização sustentada.

Como exemplo de ordenamento, monitoramento e gestão territorial tome-se o caso da produção de arroz no estado de Rondônia. A partir do zoneamento de risco climático elaborado para a cultura, apresentado na figura 12, depreende-se que não se pode plantar arroz em qualquer época do ano.

De acordo com os mapas, época e área de plantio estão inter-relacionadas, sofrendo alterações até no mesmo estado. Hoje os bancos utilizam essas informações para financiar o agricultor. Se o produtor plantar fora das épocas e zonas indicadas, não poderá contar com a garantia do seguro. Esse zoneamento é um exemplo contundente da contribuição da ciência.

FIGURA 12

ZONEAMENTO DE RISCO CLIMÁTICO PARA A CULTURA
DO ARROZ NO ESTADO DE RONDÔNIA

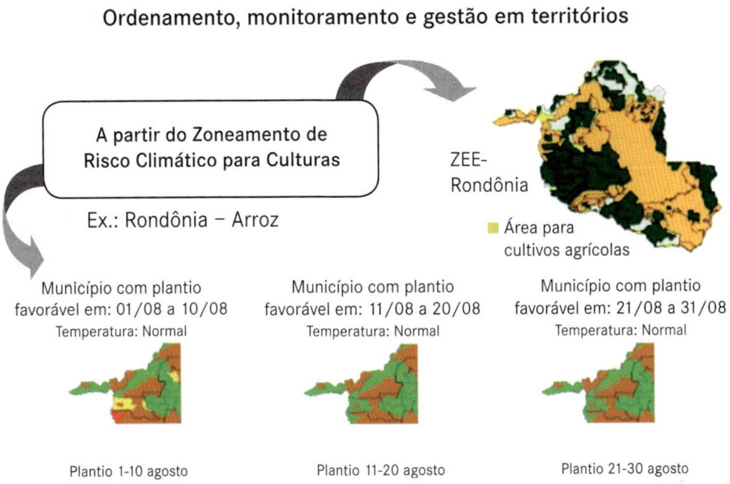

Ordenamento, monitoramento e gestão em territórios

A partir do Zoneamento de Risco Climático para Culturas

Ex.: Rondônia – Arroz

ZEE-Rondônia

■ Área para cultivos agrícolas

Município com plantio favorável em: 01/08 a 10/08
Temperatura: Normal

Município com plantio favorável em: 11/08 a 20/08
Temperatura: Normal

Município com plantio favorável em: 21/08 a 31/08
Temperatura: Normal

Plantio 1-10 agosto

Plantio 11-20 agosto

Plantio 21-30 agosto

A qualidade do solo e da água é fundamental para a utilização sustentada dos biomas. Solos com elevados estoques de carbono estão sendo caracterizados; é preciso retirar carbono da atmosfera para armazená-lo no solo e verificar quanto tempo o elemento ali permanece. A "terra preta de índio", de ocorrência na Amazônia, é um tipo de solo bastante distinto, caracterizado por reter enorme quantidade – fora dos padrões usuais – de matéria orgânica de carbono.

Outra vertente de ação da Embrapa nos biomas brasileiros é o manejo e valoração de recursos naturais, por exemplo, florestais. Para isso mais cientistas são necessários, para adequada exploração, utilização e entendimento dos processos da Amazônia. No que tange às essências aromáticas, nutracêuticos e fitoterápicos, pesquisadores estrangeiros, não raramente, vêm ao Brasil, aprendem com os índios e comunidades locais as propriedades de determinado produto, levam para seu país, onde procedem à síntese de princípio(s) ativo(s) de interesse e, na sequência, retornam o material ao Brasil – em geral a preços bastante altos. Assim, é fundamental que o país se empenhe no levantamento, classificação e entendimento dos possíveis usos da biodiversidade brasileira, chegando a seu patenteamento, em um trabalho de proteção ou viabilização de uma indústria nacional competitiva. Essa é a única forma de se garantir a conservação da biodiversidade, o uso apropriado desses recursos naturais e, assim, reduzir a dependência em áreas estratégicas, como a dos chamados nutracêuticos.

A Embrapa participa da rede Probio, Projeto de Conservação e Utilização Sustentável da Diversidade Biológica Brasileira, patrocinada pelo Banco Mundial e vários órgãos federais, de cuja coordenação participam a Universidade Federal do Rio de Janeiro (UFRJ), a Universidade Federal do Rio Grande do Sul (UFRGS) e a Universidade Estadual de Feira de Santana (Uefs). Atuando no bioma Cerrado, a Embrapa procura determinar quanto ainda subsiste de pastagem cultivada. No estado de São Paulo, por exemplo, a cana está reduzindo as áreas de pastagem. A agricultura está invadindo áreas de preservação no Cerrado? A quantas anda o reflorestamento? Hoje, tudo isso pode ser monitorado via satélite. Nos biomas Cerrado, Pantanal e Amazônia procura-se determinar quanto as atividades agrícolas, como o manejo de pastagens e florestas, vêm contribuindo para a produção de gases de efeito estufa, inclusive com a produção de bovinos de corte.

Como são regulados a produção sustentável e o uso alternativo em áreas já alteradas? Ou como a tecnologia poderá contribuir social e economicamente para melhorar a baixa produtividade/renda das terras ocupadas pelos assentamentos, que hoje já somam mais de 50 milhões de hectares? Na Amazônia, mais de 50 milhões de hectares de floresta já foram explorados pelo homem com algum grau de degradação, constituindo enorme desafio determinar as formas mais adequadas de utilização a serem implementadas nessas áreas. Existem áreas protegidas por lei (APPs) – "coberta [s] ou não por vegetação nativa, com a função ambiental de preservar os recursos hídricos, a paisagem, a estabilidade geológica, a biodiversidade, o fluxo gênico de fauna e flora, proteger o solo e assegurar o bem-estar das populações humanas" (Lei nº 4.771/1965, art. 1º, §2º, II) – que foram alteradas e precisam ser recuperadas. Fora das APPs é possível ter agricultura, piscicultura e pastagens. Em áreas de reserva legal é admitido o manejo sustentável por meio da apicultura. Mas, para tanto, é necessário começar por ordenamento, zoneamento e monitoramento, como passos à adequada gestão territorial.

Na Amazônia a agricultura familiar vem sendo incentivada como alternativa à queima, que continua sendo um problema seriíssimo. O sistema plantio direto (SPD) na capoeira e o sistema bragantino mostram-se possíveis alternativas a serem mais bem-conferidas, para viabilizar novamente essas áreas alteradas e garantir a subsistência dos produtores, pelo menos sem necessidade de derrubar a floresta ou migrar para as grandes cidades – fenômeno que vem ocorrendo na Amazônia, sem que tais aglomerados urbanos tenham capacidade para absorver a mão de obra migrante. Assim, até para reduzir/deter o desmatamento indiscriminado, outra alternativa a ser considerada é investir-se no fortalecimento das comunidades rurais daquela região, oferecendo alternativas de emprego e renda para a população rural.

A Embrapa participa, também, de projetos de pesquisa e desenvolvimento em florestas energéticas para atender à demanda de lenha – a ser utilizada em olarias, por exemplo – com o cultivo sustentado de acácias, evitando, assim, a destruição de florestas nativas.

O plantio convencional é uma prática herdada, principalmente, dos imigrantes da Europa, onde o solo fica coberto com gelo durante o inverno. Assim, ao iniciar-se a curta temporada de sol, a primeira ação desenvolvida pelos agricultores é revolver esse solo para derreter, o mais rapidamente possível, o gelo. A adoção dessa tecnologia no Brasil leva à degradação da matéria orgânica do solo e destruição da micro e macrofauna, entre outras consequências danosas ao edafoambiente. Mas demorou-se 470 anos para descobrir que tal tecnologia não era adequada às condições prevalentes no país.

O sistema plantio direto, em que o solo não é revolvido, sendo mantido coberto com matéria orgânica, viabiliza a agricultura de forma muito mais sustentável quanto à utilização de recursos hídricos, uso de fertilizantes químicos e, principalmente, pesticidas. A evolução do SPD no Brasil foi verdadeiramente notável, caracterizada por três períodos distintos, determinados por dois pontos de inflexão, 1979 e 1991. Hoje, cerca de 30 milhões de hectares são cultivados sob plantio direto no país (figura 13).

FIGURA 13

MANEJO SUSTENTÁVEL DO SOLO: EVOLUÇÃO DA ÁREA
CULTIVADA SOB O SISTEMA PLANTIO DIRETO NO BRASIL
(1972-2003)

Manejo sustentável do solo: Sistema Plantio Direto

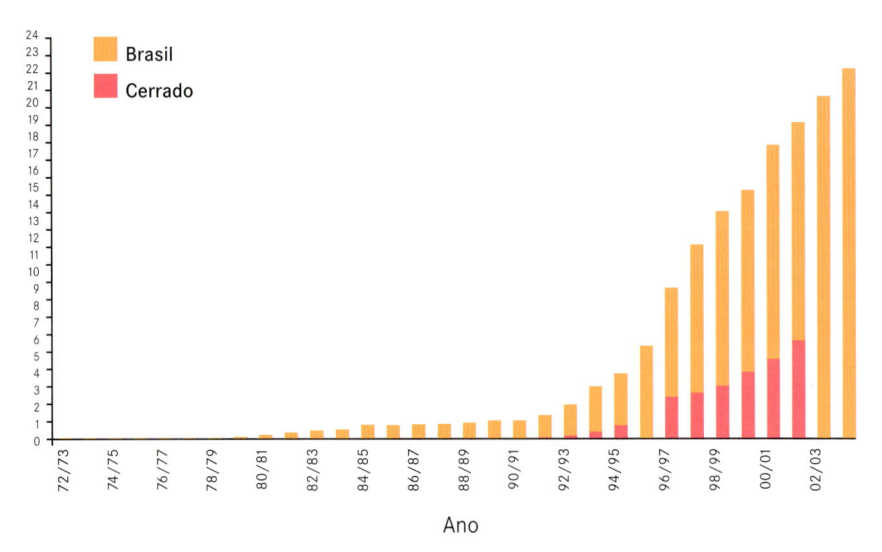

Afora estas, inúmeras outras tecnologias, muito simples e de baixo custo, voltadas para uma agricultura sustentável, vêm sendo desenvolvidas na Embrapa, em conjunto com institutos de pesquisa, universidades brasileiras e internacionais dedicadas à agricultura. Entre essas tecnologias citam-se aquelas relativas à agricultura orgânica, evitando-se o uso de insumo químico. A compostagem pode ser realizada até no quintal de casa. O aproveitamento do lodo de esgoto vem sendo amplamente estudado e, entre os incontáveis resultados obtidos, pode-se citar seu efeito sobre o desenvolvimento da planta e o fortalecimento do sistema radicular do eucalipto.

Outro projeto de uso muito simples e de baixo custo, premiado como tecnologia social pela Fundação Banco do Brasil, é a fossa séptica biodigestora para tratamento do esgoto sanitário rural. Ela substitui as fossas negras, que poluem a água consumida pelo próprio agricultor — ou pelo "vizinho de bai--xo" —, infestando-a de vermes e coliformes fecais. Emprega uma técnica muito simples, que, embasada no rúmen do boi, faz uso de um sistema bacteriano de digestão anaeróbica. A água assim tratada resulta praticamente limpa, sem coliformes fecais, podendo ser utilizada em pomares e até em hortas.

Entre as atividades desenvolvidas pela Embrapa, merece ser apontada a construção de uma pequena estação na Amazônia ocidental para produção de biodiesel a partir de dendê (figura 14), que alimenta uma miniusina de geração de energia elétrica. Plantas desse tamanho, de custo modesto, em áreas remotas do Brasil, são essenciais para viabilizar programas de inclusão digital em escolas e para que o serviço médico tenha um mínimo de energia elétrica para funcionamento de hospitais e outros serviços essenciais.

FIGURA 14

USINA DE PRODUÇÃO DE BIODIESEL INSTALADA NA ESTAÇÃO EXPERIMENTAL RIO URUBU A PARTIR DE PARCERIA ENTRE A EMBRAPA E O INSTITUTO MILITAR DE ENGENHARIA

Fonte: Embrapa.

A agroecologia, tanto em escala familiar quanto em grande escala, vem sendo fomentada, incentivando-se a racionalização e a redução do uso de insumos químicos, levando à economia de divisas e à redução da poluição ambiental. Em nível de agricultura de grande escala, além do SPD, anteriormente abordado, é grande o impacto do sistema de integração lavoura-pecuária-floresta (ILPF), também denominado agrossilvipastoril, em que a atividade agrícola é integrada à pecuária e à floresta pela combinação de cultivos agrícolas, arbóreos, pastagens e animais, simultaneamente e/ou sequencialmente, que permitem a máxima produção total. A figura 15 ilustra o sistema ILPF estabelecido na unidade agroflorestal (fazenda Bom Sucesso) da Votorantim Metais, em Vazante (MG). A ILPF diferencia-se dos sistemas agroflorestais por ser focada em sistemas intensivos de produção de biomassa. A recuperação de uma área de pastagem degradada viabiliza a produção de espécies florestais cultivadas, como o eucalipto, dividindo a área com a pastagem, o cultivo de grãos e a produção animal. E, ao recuperar-se um hectare de área degradada, promove-se a conservação de 1,8 hectare de floresta.

FIGURA 15
SISTEMA INTEGRAÇÃO LAVOURA-PECUÁRIA-FLORESTA
(LINHA EM QUE ESTÃO ESTRUTURADOS ALGUNS DOS PRINCIPAIS PROGRAMAS DE FOMENTO FLORESTAL CONDUZIDOS NO PAÍS)

Fonte: VCP Votorantim.

Uma questão que a todos perturba é qual será o impacto das mudanças climáticas globais sobre a agricultura. Na figura 16 são apresentadas simulações e projeções para 2020, 2050 e 2080 sobre como será afetada a agricultura tropical pelo aumento da temperatura global. Analisando a escala colorida da variação percentual de produtividade, observa-se que o Brasil, com a tecnologia agrícola atual, deverá sofrer perdas da ordem de 5%. Mas, para a África, continente que atualmente já enfrenta enormes dificuldades, as previsões são desastrosas, com perdas em produtividade da ordem de 20% a 30%. Por outro lado, os países desenvolvidos e de clima temperado do hemisfério Norte deverão ser beneficiados por um eventual aumento na temperatura do planeta.

FIGURA 16
ESTADO ATUAL DAS TERRAS E RECURSOS AGRÍCOLAS
E MUDANÇAS NA PRODUTIVIDADE DE CULTURAS EM FUNÇÃO
DO AUMENTO DE TEMPERATURA DO PLANETA

Degradação ambiental

- 40% das áreas de cultivo degradadas
- 20% a 30% das florestas derrubadas
- 40% dos estoques de peixe já explorados
- 70% da água usados para irrigação

Mudanças climáticas

- Aumento de temperatura afetará agricultura tropical

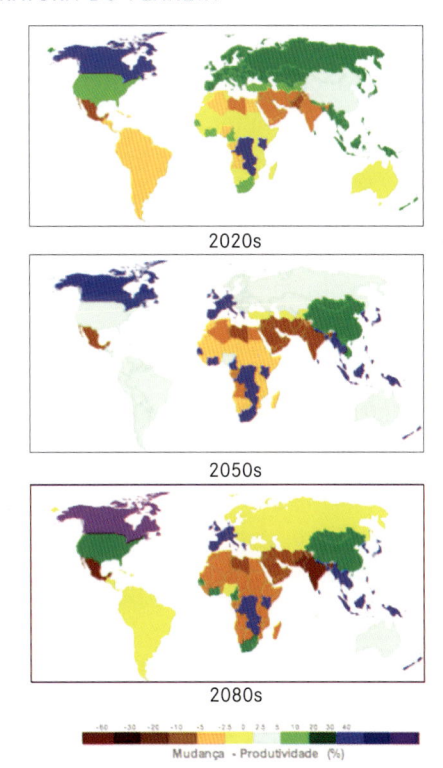

Hoje, 40% das áreas de cultivo no mundo estão degradadas – quase a metade. Cerca de um terço das florestas já foi derrubado. Do estoque de peixes, 40% já foram explorados. Há muitas espécies já em extinção. Da água disponível, 70% são usados em irrigação, apesar de o público urbano pensar que a maior parte seja usada na cidade ou na indústria. Se essa água não for empregada de forma adequada – e mesmo que o seja –, prevê-se competição cada vez mais acirrada entre os diversos usos (urbano, industrial e rural). No Brasil o quadro geral é um pouco menos alarmante, mas, da mesma forma, preocupante, já podendo ser observado em algumas comunidades.

Em um cenário de ocorrência de mudanças climáticas, medidas proativas podem – e devem – ser adotadas. Primeiro: avaliar a vulnerabilidade do ambiente. É preciso olhar um pouco à frente, estimar razoavelmente bem (o que só se faz com ciência), conhecer os ecossistemas (o que requer experimentos e medições conduzidos por cientistas). E então, de posse do conhecimento do ambiente natural, desenvolver modelos para atividades agrícolas (agropecuárias, silviculturais e mistas) e estimar a possível nova geografia das safras agrícolas. Segundo: realizar ações de mitigação, direcionadas para reduzir ou eliminar as emissões de carbono e seus efeitos. Terceiro: sabendo que nem tudo será possível mitigar, adotar medidas voltadas para adaptação de organismos e sistemas de produção, de sorte que alternativas de convivência sob condições alteradas devem, então, ser estudadas e implementadas.

A mitigação inclui diversas vertentes, entre as quais:
- redução de queimadas ou, até, sua eliminação, devendo ser estabelecido um cronograma para tal, com punições severas para os infratores;
- substituição dos combustíveis fósseis por biocombustíveis (cana-de-açúcar, soja, mamona, feijão, dendê e outras fontes) e desenvolvimento de energias/fontes energéticas alternativas. Nesse campo, a situação brasileira atual é, de certa forma, boa, uma vez que cerca de metade da matriz energética do país já é renovável;
- adoção de práticas conservacionistas;
- adoção de sistemas eficientes de estoque de carbono;
- florestamento e reflorestamento.

As ações de adaptação incluem o melhoramento genético com papel de destaque. Variedades e cultivares tolerantes a novas pragas e doenças, tolerantes a altas temperaturas e a secas – ou, ao contrário, ao excesso de água, em algumas regiões – devem ser geradas, continuando-se a trabalhar/melhorar os cultivos que, tradicionalmente, compõem a matriz agrícola brasileira. Para fins energéticos, inúmeras outras culturas vêm sendo estudadas, a exemplo das palmáceas, do babaçu no Nordeste e da macaúba no Cerrado, de sorte que, em 5-10 anos, material genético de elite possa ser disponibilizado para cultivo. Outro exemplo, na linha da adaptação dos organismos a eventuais mudanças no clima global, realiza-se com a estratégia do sequestro de carbono para ampliar a matéria orgânica do solo. De fato, hoje, é possível desenhar a arquitetura de uma planta para que ela seja mais eficiente do ponto de vista, inclusive, do sequestro de carbono.

Nesse contexto, uma rede de PD&I em mudanças climáticas vem sendo articulada na Embrapa para, a partir dos cenários do Painel Intergovernamental sobre Mudança Climática (IPCC), avaliar e implementar ações na direção de uma agricultura sustentável e competitiva (figura 17). A partir das três plataformas de pesquisa, desenvolvimento e inovação em andamento na empresa — agroenergia, agrogases, agritempo —, a evolução das tendências deverá ser monitorada. Mudanças deverão ocorrer no uso da terra, e a eventual mobilidade das fronteiras agrícolas deverá ser antecipada para culturas estabelecidas, como a soja, o café e o algodão, alterando a distribuição espacial destas lavouras no mapa brasileiro. Os níveis de precipitação, os estoques de água no solo, nas plantas e na atmosfera, a ocorrência de desertificação e inundações, tudo isso deve ser acompanhado.

FIGURA 17

REDE DE PESQUISA, DESENVOLVIMENTO E INOVAÇÃO
EM MUDANÇAS CLIMÁTICAS EM ARTICULAÇÃO NA EMBRAPA

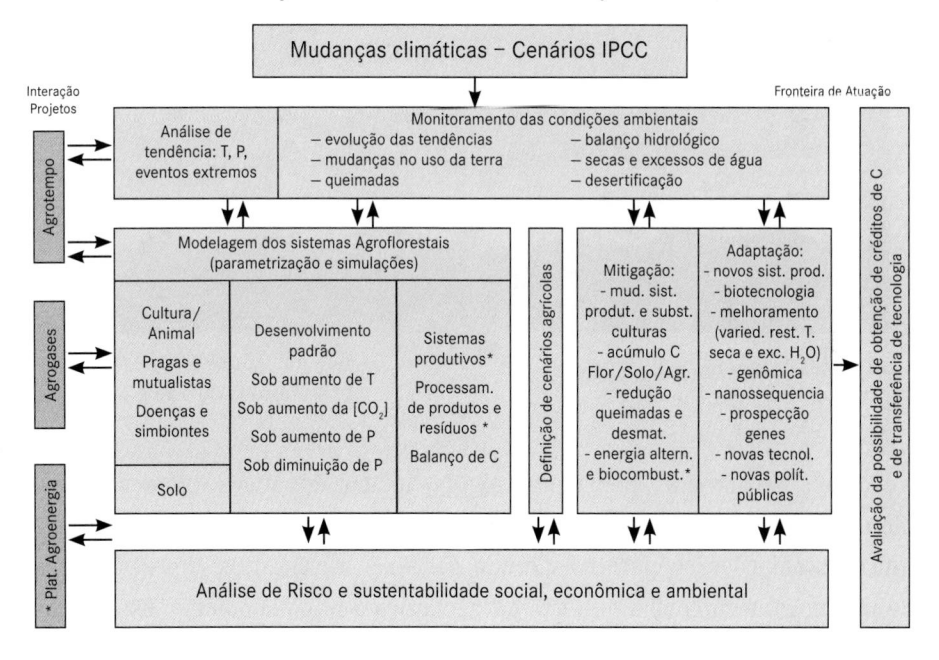

[Diagrama: Mudanças climáticas – Cenários IPCC. Interação Projetos (Agrotempo, Agrogases, *Plat. Agroenergia) conectando-se a: Análise de tendência: T, P, eventos extremos; Monitoramento das condições ambientais — evolução das tendências, mudanças no uso da terra, queimadas, balanço hidrológico, secas e excessos de água, desertificação. Modelagem dos sistemas Agroflorestais (parametrização e simulações): Cultura/Animal, Pragas e mutualistas, Doenças e simbiontes, Solo; Desenvolvimento padrão: Sob aumento de T, Sob aumento da [CO_2], Sob aumento de P, Sob diminuição de P; Sistemas produtivos*: Processam. de produtos e resíduos*, Balanço de C. Definição de cenários agrícolas. Mitigação: mud. sist. produt. e subst. culturas, acúmulo C Flor/Solo/Agr., redução queimadas e desmat., energia altern. e biocombust.* Adaptação: novos sist. prod., biotecnologia, melhoramento (varied. rest. T, seca e exc. H_2O), genômica, nanossequencia, prospecção genes, novas tecnol., novas polít. públicas. Fronteira de Atuação: Avaliação da possibilidade de obtenção de créditos de C e de transferência de tecnologia. Análise de Risco e sustentabilidade social, econômica e ambiental.]

Vários trabalhos de pesquisa estão sendo desenvolvidos em câmaras adequadas, contendo grande volume de material genético submetido a secas artificiais. Genes que conferem tolerância a essas e outras mudanças climáticas vêm sendo prospectados. Fatores genéticos alternativos vêm sendo buscados, especialmente na África, uma vez que, naquele continente, o problema é — e será — muito maior, caso se confirmem as previsões para mudanças climáticas. Um exemplo das atividades que vêm sendo desenvolvidas na linha de adaptação são os estudos em tolerância a estresse por déficit hídrico em culturas como a soja. Os resultados que vêm sendo obtidos são bastante promissores, indicando, sob condições controladas, que o material genético obtido tem a capacidade de desenvolver-se sob condições de seca (figura 18).

FIGURA 18
EXPRESSÃO DE UM GENE DE TOLERÂNCIA À SECA NA CULTURA SOJA
(EMBRAPA — BR 16) EM CONDIÇÕES DE ESTRESSE POR DÉFICIT HÍDRICO

Mudanças climáticas: adaptação a estresse hídrico

P58 (Soja BR 16 com gene)　　　　　Soja BR 16 sem gene
2,5% umidade do solo　　　　　　　2,5% umidade do solo

Indiscutivelmente, pelo menos alguns núcleos temáticos voltados à questão das mudanças climáticas — envolvendo universidades, institutos de pesquisa, associações, cooperativas, fundações – são necessários. Novos sistemas de produção, tecnologias que vão da genômica à nanotecnologia, associadas ao melhoramento genético, devem ser amplamente dominados pela comunidade científica brasileira. Massa crítica engajada em atividades de simulação e modelagem de sistemas complexos, assim como gestão integrada de bases de dados, de informação e conhecimento são imprescindíveis para que o Brasil, país continental, enfrente, de forma satisfatória, as demandas que, certamente, deverão surgir em função de eventuais mudanças climáticas globais.

Apesar da atual disponibilidade de dados obtidos a partir de satélites, cada vez melhores e em maior volume, muitos experimentos de campo ainda necessitam ser conduzidos, de forma a calibrar os equipamentos utilizados para obtenção das informações, reduzindo os dados à escala local. É preciso comparar informação ao nível do metro quadrado (do passo de uma pessoa) com a informação do satélite, na escala do quilômetro quadrado. Ao mesmo tempo, é necessário levar em conta a informação que vem da planta, do gene, e, nesse caso, trata-se de nanômetros *versus* quilômetros. Os dados devem ser integrados para se conhecer o estado do sistema como um todo. Assim como os melhoristas nas áreas vegetal e animal, os pedólogos, na área de solos, são profissionais imprescindíveis nos dias atuais e futuros.

Para as culturas de café, arroz, feijão, soja, milho, cana-de-açúcar, a vulnerabilidade às mudanças climáticas vem sendo simulada em nível regional, e elaborado o zoneamento de risco climático para cada uma delas. Tomando, mais uma vez, como exemplo a soja, observam-se, na sequência de imagens apresentada na figura 19, simulações dos efeitos previstos da variação de temperatura pelo aquecimento global sobre a cultura em todo o território nacional. Em vermelho estão representadas as regiões impróprias para o cultivo da soja e, em verde, as favoráveis. Para uma elevação de 1°C ou 3°C, previsão considerada otimista, estima-se uma redução da ordem de 10% a mais de 30%, respectivamente, da área favorável para o cultivo da soja no país. Em um cenário mais pessimista, no qual o aumento de temperatura chegaria a 5,8°C, observa-se, na figura 19, que as perdas chegariam a dois terços do território hoje disponível para a cultura.

FIGURA 19

ESPACIALIZAÇÃO DOS RISCOS CLIMÁTICOS PARA A CULTURA DA SOJA NO BRASIL (1° A 10 DE DEZEMBRO), EM SOLO DE TEXTURA MÉDIA E MÉDIA PLUVIOMÉTRICA DE 50 MM

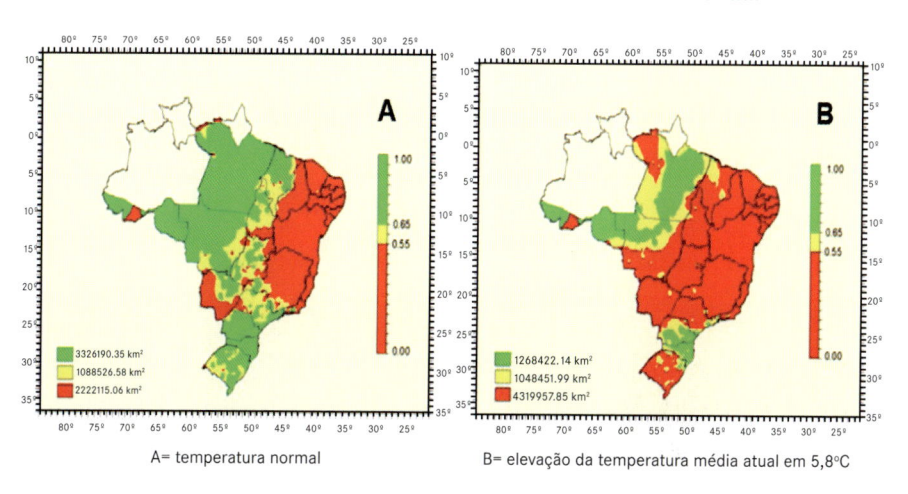

A= temperatura normal   B= elevação da temperatura média atual em 5,8°C

Finalmente, a Embrapa vem, há 12 anos, apresentando à sociedade brasileira seu "balanço social", ou seja, calcula-se, para cada real aplicado, quanto é gerado, para essa sociedade, pelas tecnologias desenvolvidas. Para tanto são utilizados indicadores econômicos, sociais e ambientais, além de metodologia adotada internacionalmente. Como resultado, tem-se que, nos últimos 12 anos, o lucro social obtido pela Embrapa foi em torno de R$ 122 bilhões. Apenas em 2008, o retorno de cerca de R$ 1 bilhão aplicado foi de R$ 13,55 bilhões. Nesse ano foram gerados, pelo menos, 80 mil empregos e produzidas 514 ações de relevante interesse social (figura 20) – demonstração evidente de que vale a pena investir em ciência e tecnologia!

FIGURA 20

RESULTADOS DO BALANÇO SOCIAL DA EMBRAPA EM 2008

Impactos da pesquisa agrícola

Ano 2008

http://bs.sede.embrapa.br/2008/

- Cada R$ 1,00 = R$ 13,55 para a sociedade brasileira
- Lucro social: R$ 18,3 bilhões
- Tecnologias da Embrapa: 79.426 empregos
- 514 ações de relevante interesse social

Embrapa: balanço social 2008 (12 anos) - R$ 121,77 bilhões

Fonte: <http://bs.sede.embrapa.br/2008/> Acesso em: nov. 2009.

II   # Floresta amazônica e clima

PHILIP FEARNSIDE

Vou abordar aqui apenas uma parte do tema "Amazônia e clima": o impacto das mudanças climáticas sobre a floresta amazônica, motivo de grande preocupação. Venho estudando há décadas o impacto do desmatamento sobre o clima, mas não vou tratar dele, nem do outro grande papel da Amazônia no clima, seu efeito sobre o regime de chuvas no centro-sul do Brasil. No site <http://philip.inpa.gov.br> podem ser encontrados muitos trabalhos sobre esses temas e muitas polêmicas também. No mesmo site pode ser baixado meu livro *A floresta amazônica nas mudanças globais*, que traz muita informação sobre esses tópicos.

Começo logo com uma polêmica. O jornal *Folha de S.Paulo* de 6 de abril de 2007 noticia as divergências, na reunião do Painel Intergovernamental sobre Mudança do Clima (IPCC) em Bruxelas, sobre o sumário do grupo 2. A delegação brasileira não queria que nele figurasse uma referência à savanização da Amazônia causada pelo aquecimento global. O relatório completo do IPCC tem três partes, cada uma com cerca de mil páginas. Os sumários são de mais ou menos 15 páginas. Só o que entra nesses sumários vai ter efeito nas negociações sobre o Protocolo de Kyoto e outras medidas de mitigação.

Essa atuação da delegação brasileira revela o descompasso que existe entre nossa representação diplomática e a comunidade científica, que estuda esses problemas e está muito preocupada com a savanização na Amazônia, mencionada em quatro capítulos diferentes do relatório. Participei nele como um dos "editores revisores" do capítulo sobre a América Latina.

É muito importante entender essa polêmica. É um problema muito parecido com o que ocorreu nos Estados Unidos: o presidente Bush quis negar o efeito estufa, dizer que não existe. Foi obrigado a reconhecer que existe pelo menos o aumento de temperatura, mas não admite que seja resultado de ação humana – pretende que "talvez seja natural e precise ser melhor investigado".

A questão é que, quando se reconhece esse tipo de problema, é preciso fazer alguma coisa. Então, a atitude de negar é muito perigosa. A delegação brasileira não conseguiu apagar isso do relatório. Assim, ficou nos sumários para os tomadores de decisão: "Até meados do século, a elevação da temperatura e a redução associada da água no solo deverão levar à substituição gradual da floresta tropical por savana, na parte oriental da Amazônia". Essa projeção tem 80% de probabilidade de ocorrência.

Um trabalho de um grupo do Inpe (Luis Salazar, Carlos Nobre e Marcos Oyama) publicado na revista *Geophysical Research Letters*,[1] mostra toda a área em marrom na figura 1 virando savana, por causa da mudança climática. É importante levar isso a sério.

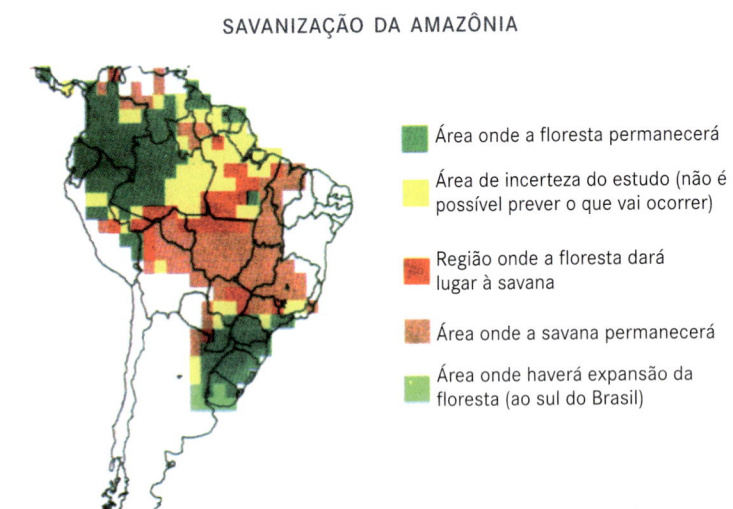

FIGURA 1
SAVANIZAÇÃO DA AMAZÔNIA

Área onde a floresta permanecerá

Área de incerteza do estudo (não é possível prever o que vai ocorrer)

Região onde a floresta dará lugar à savana

Área onde a savana permanecerá

Área onde haverá expansão da floresta (ao sul do Brasil)

Fonte: Salazar, Nobre e Oyama. *Geophysical Research Letters*, 2007 (L09708).

O gráfico da figura 2, extraído de outro relatório do IPCC, apresenta as projeções da elevação da temperatura média global até 2100 associadas a quatro cenários baseados em diferentes hipóteses sobre como vão aumentar a população do planeta, a eficiência da indústria etc. A linha vermelha é o cenário A2, que mais se aproxima da situação de "negócios como sempre" –

---

[1] SALAZAR, L.; NOBRE C.; OYAMA, M. Climate change consequences on the biome distribuition in tropical South America. *Geophysical Research Letters*, v. 34, 2007 (L09708, doi: 10.1029/2007 GL029695).

sem qualquer mudança –, que levaria a uma elevação de 4°C, um aumento muito grande. Outros cenários pressupõem diferentes tipos de mudanças para diminuir as emissões. O comprimento das faixas ao lado direito da figura mede a incerteza dessas projeções.

FIGURA 2

CENÁRIOS DE AQUECIMENTO GLOBAL

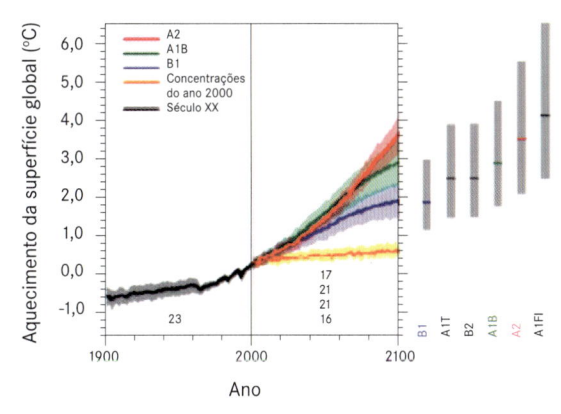

Fonte: IPCC (2007).

Como interpretar esses resultados? Esse é o grande problema. Vamos lembrar o conto de fadas sobre Goldilocks, "A menina dos cachos dourados e os três ursinhos".

FIGURA 3

FALÁCIA DE CACHINHOS DOURADOS

Fonte: <www.britishcouncil.org/kids-stories-goldilocks.htm>.

A menina estava perdida na floresta e encontrou uma cabana onde moravam os três ursos. Eles tinham preparado três tigelas de mingau e, como este estava muito quente, deixaram-nas em cima da mesa (figura 3) e foram passear na floresta, esperando esfriar. Ela estava com fome e provou as três tigelas. Primeiro a do papai urso, que era muito quente; depois a da mamãe urso, muito fria e, depois, a do bebê urso, que estava certinha, e ela tomou até o fim.

Essa história é que dá o nome à falácia de Cachinhos Dourados (Goldilocks *fallacy*). De antemão presume-se que valor do meio é sempre o certo. Mas, nesse tipo de situação, não é o meio que é o correto. Há situações em que vale o "teorema do limite central": quando há diversos resultados de medidas, é mais provável que o valor médio seja o certo. Mas, em muitas situações, isso não se aplica. É o caso de vários problemas sobre mudanças climáticas.

Então, o cenário mais plausível na figura 2 é o da curva vermelha, que corresponde ao prato do papai urso – o mais quente – e não o do meio, que seria a presunção normal. Isto porque se trata de cenários diferentes, não são medidas da mesma coisa.

A figura 4 mostra as projeções do IPCC para as elevações de temperatura em 2020-2029 e 2090-2099, conforme diferentes cenários. As projeções na fileira inferior correspondem a "negócios como sempre". Foram usados mais de 20 diferentes modelos e foi adotada a média dos resultados desses modelos. Esse é, de novo, o mesmo problema, porque alguns dos modelos são mais relevantes e não dá para tirar uma média.

FIGURA 4

PROJEÇÕES DE TEMPERATURA SUPERFICIAL

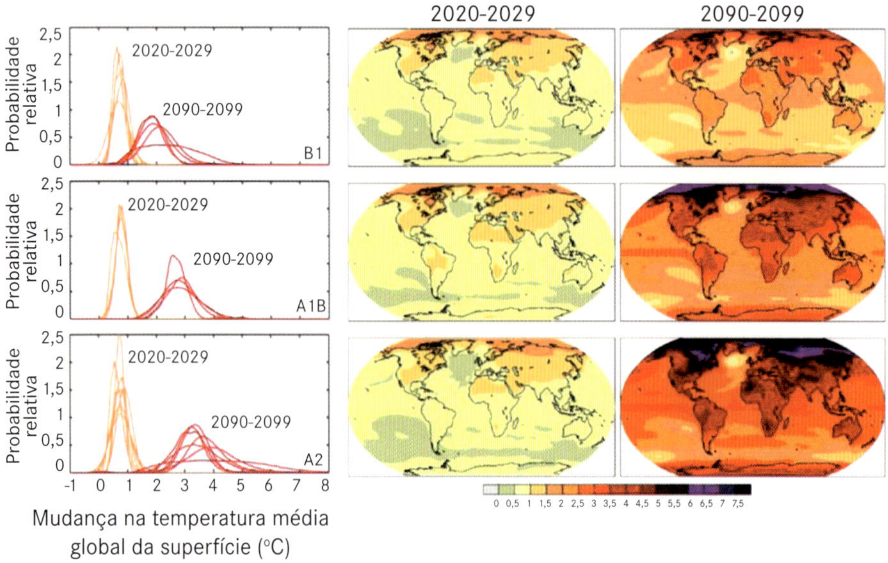

Fonte: ©IPCC – WG1-AR4 (2007).

As projeções são de que o mundo inteiro esquenta muito, esquenta mais perto do Polo Norte, bastante também na Amazônia, mas é mais ou menos constante a elevação em toda a América do Sul, exceto numa pontinha na Argentina. Os continentes esquentam bem mais do que sobre os oceanos. É normal, trata-se da temperatura do ar, não do solo nem da água. A água do mar absorve energia solar e não esquenta tanto o ar.

Como a maior parte do planeta é coberta de água, para aquela elevação média de 4°C (a média do mundo inteiro), a temperatura acima do mar contribui com maior peso. O resultado acima dos continentes é uns 30% mais quente. Então isso aumenta o impacto para nós, na América do Sul. Outra observação é que alguns modelos mostram um ponto quente sobre a Amazônia, o que é uma preocupação.

O regime de chuvas também é uma média de muitos modelos e projeta um clima mais seco na Amazônia. Essa é a média de vários modelos, e alguns deles são bem mais secos que outros. Vê-se a diferença na figura 5, com as projeções de seis modelos diferentes para as variações no escoamento superficial (vazão dos rios etc.), até 2050.

FIGURA 5
VARIAÇÕES PROJETADAS DE ESCOAMENTO ANUAL
Change in average annual runoff: 2050s A2

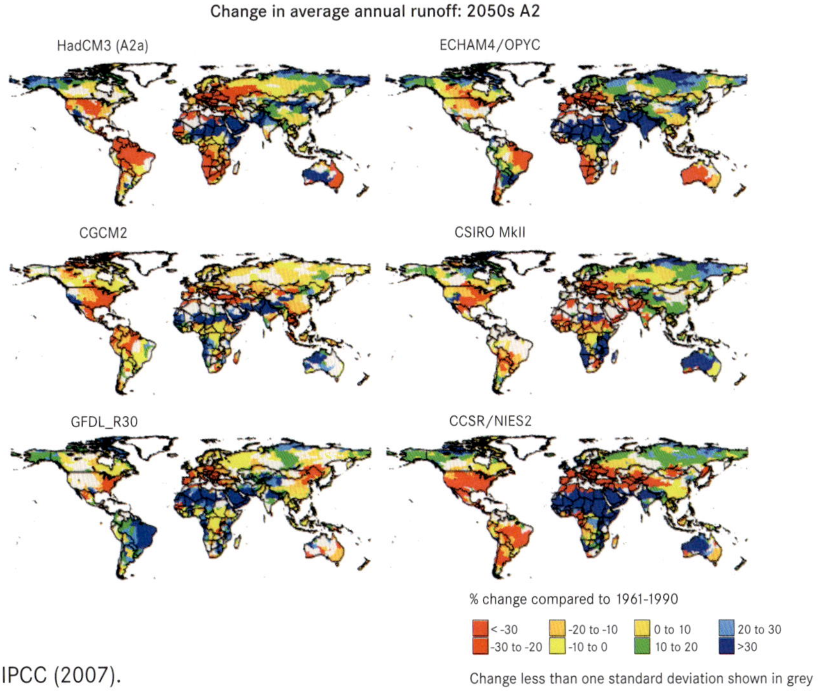

Fonte: IPCC (2007).

O modelo do Hadley Center, da Inglaterra, é mais catastrófico, mas consegue imitar melhor o clima de hoje na Amazônia. Nenhum dos modelos é perfeito, e é muito importante entender isso. Mas, comparado com os outros, o do Hadley Center concorda melhor com o clima atual, e prediz que toda a Amazônia se torna muito mais seca.

Dois outros modelos na figura 5 também mostram a Amazônia ficando bem mais seca. Há também um modelo que não mostra quase nenhuma mudança, e outro que mostra aumento da chuva na Amazônia. Este não concorda com o que sabemos sobre a região. Mas cada modelo tem a sua finalidade, e este pode ser melhor sob outros aspectos.

É conhecida a importância do fenômeno El Niño na Amazônia. O gráfico da figura 6 mostra as variações, ao longo de quase 150 anos da temperatura superficial do mar no Pacífico, o gatilho que leva ao El Niño. Em azul, os dados observados; em vermelho, resultados previstos por um modelo, mostrando que funciona muito bem. Sabemos que, cada vez que acontece o El Niño, há uma grande seca, com incêndios florestais, na Amazônia.

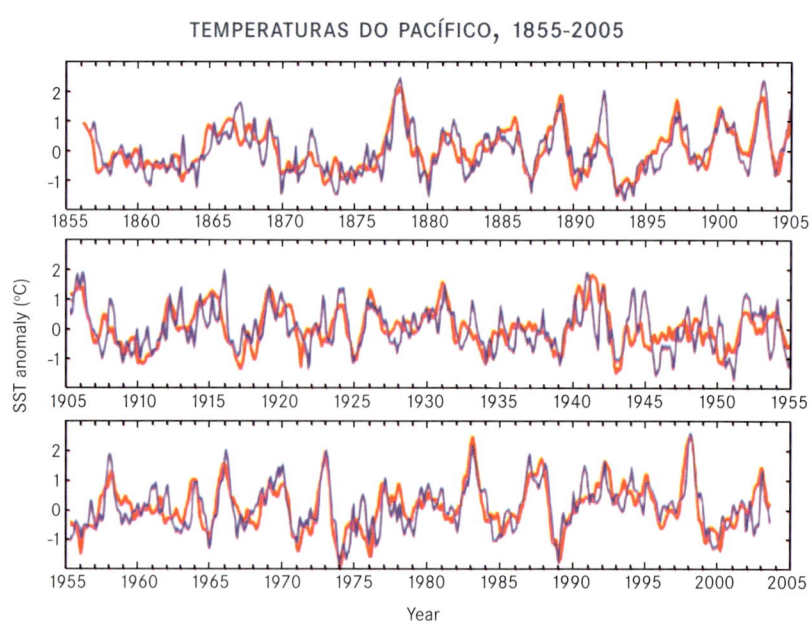

FIGURA 6
TEMPERATURAS DO PACÍFICO, 1855-2005

Fonte: Ucar

Isso aconteceu, por exemplo, em 1997-1998, com o grande incêndio de Roraima. Estima-se que houve de 11 mil a 13 mil quilômetros quadrados de floresta queimada naquele ano. Em 2003, houve outro El Niño, menor que esse, mas que também provocou um incêndio em Roraima. Foi quando morreram 32 mil pessoas com a onda de calor na Europa. Em 1982 foi o grande El Niño, quando morreram 200 mil pessoas na Etiópia e países vizinhos.

Vê-se que a figura 6 é um mapa perfeito dos incêndios e secas e na Amazônia. Cada pico corresponde a um evento El Niño, com seca naquela região. O problema é que essa ligação entre a temperatura do mar no Pacífico e a seca na Amazônia só é reproduzida por alguns daqueles modelos, e o modelo que a inclui melhor é aquele mais catastrófico, do Hadley Center. A figura 6 representa dados reais. Se um modelo mostra que a água no Pacífico está esquentando e não acontece nada na Amazônia, é que há algum problema no modelo. Então temos que escolher, entre os pratos dos três ursos, o prato mais quente, que reproduz esse fator dominante no clima.

No último relatório, o IPCC afirma que os modelos concordam em predizer que o aquecimento global continuado deverá produzir "condições tipo El Nino", o que é diferente do El Niño em si. No caso, "condições tipo El Nino" significam a elevação das temperaturas da água no Pacífico (figura 7).

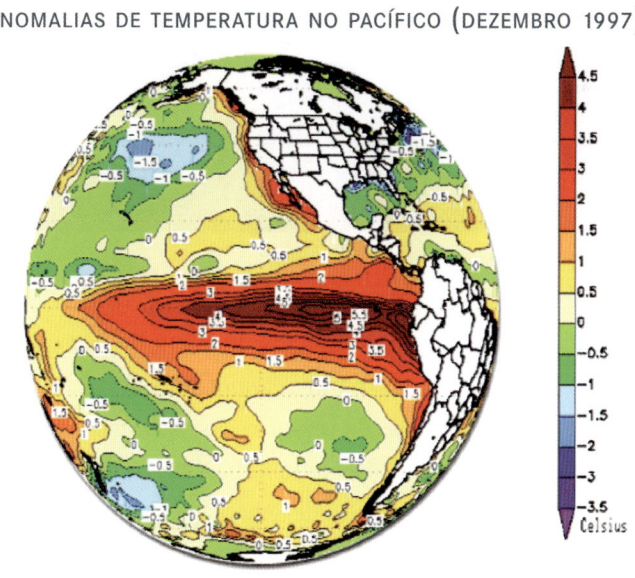

FIGURA 7
ANOMALIAS DE TEMPERATURA NO PACÍFICO (DEZEMBRO 1997)

Fonte: NOAA.

Onde não há concordância é na ligação entre essas condições e as secas e inundações que acontecem em diferentes partes do mundo, que é o El

Niño em si. E nosso problema é que essa segunda parte nós conhecemos a partir de dados diretos, que não dependem de modelos – daí a preocupação. São importantes também as implicações políticas e morais. Em 1982, quando morreram 200 mil pessoas na Etiópia, aquilo foi apresentado como um ato de Deus, simplesmente aconteceu aquela tragédia, não foi culpa de ninguém, seu carro e seu desmatamento não foram responsáveis. Mas se El Niño é ligado ao efeito estufa, é diferente: existem culpados, há responsáveis.

Ver os efeitos é diferente de ver os resultados em modelos. O que aconteceu no El Niño da seca de 2003 está ilustrado na figura 8 (a fotografia é de Reinaldo Barbosa, que trabalha comigo em Roraima).

FIGURA 8
COMO COMEÇA UM INCÊNDIO

Foto: Reinaldo Barbosa.

Os incêndios começam assim: é uma pequena linha de fogo, que vai avançando no sub-bosque. Não é igual ao filme *Bambi* de Walt Disney, em que o fogo sobe na floresta e queima as copas das árvores. Isso acontece nas florestas de pinheiros, mas não na Amazônia. Vê-se essa linha de fogo no sub-bosque, parece uma coisa pequena, que avança muito devagar. O fogo está parando na base de cada árvore. Isso esquenta a casca da árvore e mata muitas delas. É como numa vela, pode-se passar o dedo através dela rapidinho e não se queimar, mas manter por um minuto em cima é muito diferente; é assim com esse tipo de fogo.

O fogo vai matando as árvores, que nos próximos anos vão deixar uma grande quantidade de madeira morta na floresta. Então, o próximo incêndio vai ser muito mais quente e vai matar mais árvores – começa um ciclo vicioso que vai degradando o resto da floresta. É importante lembrar, também, que a frequência de El Niños está aumentando: desde 1976 é muito maior do que antes. Isso já estava claro no segundo relatório do IPCC, mas naquela época não havia concordância sobre o porquê desse aumento. Agora, vários trabalhos indicam ser devido ao efeito estufa.

Uma característica importante dos modelos é a chamada "sensitividade climática" (SC), definida como a elevação da temperatura média do planeta caso duplicasse o teor de gás carbônico na atmosfera, comparado com seu valor antes da Revolução Industrial. Antes havia 280 ppm de CO_2 no ar. O dobro disso, 560, seria atingido por volta de 2070, caso o aumento das emissões se mantivesse como é hoje. Devido às incertezas nos modelos, calcula-se uma distribuição de probabilidade da SC. Chama-se de "SC alta" uma faixa que tem 95% de probabilidade de englobar a elevação de temperatura real.

O modelo do Hadley Center, que inclui a relação entre o aquecimento da água do Pacífico e a seca na Amazônia, predisse, em 2005, supondo SC alta, uma elevação da temperatura da Amazônia muito grande (figura 9) – maior até do que no resto do mundo – da ordem de 14°C. Isso seria realmente grave: sabe-se como é um dia de 40°C em Manaus; se fossem 54°C isso levaria não só à morte da floresta, mas também a um aumento da mortalidade humana. É muito grave.

FIGURA 9

SENSITIVIDADE CLIMÁTICA À DUPLICAÇÃO DE CO_2 (HADLEY CENTER)

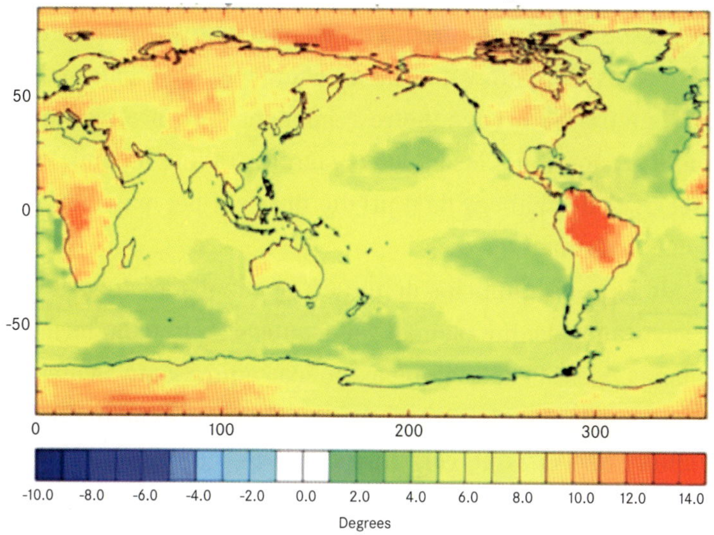

Fonte: Stainforth et al., *Nature* 433, 403 (2005).

Felizmente, essa estimativa era exagerada. Pensava-se, em 2005, que a função densidade de probabilidade da SC era a curva da esquerda na figura 10. Mas, em 2006, essa curva foi revista e substituída pela curva da direita. O valor mais provável seria entre 2°C e 3°C nas duas curvas, mas a nova curva elimina a possibilidade de ter quase nenhum aumento e reduz a cauda associada a possíveis aumentos muito maiores.

FIGURA 10

DENSIDADE DE PROBABILIDADE ESTIMADA DA SC:
2005 (À ESQUERDA) E 2006 (À DIREITA)

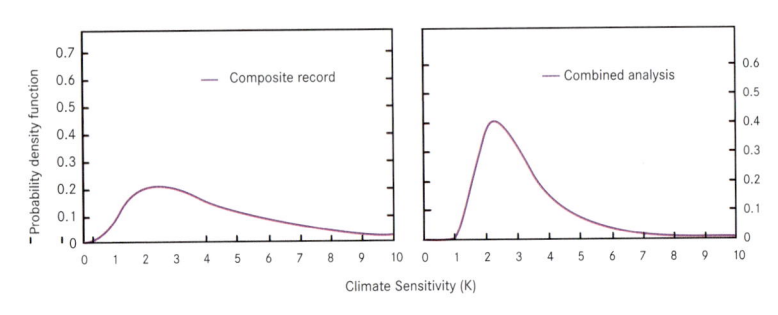

Fonte: The National Center for Atmospheric Research (NCAR).

Todavia, nos dois casos, há uma área bem maior acima do que abaixo do valor médio. Como interpretar isso em termos de política? Suponhamos que uma pessoa more num prédio de apartamentos e vá perguntar a um engenheiro se esse prédio vai desabar, como o edifício Palace 2, em 1998, no Rio de Janeiro. Se o engenheiro responder "provavelmente não", isso será tranquilizador? Não. Isso apenas significará que há mais de 50% (poderiam ser 51%) de chances de o prédio ficar em pé, mas também 49% de chances de desabamento.

Quando as consequências de um erro podem ser catastróficas, exige-se mais segurança de que ele não vai acontecer – isso em termos de decisões humanas. É essa exatamente a situação aqui. Como a consequência é muito grave – pode liquidar a floresta amazônica –, é melhor usar uma SC alta. O limite superior, que corresponde a 95% de chances, caiu de 9,7°C em 2005 para 6,2°C em 2006. Em março de 2007 saiu outra revisão, que abaixou esse limite para 5,5°C. Proporcionalmente, a elevação de 14°C para a temperatura na Amazônia cai, em 2070, para uns 8°C e, em 2100, para uns 10°C, o que ainda é muito grave.

Para SC média (2-3°C), a figura 11 mostra as previsões do Hadley Center para as chuvas em 2050 e 2080. Vê-se uma área bem mais seca na Amazônia. Esse é o problema: a combinação de temperatura mais alta com menos chuva. Quando a temperatura aumenta, qualquer planta precisa de mais água para sobreviver. O mesmo vale para a floresta amazônica. Isso leva a uma relação estreita entre o aumento da temperatura média terrestre e a diminuição das chuvas na Amazônia. Na figura 12, essa relação é representada ao longo da faixa de variação da temperatura (em °K) no próximo século.

FIGURA 11

PREVISÕES DE VARIAÇÕES NAS CHUVAS (2050 E 2080) – HADLEY CENTER

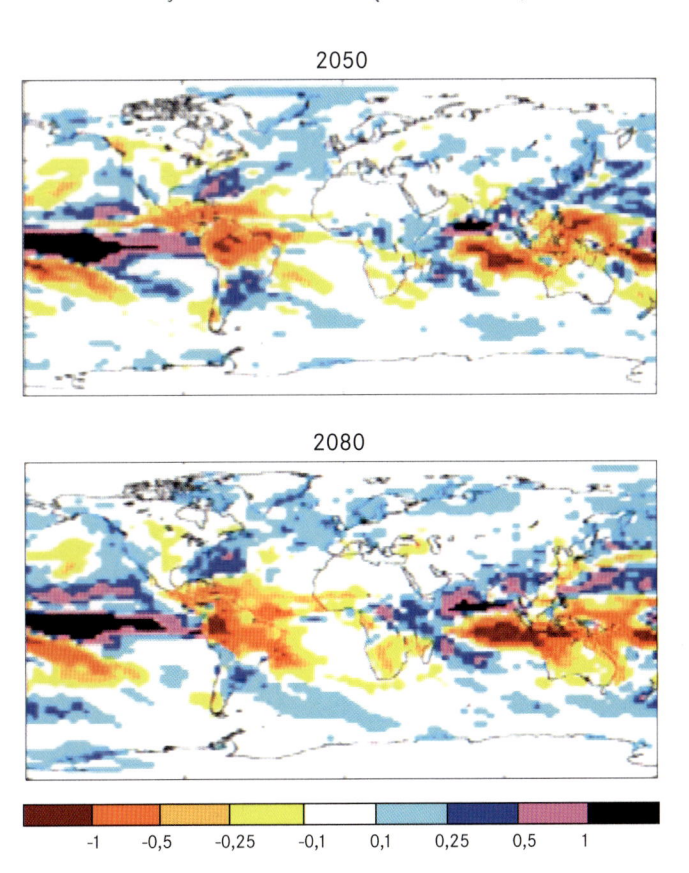

Fonte: Experimento de Grande Escala da Biosfera e da Atmosfera na Amazônia (LBA).

FIGURA 12

PRECIPITAÇÃO NA AMAZÔNIA X TEMPERATURA MÉDIA (HADLEY CENTER)

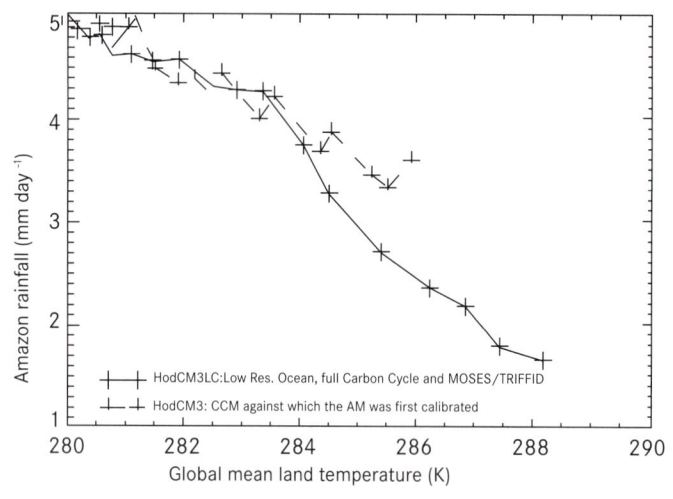

Fonte: LBA.

A figura 13 mostra as consequências para a cobertura de vegetação em 2080, em confronto com a situação atual, sempre segundo o modelo do Hadley Center. Onde hoje aparece a Amazônia toda verdinha, até 2080 basicamente desaparecerá a floresta amazônica – apenas pela mudança climática, sem considerar o desmatamento direto com motosserras nem os incêndios, que aumentam muito o perigo.

FIGURA 13

PREVISÕES DE MUDANÇAS NA VEGETAÇÃO: ATUAL X 2080

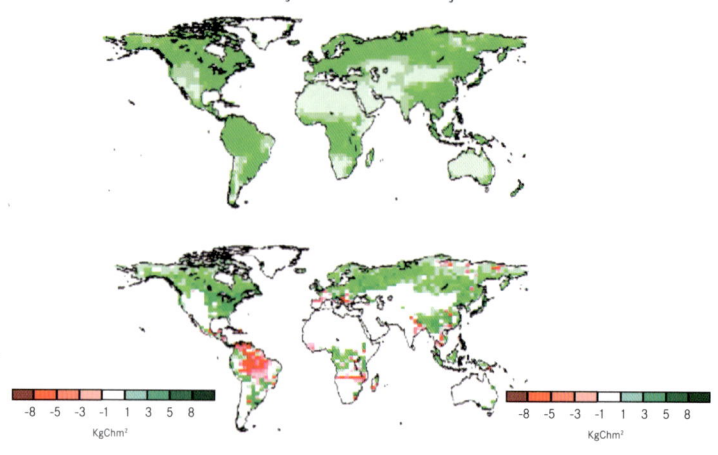

Fonte: ITE Edinburgh.

Quando o clima se torna mais seco e mais quente, há mais perigo de incêndios florestais, que matam a floresta mais depressa do que só a falta de água. Ao longo do tempo, até por volta de 2050, serão mantidos cerca de 80% da cobertura florestal. Depois, a vegetação será substituída por gramíneas e arbustos: é a savanização da Amazônia.

Agora dispomos de um grande número de dados mostrando os mecanismos do que realmente acontece. São dados do Projeto Dinâmica Biológica de Fragmentos Florestais (PDBFF), localizado uns 65 quilômetros ao norte de Manaus. É no distrito agropecuário da zona franca de Manaus que ficam grandes fazendas, licitadas nos anos 1970, com grandes subsídios. Esse projeto de pesquisa já está com 28 anos. Seus responsáveis negociaram para que fossem deixadas ilhas de floresta no meio da pastagem, a fim de que se estudasse como vão-se degradando a floresta, as árvores, as aves e todas as espécies dentro da floresta.

É um grande experimento, em que 70 mil árvores são etiquetadas com plaquinhas de alumínio, cada uma mapeada e monitorada. Acompanha-se para ver quando morre cada árvore, por que morreu, qual foi a espécie. Dessas 70 mil árvores, 97% são identificadas até a espécie ou morfoespécie. É um esforço incrível para conseguir fazer isso. Não há outro lugar no mundo em que se faça um trabalho comparável.

É assim que se consegue identificar os efeitos de mudanças climáticas sobre a floresta. Comparando a situação dentro da floresta contínua, longe da beirada em que ficam as pastagens, com o que acontece na beira da floresta, podem-se ver grandes diferenças.

A foto da figura 14, que tirei recentemente, mostra a beira de uma reserva do PDBFF. Há árvores mortas, e todo esse céu azul eram árvores, folhagem, quando a reserva estava recém-isolada. À medida que vão morrendo as árvores, essa frente vai avançando para o interior da floresta. Essas beiradas de floresta imitam o tipo de microclima que existiria na floresta inteira se acontecessem as mudanças previstas: é mais seco e mais quente do que dentro da floresta. As árvores vão morrendo de sede mesmo, como aconteceria em decorrência das mudanças climáticas.

FIGURA 14

RESERVA DO PDBFF

Foto do autor.

Os dados mostram que, na floresta, a menos de 300 metros da borda tem-se o dobro da taxa de danos observada em seu interior, e a mortalidade também é muito mais alta. Outra coisa perturbadora é que são as árvores grandes que morrem primeiro, pois são mais sensíveis a essa seca.

A densidade da madeira também diminui. As árvores que substituem as que vão morrendo são mais leves em termos de madeira. Isso vai baixando a biomassa da floresta, produzindo mais impacto no efeito estufa, no carbono que está indo para a atmosfera. Cria-se, assim mais um ciclo vicioso, que vai matar mais árvores.

Esses dados são confirmados por outros experimentos. O projeto Dinâmica Biológica tem dados desde o início da década de 1980. No projeto Experimento de Larga Escala na Biosfera-Atmosfera na Amazônia (LBA) foi incluído o chamado "experimento seca floresta". Na floresta nacional do Tapajós, perto de Santarém, um hectare de floresta foi coberto com painéis de plástico, que excluem mais da metade da chuva, levada embora por tubos e canais, ressecando, assim, o solo embaixo desses painéis. Acontece exatamente a mesma coisa: as árvores grandes começam a morrer primeiro, assim destruindo a floresta, só por falta de água. Não muda a temperatura, mas muda a quantidade de água. A estação experimental Caxuanã, do Museu Paraense Emílio Goeldi, está mostrando a mesma coisa. São muitos os dados que mostram esse efeito de savanização. Ele tem que ser levado a sério.

Um dos efeitos que os modelos indicam é a mudança na duração da época seca. Essa é a época mais crítica em termos de manutenção das árvores. Quanto mais longa a época seca, mais árvores chegam a ponto de não resistir, sobretudo durante os anos de El Niño, quando há menos chuva. Então as zonas, em termos de meses de época seca (figura 15), ficam migrando para a Amazônia. As que eram próprias para a floresta agora, ficam próprias para savana. É uma coisa muito mais delicada do que as pessoas pensam.

FIGURA 15
NÚMERO DE MESES DE SECA PREVISTOS

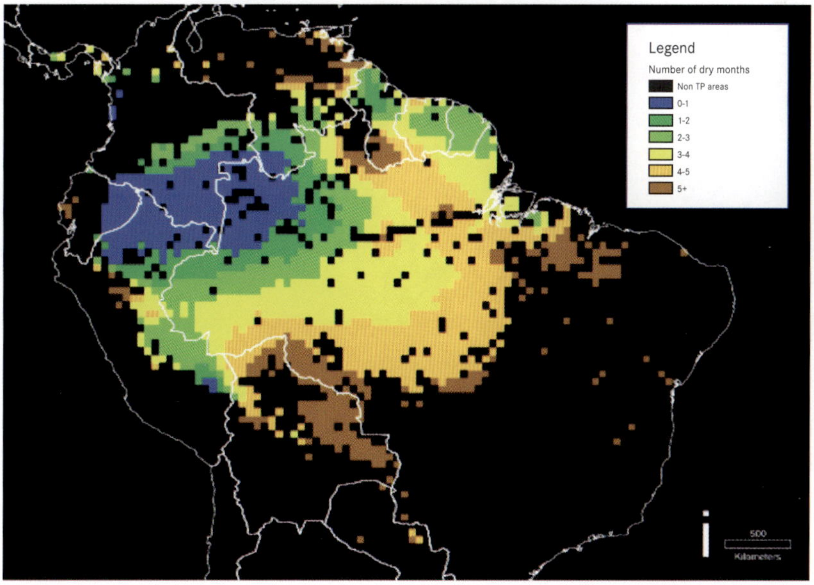

Fonte: LBA.

A chuva anual em Santarém é quase idêntica à chuva em Brasília, só que Brasília é um lugar de cerrado e Santarém é um lugar de floresta tropical. A diferença entre as duas é só na duração da época seca, que é maior em Brasília, o que leva a uma vegetação de savana, de cerrado, enquanto em Santarém é floresta. Basta uma pequena mudança na época seca para que se torne savana.

Também o impacto do El Niño (figura 16) leva a isso. El Niño tem os piores impactos na parte norte da Amazônia, um pouco ao sul também, mas Roraima e essa área sofrem mais impactos de El Niño. Há outro fenômeno, também ligado ao aquecimento global, que cria uma mancha de água quente no oceano Atlântico. Isto produziu a grande seca de 2005, que deixou comunidades isoladas e matou os peixes na faixa sul da Amazônia. Então, diferentes fenômenos ligados ao efeito estufa levam a essas secas, que aceleram a savanização.

FIGURA 16

IMPACTO DO EL NIÑO

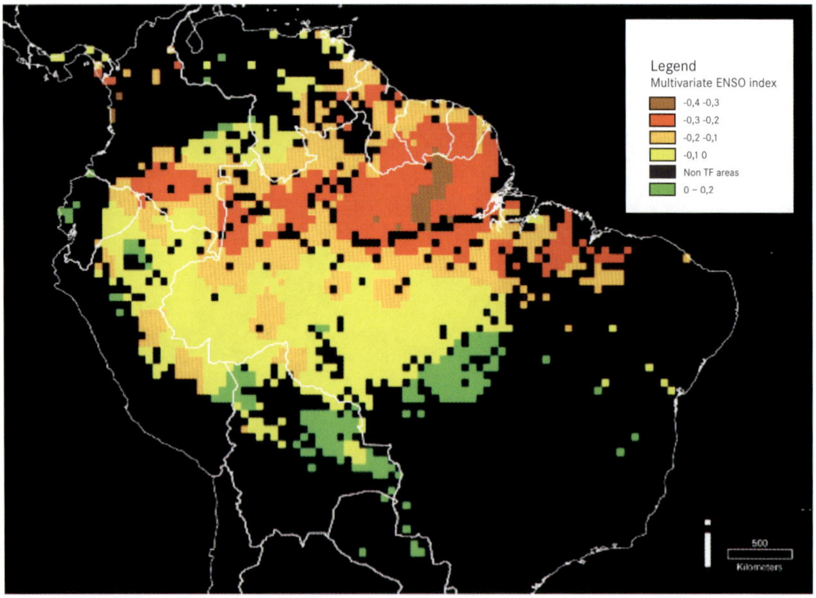

Fonte: LBA.

É preciso lembrar ainda o efeito do próprio desmatamento. A figura 17 mostra quais seriam as consequências, sobre o clima na região, de um desmatamento extenso. Aumentaria a temperatura e diminuiria a chuva, exatamente como o que acontece com o aquecimento global. Os dois efeitos juntos matam mais depressa a floresta.

FIGURA 17
EFEITOS DO DESMATAMENTO SOBRE TEMPERATURA E PRECIPITAÇÃO

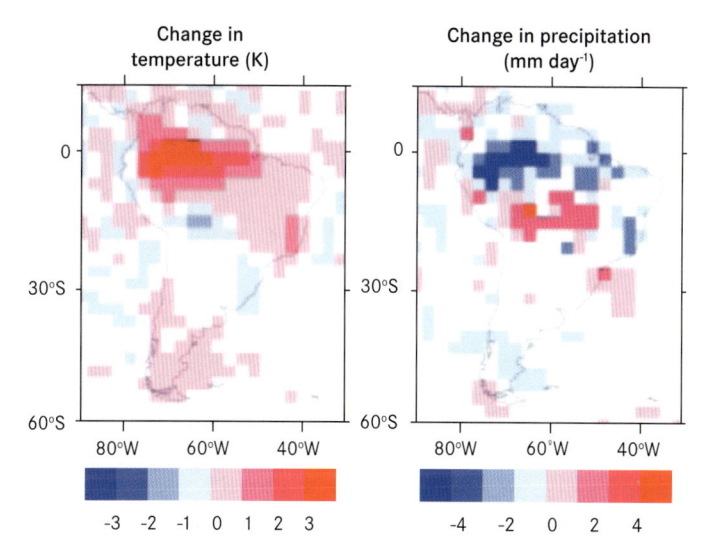

Fonte: LBA.

Outra grande preocupação é a possibilidade de extensas liberações de carbono do solo, na Amazônia e no resto do mundo. O aquecimento global deve alterar o equilíbrio entre formação e oxidação de matéria orgânica, levando muito do carbono armazenado a escapar. Isso é muito grave, porque há um grande estoque de carbono no solo da Amazônia. Isto pode contribuir para um possível "efeito estufa incontrolável" (*runaway greenhouse effect*). Estamos liberando, hoje, por volta de 10 bilhões de toneladas de carbono anualmente por ação humana. São uns 8 bilhões com combustíveis fósseis e cimento, mais uns 2 bilhões com desmatamento. Então, a não ser que se invente uma nova tecnologia para depositar e reter carbono sob o solo, o máximo que podemos fazer é parar completamente as emissões, não queimar mais nenhum combustível fóssil, parar totalmente o desmatamento e, com isso, diminuir as emissões em 10 bilhões de toneladas.

Mas se continuassem assim mesmo, sendo liberados mais de 10 bilhões de toneladas de carbono do solo devido ao aquecimento global, isso reforçaria ainda mais o aquecimento e a liberação (realimentação positiva) e acabaria fugindo de nosso controle, produzindo uma catástrofe maior. O desmatamento também esquenta o solo e libera muito carbono, outra razão para manter a floresta onde está.

É muito importante entender que tudo isso não é inevitável, mas que pode mesmo acabar com a floresta amazônica: tudo depende de decisões humanas. A figura 18 mostra simulações, com o modelo do Hadley Center, sobre a mortandade da vegetação no mundo inteiro, não apenas na Amazônia, dependendo das medidas de mitigação adotadas. Sem mitigação nenhuma (curva de cima), a mortandade da vegetação explodirá a partir de 2050. Se o teor do gás carbônico no ar não ultrapassar 750 ppm (curva do meio), a catástrofe ficará adiada por mais ou menos um século. Se for limitado a 550, seguirá a curva mais baixa.

Isso depende de decisões que estão sendo tomadas agora. Na convenção de clima da Eco-92 estabeleceu-se como objetivo evitar mudanças perigosas no sistema climático, mas não se definiu o que é perigoso: 550 ppm? Ou 400 ppm? Isso vai ser negociado. E é muito importante para a preservação da floresta amazônica que seja bem baixo esse número.

FIGURA 18

PROJEÇÕES DE MORTALIDADE DA VEGETAÇÃO MUNDIAL (HADLEY CENTER)

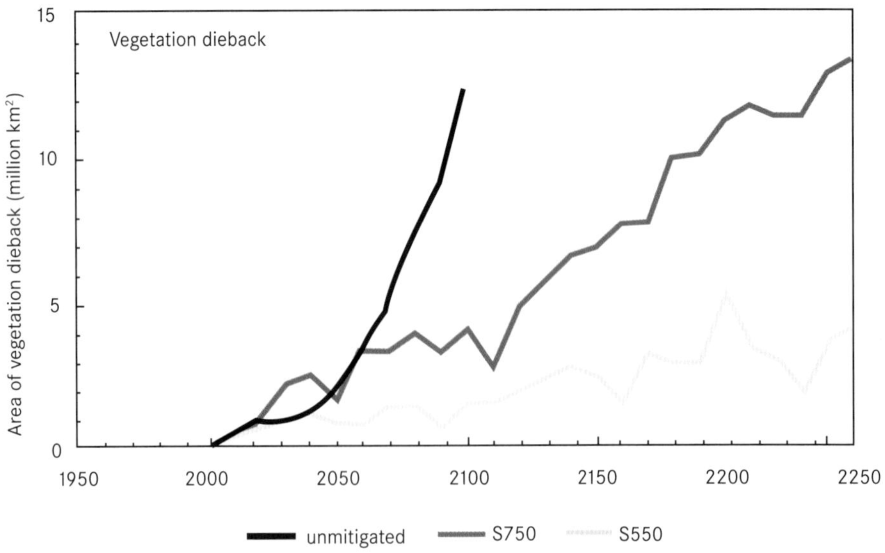

Fonte: IPCC.

Segundo os dados do relatório do grupo 2 do IPCC, aumentando o teor de gás carbônico no ar, as probabilidades de que o aumento da temperatura ultrapasse 2°C, comparado com o valor pré-industrial, dependendo do nível em que é estabilizado o CO_2 equivalente, são as que estão representadas na figura 19. Os 2°C são o valor que a União Europeia adotou como nível perigoso (não há concordância de todas as partes da Convenção do Clima). Isso é para o CO_2 equivalente, que inclui os efeitos dos outros gases de efeito estufa, como metano, óxido nitroso etc.

FIGURA 19

PROBABILIDADES DE ELEVAÇÃO SUPERIOR A 2°C

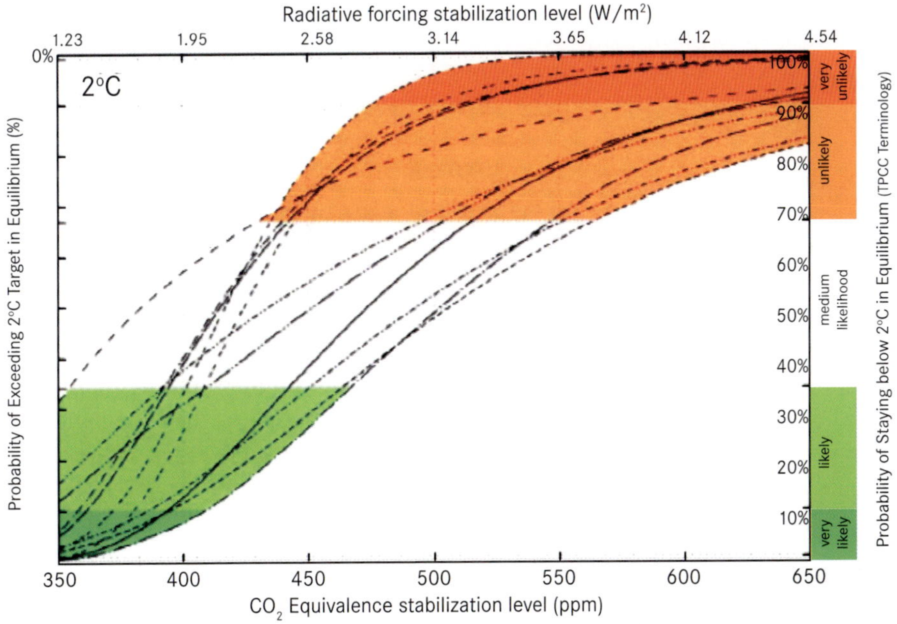

Fonte: IPCC.

Em 2009 já temos 387 ppm de gás carbônico no ar, 100 acima da época pré-industrial, e este número está aumentando cerca de 2 ppm por ano. Mas isso se refere apenas ao CO_2 em si; o impacto dos outros gases é equivalente a cerca de 40 ppm. Então, o que temos hoje representa 427 ppm equivalentes. Segundo a figura 19, a probabilidade de termos já ultrapassado 2°C, em termos de equilíbrio, está entre 15% e 65%. Então, já estamos em perigo.

Ninguém sabe exatamente qual é o teor de CO_2 que corresponde à catástrofe da perda da floresta amazônica, embora conste um dado intrigante naquele relatório Stern, de dezembro de 2007. Ele cita 430 ppm equivalentes como o valor capaz de matar a floresta amazônica. Provavelmente esse número tenha sido fornecido pelo Hadley Center, mas não há nada publicado que explique esse número; só se sabe que não deve estar muito longe da realidade.

É preocupante a tabela a seguir, que aparece na terceira parte do relatório do IPCC. Ela estima o custo, em percentagem do PIB mundial, para diferentes níveis de estabilização do CO_2 equivalente. O menor nível calculado é 455; não é 430, e, muito menos 400 ppm – estes valores nem entraram na análise. Publicar nos jornais que basta 0,05% ou 0,1% do PIB mundial para evitar catástrofes faz supor que podemos deixar o nível aumentar bastante, para 590 a 710 ppm, o que acabaria com a floresta amazônica, entre outras coisas.

TABELA

CUSTO PERCENTUAL DO PIB MUNDIAL PARA DIFERENTES NÍVEIS DE ESTABILIZAÇÃO DO CO_2 EQUIVALENTE

Table SPM.6: Estimated global macro-economic cost in 2050 relative to the baseline for least-cost trajectories towards different long-term stabilization targets[42] [3.3, 13.3]

Stabilization levels (ppm CO_2-eq)	Median GDP reduction[43] (%)	Range of GDP reduction[43,44] (%)	Reduction of average annual GDP growth rates (percentage points)[43,45]
590-710	0.5	-1 – 2	<0.05
535-590	1.3	slightly negative -4	<0.1
445-535	Not available	<5.5	<0.12

Fonte: IPCC (2007).

Resulta que não seria tão barato assim conseguir um nível aceitável, mas o custo tem que ser pago, porque o custo de deixar acontecer é muito maior. Se 430 é realmente o limite para a floresta amazônica, já estamos em 428, e este número está aumentando 2 ppm por ano. Então, há muito pouco tempo para evitar que aconteça, mas isso depende da decisão humana.

No último relatório, pela primeira vez, ressalta-se que manter a floresta seria uma opção de baixo custo no combate ao efeito estufa. Há muita evidência em favor disso. O desmatamento, entretanto, poderá estender-se ao longo da BR-163 (Santarém-Cuiabá), cuja reconstrução está prevista, e da grande e polêmica BR-319, rodovia Manaus-Porto Velho, que levaria o desmatamento para a Amazônia central.

Mas o importante é que isso pode ser evitado, com baixo custo em termos sociais e econômicos para o país, porque o grosso do desmatamento são as grandes fazendas, que sustentam uma população mínima, a dos vaqueiros, que precisam cuidar do gado. Teríamos, assim, um grande ganho em termos de efeito estufa, entre outras coisas. A figura 20 mostra a copa da floresta ao norte de Manaus. Preservando-a, contribuímos para evitar o efeito estufa, manter o ciclo hidrológico e a biodiversidade.

FIGURA 20

FLORESTA AO NORTE DE MANAUS

Foto: Philip M. Fearnside.

Esses valores representam muito mais do que se ganha com aquelas pastagens. Mais de três quartos dos impactos do Brasil no efeito estufa provêm do desmatamento, que leva à destruição da floresta com poucos ganhos. Essa deve ser, então, a primeira de nossas prioridades.

12

Uso da terra e biodiversidade na Amazônia

IMA CÉLIA GUIMARÃES VIEIRA

A biodiversidade da Amazônia está seriamente ameaçada pelos usos da terra que hoje predominam nessa imensa região. Assim, esses dois temas devem ser abordados em conjunto.

O que é a região amazônica? É uma região onde vivem cerca de 20 milhões de habitantes e que tem cerca de 700 mil quilômetros quadrados de ecossistemas nativos já modificados (dados até 2006). Vinte por cento do bioma amazônico já sofreram modificações. Foram protegidos (unidades de conservação e terras indígenas) 36% da região. Há 35 milhões de hectares de pastagens, dos quais a metade já está degradada. Substituindo a floresta primária há cerca de 20 milhões de hectares de floresta secundária – uma floresta chamada "de segunda natureza", como resultado das modificações operadas pelo homem.

A Amazônia é a maior e a mais diversa região de florestas tropicais do mundo. Existe nela uma extraordinária heterogeneidade ambiental: abriga entre 10% e 20% de todas as espécies que vivem hoje em nosso planeta. São conhecidas na região cerca de 40 mil espécies de plantas superiores, 2.500 espécies de vertebrados, 3 mil espécies de peixes e mil de aves.

As espécies não estão amplamente distribuídas na região. Ficam restritas a algumas áreas bem-delimitadas, que os taxonomistas e biólogos chamam de "áreas de endemismo". No caso dos primatas, por exemplo, cerca de 65% das espécies ocorrem em apenas uma área de endemismo. São conhecidas, na Amazônia, oito áreas de endemismo.

O uso da terra que mais tem crescido na Amazônia é a pecuária. O mapa da figura 1 mostra o crescimento do rebanho bovino no Brasil em diferentes anos.

O crescimento do rebanho bovino nacional, a partir da década de 1990, deu-se sobre a região amazônica. Registram-se, aproximadamente, 80% do incremento de cabeças de gado nos estados da região Norte. Na figura 1 observa-se que as áreas com crescimento positivo, em vermelho, estão nos estados do Amazonas, Acre, Rondônia, Roraima, Amapá, Mato Grosso, Tocantins e Maranhão (na área de fronteira com o Pará). Por outro lado, áreas tradicionais de pecuária em outras regiões tiveram o efetivo de cabeças reduzido (em azul). Ainda em 1990, a tendência de "transferência da pecuária bovina" para a região Norte já se mostrava evidente, principalmente nos estados do Mato Grosso, Roraima e Pará, na faixa de fronteira de ocupação ou o que se convencionou chamar "arco do desmatamento". O Pará, que atualmente mantém índices de crescimento de rebanho baixos, manteve duas décadas de crescimento agressivo do rebanho, destacando-se no quantitativo atual com aproximadamente 20 milhões de cabeças.

FIGURA 1

CRESCIMENTO DO REBANHO BOVINO NO BRASIL: AVANÇO SOBRE A AMAZÔNIA

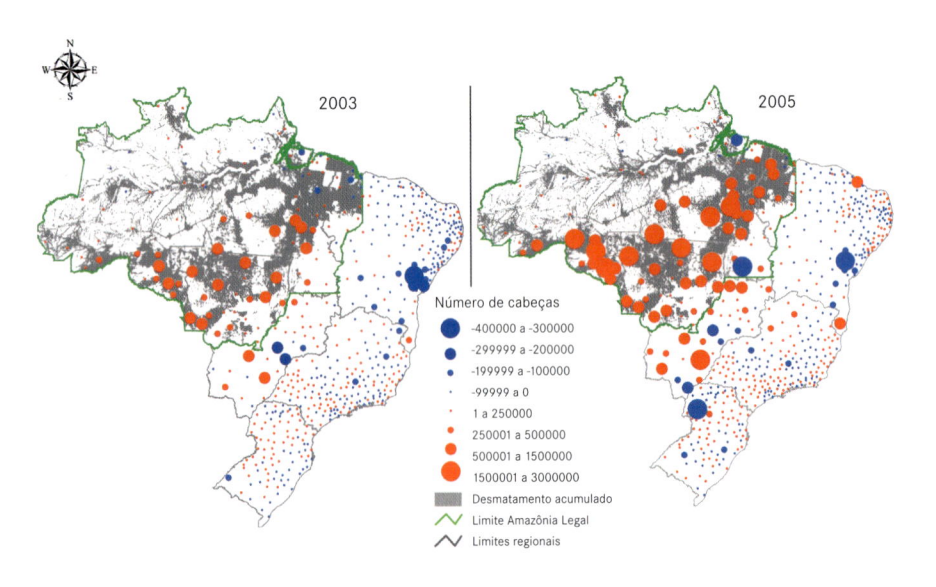

Fonte: Museu Paraense Emílio Goeldi/Rede Geoma.

Essa é, então, a principal atividade que ameaça, hoje, a biodiversidade na região, pois, para se plantar capim na região amazônica, é preciso desmatar.

Em 1998 havia, na Amazônia Legal, 55,8 milhões de hectares de terras não exploradas. Segundo os dados do Instituto Nacional de Pesquisa Espacial (Inpe), de 1998 a 2007 foram desflorestados, na região, 54,5 milhões de hectares, o que demonstra que as terras antes inexploradas já estão em uso ou foram abandonadas após o uso intensivo. Dados do IBGE mostram que, entre 1996 e 2006, a área total de lavouras e de pastagens na Amazônia Legal cresceu 23 milhões de hectares, dos quais 45% são pastagens.

Outro uso da terra que contribui para a transformação da paisagem da Amazônia é a agricultura. Nela avançam cultivos do agronegócio, como a soja, a cana-de-açúcar, que já está chegando aos cerrados de Roraima e de outras regiões, e também a agricultura familiar, de subsistência, de roça e queima, praticada por mais de 600 mil pequenos produtores. A mandioca, a principal cultura de subsistência, é produzida em quase todos os municípios do estado do Pará. A extração seletiva de madeira, embora não seja de corte raso, é a principal atividade que leva à degradação florestal, que se caracteriza por perdas da integridade estrutural e funcional de um ecossistema florestal e modifica a capacidade da floresta de regular o armazenamento e o fluxo de água, energia, carbono e elementos minerais.

Porém, a pecuária extensiva, por exigir pouquíssimo insumo – apenas uma caixa de fósforos para queimar a floresta, uma motosserra ou trator para cortá-la, e sementes de capim para plantar as gramíneas forrageiras – tem predominado na região. Grande parte dessa atividade em áreas de fronteira agrícola é realizada em terras públicas por meio de grilagem, associada ao trabalho escravo.

Na figura 2 observa-se que o sul e sudeste do Pará destacam-se na pecuária, e que a concentração do rebanho é maior nos municípios que margeiam as rodovias. Podem-se associar, de forma visual, os vetores de desflorestamento e de pecuária. As regiões com maiores perdas de florestas são as mesmas que ganharam rebanhos bovinos. Destaca-se São Félix do Xingu, hoje o município que mais desmata na Amazônia e que possui, aproximadamente, 1,7 milhão de cabeças de gado.

FIGURA 2

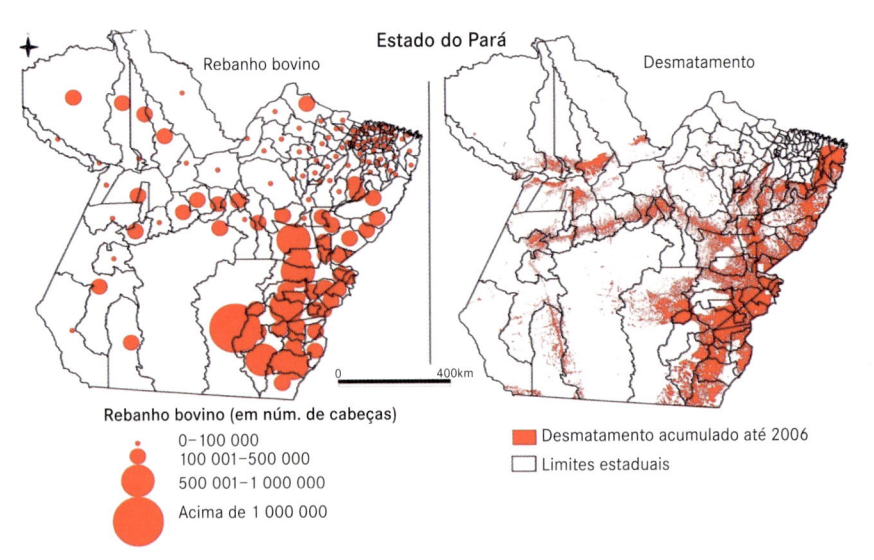

AVANÇO DA PECUÁRIA E DESMATAMENTO NO ESTADO DO PARÁ

Fonte: Museu Paraense Emílio Goeldi/Rede Geoma.

Outro uso da terra que tem se expandido na região é o plantio de árvores exóticas. Esse plantio tem aumentado, não só na região amazônica, mas no mundo tropical como um todo, e já alcança cerca de 700 milhões de hectares. Ressalte-se que há uma expansão prevista para novos plantios de árvores para a produção de biocombustíveis e projetos de reflorestamento e de sequestro de carbono.

Um aspecto importante nessa análise é diferenciar os tipos de paisagens em áreas de fronteiras novas e velhas na Amazônia. Como é a paisagem numa fronteira recente na região amazônica (figura 3)? Onde antes havia floresta, temos hoje uma área de fronteira nova: a matriz da paisagem ainda é a floresta, a mancha é um empreendimento, e os corredores são, geralmente, as estradas.

FIGURA 3

PAISAGEM EM UMA FRONTEIRA NOVA NA AMAZÔNIA

Foto: ONG Conservação Internacional.

Já uma área de fronteira antiga, como a região bragantina, no leste do Pará (figura 4), é uma paisagem totalmente fragmentada, onde a mancha é a floresta primária, a matriz é o empreendimento (florestal, pastagens, cultivos agrícolas), e os corredores são matas ciliares, que também sofrem com esse avanço dos usos da terra na região.

FIGURA 4

PAISAGEM EM UMA FRONTEIRA ANTIGA NA AMAZÔNIA
(ZONA BRAGANTINA — PARÁ)

Foto: Projeto Shift/ Empresa Brasileira de Pesquisa Agropecuária (Embrapa).

Até que ponto as perdas da biodiversidade causadas pelo desmatamento poderiam ser compensadas por iniciativas de mitigação do efeito de mudanças climáticas, tais como o plantio de árvores e florestas secundárias (conhecidas regionalmente como capoeiras)? Pesquisadores do Museu Goeldi já vêm estudando os impactos de diferentes usos da terra na biodiversidade desde 1993 e, mais recentemente, foi desenvolvido um experimento em larga escala de cooperação internacional com a Universidade de East Anglia para responder a essa pergunta.

É importante ressaltar que não há consenso quanto ao valor da biodiversidade nesses tipos de hábitats. Para as aves, pesquisadores mostraram que há redução na riqueza da biodiversidade, e outros autores mostraram que, para esses grupos taxonômicos, nas florestas secundárias a riqueza de espécies estava inalterada.

O caso das borboletas é ainda mais complicado, porque há diferenças com relação à estação climática. Há estudos sobre a estação seca que indicam maior riqueza na floresta secundária; nas estações chuvosas a riqueza é menor. Não é simples avaliar se há perda da biodiversidade com os diferentes usos da terra. Os estudos precisam ser bastante consistentes, de longa duração e capazes de avaliar diferentes grupos taxonômicos.

Questões metodológicas também poderiam explicar a falta de consenso entre vários estudos. Muitas vezes há falta de replicação espacial, há o que os pesquisadores chamam de transbordamentos, estudos em áreas adjacentes a florestas primárias, e há também falta de repetição sazonal.

Passo a relatar resultados muito recentes do trabalho desenvolvido pelos pesquisadores brasileiros e estrangeiros (ver, no final deste capítulo, sugestão de leitura sobre os resultados já publicados). Procurou-se avaliar o valor da biodiversidade em três opções de uso da terra que poderiam mitigar o efeito das mudanças climáticas. O primeiro seria a regeneração nativa em áreas degradadas (florestas secundárias); o segundo seriam monoculturas de árvores de crescimento rápido (plantio de eucaliptos); e o terceiro, a ausência de desmatamento, com o controle de florestas primárias.

Essa abordagem mobilizou mais de 30 taxonomistas e ecólogos para estudar diferentes táxons. É uma cooperação internacional liderada por pesquisadores britânicos e brasileiros, em parceria com o setor produtivo, o projeto Jari, controlado pelo gupo Orsa, empreendimento no norte do Pará que tem uma área muito grande de plantio de eucaliptos, além da produção de madeira.

Foram avaliados seis grupos de vertebrados, três grupos de invertebrados, árvores e cipós. A figura 5 mostra os tipos de florestas levantados pela equipe de pesquisadores de um projeto de cooperação internacional no norte do Pará, ilustrando as diferenças, tanto nos sub-bosques quanto no dossel desses três ambientes.

FIGURA 5

TIPOS DE FLORESTAS ESTUDADAS

(PROJETO DE COOPERAÇÃO INTERNACIONAL NO NORTE DO PARÁ)

Plantio de *Eucalyptus* de 4-5 anos

Floresta secundária de 14-20 anos

Floresta primária

Fonte: Museu Paraense Emílio Goeldi.

Diversas metodologias para levantamento de diferentes grupos foram empregadas pelos taxonomistas (figura 6), incluindo captura e recaptura, redes de neblina (captura de pássaros), *pitfalls* (armadilhas para captura de alguns grupos de animais) e várias outras.

FIGURA 6

METODOLOGIAS APLICADAS PELOS TAXONOMISTAS DO MUSEU PARAENSE EMÍLIO GOELDI E COLABORADORES (ÁREA DE ESTUDO NO NORTE DO PARÁ)

Fonte: Museu Paraense Emílio Goeldi.

Este importante experimento de grande escala avaliou, pela primeira vez de forma tão extensa, a perda de espécies nos três ambientes da figura 5. Entendemos por biodiversidade a riqueza em número de espécies. Logicamente há outras formas de falar em biodiversidade, como a diversidade genética e de ecossistemas, mas aqui se refere à composição em variedade de espécies.

Com relação às árvores (figura 7), encontrou-se uma riqueza de gêneros de árvores maior na mata primária (curva em verde), menor (curva em azul) na floresta secundária – que substitui a floresta em regeneração depois do corte raso – e, nos eucaliptos, há uma baixíssima riqueza de árvores, que nem aparece na escala da figura. Na verdade, o eucalipto é uma monocultura, e poucas árvores crescem debaixo dele.

FIGURA 7

RIQUEZA DE GÊNEROS DE ÁRVORES

(FLORESTAS PRIMÁRIAS, SECUNDÁRIAS E EUCALIPTO DO NORTE DO PARÁ)

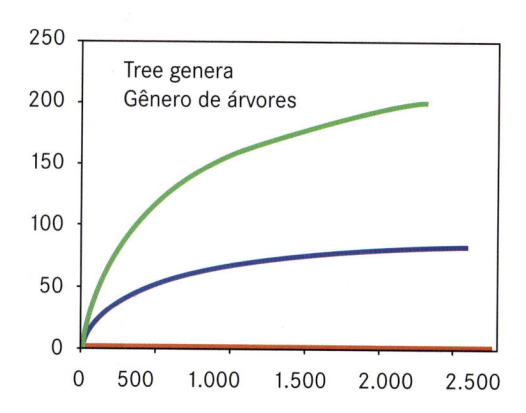

Fonte: Museu Paraense Emílio Goeldi.

Com relação aos grupos dos anfíbios (figura 8), lagartos, aves, borboletas e aracnídeos, a riqueza da fauna para esses grupos também refletiu a riqueza da vegetação. Há, por exemplo, uma quantidade maior de espécies de anfíbios na mata primária, seguido da floresta secundária e, depois, na área de eucalipto (curva em vermelho).

FIGURA 8

RIQUEZA DE ANFÍBIOS

(FLORESTAS PRIMÁRIAS, SECUNDÁRIAS E EUCALIPTO NO NORTE DO PARÁ)

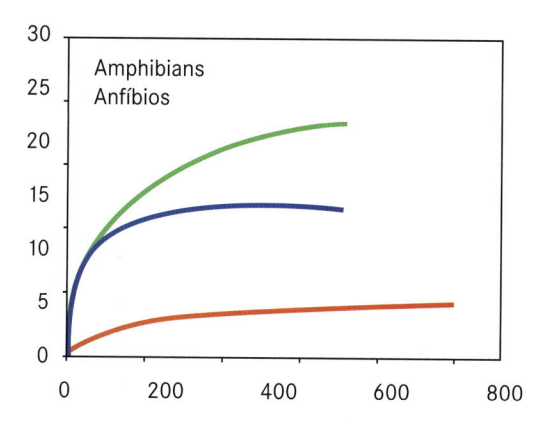

Fonte: Museu Paraense Emílio Goeldi.

Para morcegos e besouros não houve diferença significativa entre florestas secundárias e de eucaliptos, mas ambas ficam bem abaixo de florestas primárias.

Já com relação aos mamíferos grandes (figura 9), primatas e alguns felinos não houve diferença entre florestas primária e secundária, enquanto na área de eucalipto houve uma diminuição muito grande.

FIGURA 9

RIQUEZA DE GRANDES MAMÍFEROS
(FLORESTAS PRIMÁRIAS, SECUNDÁRIAS E EUCALIPTO NO NORTE DO PARÁ)

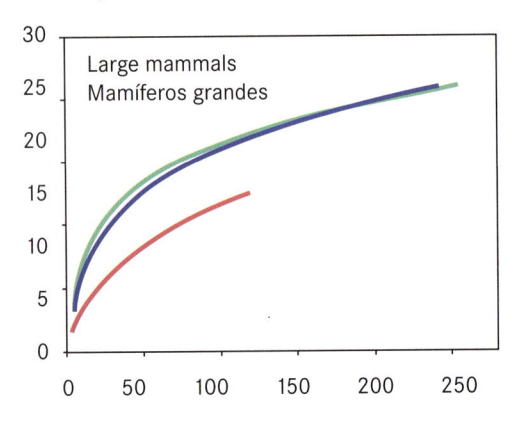

Fonte: Museu Paraense Emílio Goeldi.

Finalmente, para mamíferos pequenos, abelhas, moscas de frutas não foram encontradas diferenças estatisticamente significativas entre os três ambientes.

Vejam-se, agora, os resultados com relação à composição das espécies. Aqui eles referem-se não ao número ou riqueza em espécies, mas especula-se se as espécies (por exemplo, de árvores) nas florestas primárias são as mesmas que nas secundárias ou nas de eucaliptos, ou se são diferentes, mesmo que a variedade (número total de espécies diferentes) seja comparável nos diferentes hábitats.

Para árvores e cipós resulta que os grupos de espécies nos três hábitats são muito diferentes; não têm absolutamente nenhuma relação. As espécies que dominam as florestas primárias são completamente diferentes daquelas que dominam as secundárias ou de eucaliptos. O mesmo vale para aves, borboletas, mamíferos grandes e besouros.

Para pequenos mamíferos, moscas de fruta e lagartos, não há diferenças significativas entre florestas secundárias e plantações de eucaliptos, mas ambas diferem das florestas primárias. Não dá para distinguir entre florestas primárias e secundárias para anfíbios, abelhas e aracnídeos, embora elas difiram das de eucaliptos.

Na região norte do Pará, onde predomina o plantio de eucaliptos, resulta que a composição de espécies é muito mais importante do que o número total delas: há diferenças bem grandes na composição. Em florestas de eucaliptos pode haver grupos de espécies totalmente diferentes daquelas que habitavam numa floresta primária.

Em outra região do estado do Pará, onde predomina a pastagem, a região de Paragominas, foram feitos estudos para árvores, pássaros, morcegos e formigas. Em cada um dos quatro quadros da figura 10, a barra da esquerda mostra o número de espécies nas florestas remanescentes das primárias (que são áreas totalmente fragmentadas), a do meio em pastagens degradadas e a da direita nas florestas secundárias. Espécies florestais primárias estão marcadas em negro, e as não florestais, em cinza.

FIGURA 10

ESPÉCIES ENCONTRADAS DE ÁRVORES, AVES, MORCEGOS E FORMIGAS
(FLORESTAS PRIMÁRIAS, SECUNDÁRIAS E PASTAGENS
DEGRADADAS DE PARAGOMINAS — PARÁ)

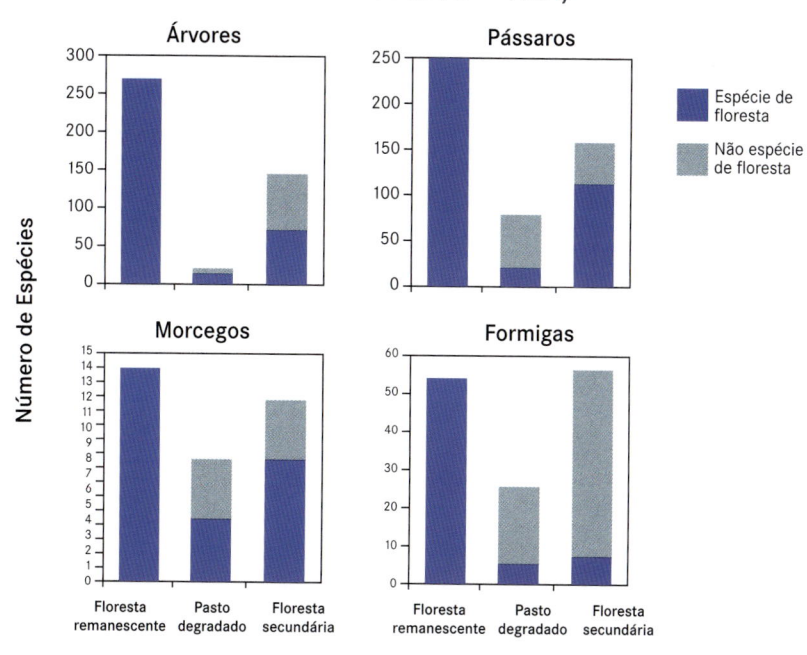

Fonte: Museu Paraense Emílio Goeldi.

Em vários casos o número de espécies é bastante diferente nesses três ambientes. O mais interessante é que as espécies que estão dominando nos ambientes de pastagem degradada e de floresta secundária também são diferentes das que dominavam na floresta primária. No primeiro quadro, quando na floresta primária havia cerca de 270 espécies de árvores, menos de 100 delas conseguem regenerar-se numa floresta secundária cerca de 15 a 16 anos após a destruição da floresta remanescente. As outras espécies de árvores que aparecem (marcadas em cinza) são completamente diferentes daquelas que dominavam na floresta primária.

O mesmo pode ser atribuído em relação às aves, não só na floresta secundária, mas também na área de pastagem – um grupo muito grande de espécies não estava presente na floresta primária. Para morcegos, a mesma situação. A riqueza de morcegos é comparável à da floresta primária, mas apenas cerca de metade das espécies é similar ao que temos naquele tipo de floresta.

Para formigas, a diversidade pode ser até maior do que nas florestas remanescentes. Muitas espécies são colonizadoras e dominam rapidamente ambientes alterados, mas apenas seis ou sete espécies das 55 encontradas em florestas remanescentes aparecem na floresta secundária (figura 10).

Outro trabalho feito no Museu Goeldi mostra que, em plantações de paricá (*Schizolobium amazonicum* Huber ex Ducke) – espécie nativa de rápido crescimento, muito utilizada hoje para produção de caixotes, amplamente implantada na região – há uma grande diferença quanto ao número de espécies de aves em relação ao que ocorre nos outros usos da terra (figura 11). Isto quer dizer que o plantio de árvores, nesse caso, não favoreceu a manutenção da biodiversidade. Pelo contrário, é pior até do que na pastagem degradada. Uma floresta secundária chega mais perto do número de espécies da mata primária, e as espécies nativas também chegam a mais da metade das que viviam nessa floresta primária.

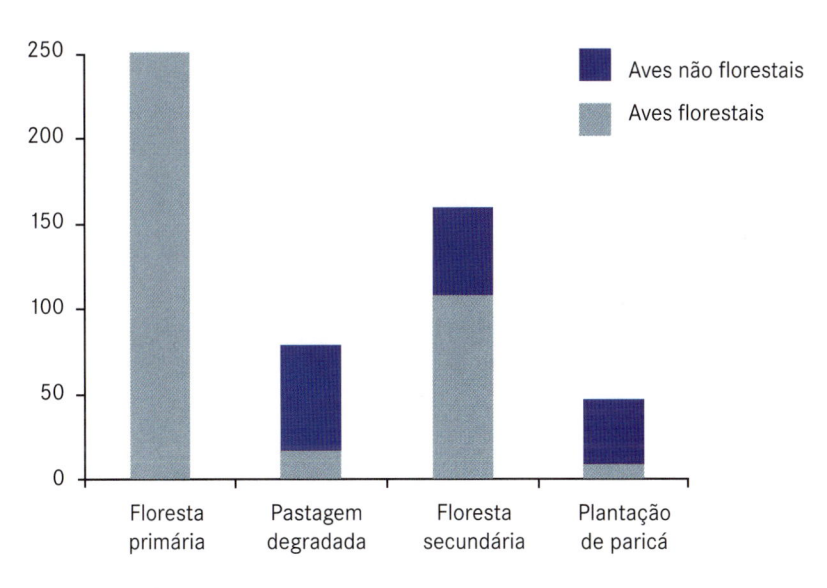

FIGURA 11

NÚMERO DE AVES ENCONTRADAS EM DIFERENTES AMBIENTES
(PARAGOMINAS — PARÁ)

```
            Aves não florestais
            Aves florestais
```

Eixo Y: 0, 50, 100, 150, 200, 250
Eixo X: Floresta primária, Pastagem degradada, Floresta secundária, Plantação de paricá

Fonte: Dados de M. Henriques.

Todos esses resultados mostram que deve existir preocupação com o que se chama de "flora e fauna futuras" da região amazônica. Que flora e fauna haverá na região amazônica apenas com a intensificação da ocupação da região (mesmo sem qualquer mudança climática)? Quais são as espécies que conseguem se regenerar ou sobreviver em paisagens antrópicas, onde a floresta permanece apenas como fragmento e não mais como a matriz?

Foram feitos estudos para caracterizar as espécies encontradas nesses ambientes alterados. Para árvores, todas as espécies com sementes grandes que não têm capacidade de brotar são as que dependem de remanescentes de florestas. Sem esses remanescentes, elas certamente desaparecerão, porque não têm capacidade de ocupar ambientes alterados.

As espécies que não dependem dos remanescentes de floresta, podendo avançar sobre uma paisagem fragmentada, são aquelas que brotam após a queimada (o fogo acaba estimulando que brotem em tocos de árvores), ou aquelas com sementes pequenas, que facilmente se dispersam para pastagens ou outras áreas agrícolas. Na avaliação de uma das regiões do leste do Pará essas espécies constituem apenas 20% da flora de árvores nativas das florestas primárias. Assim, apenas 20% têm condições de permanecer numa paisagem fragmentada; as outras dependem de remanescentes florestais ou desaparecem com o tempo, por carecer de capacidade de autorreprodução.

Pássaros que conseguem permanecer na paisagem fragmentada são espécies com dieta generalista e de porte pequeno. Formigas que sobrevivem são as espécies generalistas, coletoras de sementes, espécies cortadoras, saúvas.

A figura 12 representa o que chamamos de centro de endemismo Belém. Uma espécie se diz endêmica quando concentrada em determinada região, que é, para ela, um centro de endemismo. Este fica a leste de Belém, abrangendo parte do Maranhão. Esse centro, onde as espécies endêmicas são bastante abundantes, é o mais impactado de todos. O verde mais intenso representa florestas densas, que hoje são poucas. Há muito mais florestas secundárias, já em estado mais avançado. Usos da terra variados são representados em tons vermelho e laranja. Nesse centro de endemismo restam apenas 33% de florestas primárias. Em termos de perda de diversidade ele já se aproxima da mata Atlântica.

FIGURA 12

MAPA DE USO DA TERRA E COBERTURA VEGETAL NO CENTRO DE ENDEMISMO
(BELÉM — PARÁ)

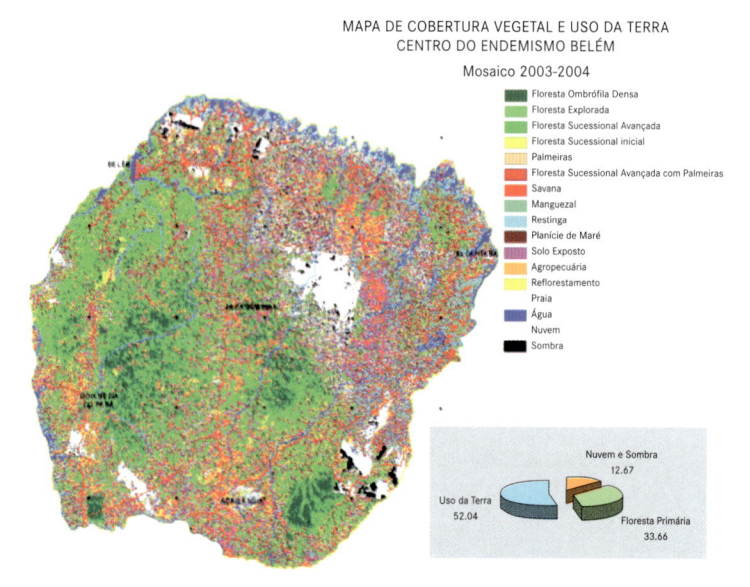

Fonte: Museu Paraense Emílio Goeldi.

Nesse centro de endemismo Belém vivem cerca de 6 milhões de pessoas, são 147 municípios – 62 no Pará e 85 no Maranhão –, 41 áreas protegidas. Sessenta e sete por cento da cobertura florestal já foram convertidos para diversos usos da terra. Dos 33% das florestas remanescentes, 10% são florestas exploradas, e apenas 23% são florestas intactas, que estão principalmente nas áreas protegidas e em áreas de propriedades particulares.

O Museu Goeldi fez um esforço muito grande, junto com a Conservação Internacional e a Secretaria de Estado de Meio Ambiente do Pará, para elaborar a lista de espécies ameaçadas do estado. Crê-se que, hoje, apenas oito estados tenham suas listas de espécies ameaçadas concluídas no Brasil. Essa lista é surpreendente, contando já com 176 espécies entre árvores e seis grupos taxonômicos de animais vertebrados e invertebrados. No centro de endemismo Belém, 30 das espécies ameaçadas no Pará são endêmicas dessa região, que já está com apenas 23% de floresta remanescente. Essas espécies endêmicas só são encontradas nessa região, e em nenhum outro lugar do planeta. Algumas dessas espécies são importantes, como acapu e mogno, no caso de árvores; alguns primatas, como o macaco coxiu, um mamífero primata bastante conhecido, endêmico da região amazônica, além de outras espécies de árvores, répteis, pequenos mamíferos e peixes.

Comparando-se o número de espécies que já estão numa lista de ameaçadas de extinção nesse estado com uma lista do Museu Goeldi de novas descobertas da biodiversidade nos últimos seis anos, com todos os problemas de produção de conhecimento científico na Amazônia, como o número de doutores insuficiente, baixo número de cursos de pós-graduação etc., ver-se-á que, hoje, cresce mais o número de espécies ameaçadas de extinção do que o de novas descobertas.

Um levantamento feito no Museu Goeldi por cerca de 25 pesquisadores taxonomistas identificou 70 novas espécies de animais e plantas na região amazônica, principalmente no estado do Pará e no Amapá; os mesmos pesquisadores apresentam uma lista de 176 espécies conhecidas já há muito tempo ameaçadas de extinção.

A velocidade com que o conhecimento científico da biodiversidade na região amazônica vem crescendo está muito aquém da perda de biodiversidade que tem sido registrada na região. Não se está falando ainda sobre as mudanças climáticas, não se tem nenhum estudo que avalie qual será a perda de biodiversidade associada às mudanças climáticas – provavelmente vai ser tão grande ou maior que o apresentado aqui. Para que se possa avaliar essa perda, questão que hoje está na mídia nacional e internacional, é preciso que sejam construídos programas consistentes de ciência e tecnologia para a região amazônica.

Vários fóruns de discussão têm sido realizados para a elaboração de um plano de ciência e tecnologia diferenciado para a Amazônia, mas tem sido uma tarefa árdua. Essa região é diferente: requer cuidado muito grande, e seu atraso científico e tecnológico é enorme. Não se conseguiu, nos últimos anos, dar conta de uma agenda científica de pesquisa, necessária para que se chegue ao chamado "desenvolvimento sustentável" dessa enorme região.

Neste momento a botânica está em crise na Amazônia. O quadro é assustador: há talvez cinco sistematas profissionais em botânica *ativos* nas instituições regionais. Isto corresponde a um sistemata para cada 1 milhão de quilômetros quadrados e, aproximadamente, para cada 10 mil espécies da flora amazônica. Se não forem identificadas estratégias de ação para acoplar qualidade e inovação na formação de novos botânicos na região, chegar-se-á a ponto irreversível na Amazônia, quando não haverá mais a necessária massa crítica de botânicos para capacitar futuras gerações de cientistas capazes de levantar, identificar, mapear e entender a biodiversidade.

Existem políticas públicas associadas às questões de mudanças climáticas, de conservação e de gestão da biodiversidade que têm sido interessantes no Brasil. Isso tem levado a pensar sobre que políticas públicas podem ser estabelecidas para que essa situação se reverta.

Certas conclusões devem ser ressaltadas: a questão da biodiversidade, muitas vezes considerado um termo muito amplo, atrapalha um pouco as avaliações e contextualizações. É preciso que sejam feitos estudos com táxons específicos para avaliar quais são os impactos dos diversos usos da terra e das mudanças climáticas nessa biodiversidade. Os estudos não devem se concentrar em riqueza, mas em composição de espécies, que é o problema maior. Os estudos do Museu Goeldi corroboram que existem diferentes conclusões para diferentes táxons, que respondem de forma diferenciada a esses usos da terra.

Os estudos devem se concentrar em diferentes paisagens, em fronteiras novas e antigas – as respostas são diferentes. Os experimentos precisam ser de longa duração (há inúmeros projetos, mas de curta duração) e, algumas vezes, programas inteiros no sistema nacional de ciência e tecnologia desaparecem ou são enfraquecidos, como o Programa Ecológico de Longa Duração (Peld), que hoje sofre no Conselho Nacional de Desenvolvimento Científico e Tecnológico (CNPq) por falta de recursos.

A mitigação dos efeitos das mudanças climáticas poderá também ajudar na conservação da biodiversidade na Amazônia? Como mitigar o efeito dessas mudanças? Em vez de plantar soja, plantar árvores; em vez de desmatar, evitar o desmatamento; valorizar os produtos da floresta em cadeias técnico-produtivas, como tem dito a professora Bertha Becker quando prega uma revolução tecnológica para a Amazônia, baseada na biodiversidade.

Em geral, plantações de árvores não são desertos verdes e atraem alguma biodiversidade. As florestas secundárias fornecem um hábitat de melhor qualidade para a maioria desses táxons do que as plantações, e trazem também outros benefícios para as populações locais, como o sustento, utilização de lenha e carvão etc.

Assim, tanto plantações quanto florestas secundárias poderiam complementar a proteção das florestas remanescentes, porém o mais importante é que a floresta primária é insubstituível para uma porção significativa da flora e fauna nativas. Evitar o desmatamento é, de longe, a melhor opção para mitigar os problemas das mudanças climáticas de forma eficaz.

Portanto, o grande desafio da Amazônia é ter essa revolução biotecnológica, uma revolução de ciência e tecnologia que favoreça o uso da floresta, que faça com que a floresta permaneça em pé e não seja transformada para outros usos da terra, que trazem mais problemas do que soluções.

Com relação às políticas públicas de serviços ambientais – discutidas sempre quando se apresenta o tema das mudanças climáticas – a principal questão é: que serviços ambientais a floresta pode fornecer? Serviços de biodiversidade, de manutenção de clima, de hidrologia?

Já existem no país políticas voltadas para serviços ambientais, nas regiões Sul e Sudeste. Na bacia do rio Piracicaba, 1% da arrecadação referente à distribuição de água vai para um fundo municipal de proteção de nascentes. O Fundo Estadual de Recursos Hídricos de São Paulo destina um percentual da arrecadação para fomentar projetos e atividades de proteção aos recursos hídricos. Existe uma discussão sobre o ICMS ecológico, que apenas neste momento chega à região amazônica, mas ainda não foi implementado. O Paraná destina 5% deste tributo para a área florestal; Minas

Gerais, 1%, e assim em outros estados, conforme as respectivas legislações estaduais.

A lei estadual Chico Mendes, no Acre, dá um subsídio à produção de borracha, com reconhecimento ambiental e econômico das populações extrativistas. Cerca de 5 mil famílias são beneficiadas – 20% da população extrativista do estado. As reservas particulares de patrimônio natural (RPPNs) têm redução de cobrança do imposto territorial rural. Existem leis de defesa e proteção da pesca em determinados períodos, dependendo da espécie, com mensalidades para compensar os pescadores. Mais recentemente, na Amazônia, o Proambiente, uma política pública, que nasce nos movimentos sociais, foi implementado. É um programa que prevê um fundo de remuneração de serviços ambientais para práticas sustentáveis, que não desmatem, mas preservem florestas. Existem, hoje, 11 polos de atuação do Proambiente na Amazônia.

Na verdade não há necessidade, hoje, na Amazônia, de mais desmatamentos. Já se chegou à relação exigida em nível de propriedade: 80 – 20, ou seja, 20% de utilização e 80% de preservação. No território amazônico, 20% já estão alterados. Isso significa uma área muito grande, que poderia ser utilizada para a agricultura, para produzir alimentos, criar gado, sem desmatar absolutamente mais nenhuma outra área da região amazônica.

O estado do Pará, por exemplo, já tem 17% de sua área desmatados. Muitas dessas áreas estão abandonadas e poderiam, em um programa de recuperação de áreas degradadas, dar conta da produção de alimentos e garantir segurança alimentar para a população do estado.

Isso também se aplica a outros estados. O estado do Amapá, hoje, exporta cerca de 80% dos frangos, da carne bovina, até da farinha de mandioca que produz. Embora tenha 58% de sua área preservada, o estado tem problemas de segurança alimentar. O abastecimento é quase todo baseado na produção que vem do Pará, que também produz quase toda a carne bovina consumida no estado do Amazonas.

Essas questões associadas à biodiversidade, ao uso da terra, à segurança alimentar, que foram abordadas, devem causar preocupação de imediato, pois são muito mais sérias, mais prementes – e têm causado mais modificações na população e na paisagem em geral – do que as mudanças climáticas, que hoje dominam a mídia no Brasil e no mundo.

Sugestões para leitura

BARLOW, J. et al. Quantifying the biodiversity value of tropical primary, secondary, and plantation forests. *Proceedings of the National Academy of Sciences of the United States of America (PNAS)*, v. 104, n. 47, p. 18555-18560, Nov. 2007. Disponível também em: <www.ncbi.nlm.nih.gov/pmc/articles/PMC2141815/>. Acesso em: nov. 2009.

BECKER, B. K. Revisão das políticas de ocupação da Amazônia: é possível identificar modelos para projetar cenários? *Parcerias Estratégicas*, n. 12, p. 135-159, 2001.

VIEIRA, I. C. G.; TOLEDO, P. M.; SILVA, J. M. C.; HIGUCHI, H. Deforestation and threats to the biodiversity of Amazônia. *Brazilian Journal of Biology*, São Carlos, SP, v. 68. n. 4, 631-637, 2008. Disponível também em: <www.scielo.br/scielo.php?pid=S1519-69842008000500004&script=sci_arttext>. Acesso em: nov. 2009.

13   Desenvolvimento autossustentável da Amazônia

EUSTÁQUIO REIS

Vou abordar, de início, o desenvolvimento sustentável, depois o contexto geográfico da Amazônia, evidências sobre causas e custos do desflorestamento e políticas de desenvolvimento sustentável. Mais informações podem ser obtidas nos sites <www.obt.inpe.br/prodes/>, <www.ibge.gov.br> e <www.ipeadata.gov.br>, bem como em bibliografia e em estudos referentes à questão no site <www.nemesis.org.br>.

A questão do desenvolvimento sustentável ganhou notoriedade com o relatório da Comissão Brundtland da ONU, publicado em 1987, no qual foi proposta essa ideia de que seria viável um desenvolvimento capaz de atender às necessidades da geração presente sem comprometer a capacidade das gerações futuras de satisfazerem suas próprias necessidades. Isso, obviamente, é um desiderato de qualquer processo de desenvolvimento. O conteúdo operacional dessa proposição é que temos de legar às gerações futuras uma base efetiva de recursos econômicos e de recursos naturais renováveis – além dos exauríveis – que lhes facultem atingir os níveis de bem-estar almejados.

Economistas e ambientalistas têm concepções distintas quanto a qual seria essa base efetiva. Para os economistas, o importante é que se mantenha o valor desses recursos constante ao longo do tempo, que se transmita às novas gerações um capital de valor pelo menos igual e capaz de gerar o mesmo nível de bem-estar que o capital recebido das gerações passadas. É uma noção fundamentalmente de valor, e não importa qual seja a composição desse capital em termos de recursos naturais ou de capital físico construído pelo homem.

Os ambientalistas, por seu lado, têm uma percepção muito mais aguda de que é indispensável preservar determinadas quantidades do estoque de capital natural, porque existem limites mínimos necessários ao funcionamento não só do sistema ecológico, mas também do sistema econômico, para que se possa continuar aumentando ou, pelo menos, mantendo o nível de bem-estar da sociedade.

Obviamente, a questão fundamental aí é a complementaridade ou substitutibilidade entre o capital construído pelo homem e os recursos naturais. Para os economistas existem muitas maneiras de substituir recursos naturais por capital construído pelo homem, enquanto para os ambientalistas existe uma noção muito mais estrita de complementaridade e de limitações.

Juntamente com essa ideia, surge a questão da incerteza. Não sabemos o que vai ocorrer no futuro; portanto, temos que usar de precaução quanto aos limites de utilização de recursos naturais ou ao esgotamento do estoque de recursos naturais para que não se atinjam regiões em que se tornaria impossível a manutenção do bem-estar da sociedade nos níveis atuais.

É irônico, de certa maneira, esse confronto que vemos hoje entre economistas e ambientalistas. Isso porque os economistas (Malthus, Ricardo, Stuart Mill e outros) foram originalmente – todos eles – pessimistas quanto à capacidade do sistema econômico de suprir as necessidades da sociedade. Malthus argumentou que a população cresce em progressão geométrica e a expansão dos produtos agrícolas em progressão aritmética. Isso levaria à geração de ciclos em que se esgotaria a capacidade de suprimento, acarretando uma queda de população, que depois, então, alternaria ciclos de crescimento e de queda.

Stuart Mill, por volta de 1860-1870, advertia para o esgotamento das reservas de carvão na Inglaterra e para os limites ao crescimento que isso imporia. Ambos, naturalmente, se demonstraram errados. Malthus não percebeu que o progresso tecnológico poderia incrementar a produtividade na agricultura. Stuart Mill não imaginou que esse progresso levaria a energias alternativas. Hoje o carvão continua sendo usado e ainda é um problema, mas não pelo esgotamento das reservas. O problema é o esgotamento da capacidade de absorção da atmosfera terrestre para os subprodutos da queima do carvão.

A economia, no início, era conhecida como a ciência do mau agouro, que previa uma catástrofe final. Atualmente os economistas têm uma percepção otimista em comparação com os ambientalistas. Isso fica claro a partir, por exemplo, das previsões do Clube de Roma, em 1970, sobre esgotamento de recursos naturais: os economistas – pelo menos boa parte deles – consideravam isso uma percepção equivocada, que não levava em conta a capacidade do progresso tecnológico de substituição desses recursos.

Para que se tenha um desenvolvimento sustentável, é preciso satisfazer alguns critérios. O primeiro deles é a resiliência do sistema ecológico: o sistema deve ter uma capacidade de adaptação a choques externos. Qualquer sistema ecológico enfrenta choques internos e oscilações naturais, e acaba retornando ao equilíbrio. Existem, contudo, choques bastante grandes, que vêm de fora do sistema, e ele precisa ter uma capacidade de adaptação a isso. O exemplo clássico, hoje, é a emissão de carbono pelas fontes antropogênicas. Boa parte dos cientistas admite que, atualmente, já estamos começando a desafiar a capacidade de adaptação do sistema ecológico nesse sentido.

Além da resiliência, que seria essa capacidade de adaptação, há dois outros critérios que são mais econômicos e sociais. Um é a eficiência, a necessidade de maximizar o retorno da utilização de recursos naturais, um princípio clássico em economia. Outro é a equidade nas relações entre pobreza e meio ambiente: em que medida mais pobreza leva à tentativa de sobreviver utilizando intensamente os recursos naturais e, com isso, produz mais degradação ambiental e mais pobreza. Daí a importância de priorizar os problemas sociais.

Em termos de implicações para a política de desenvolvimento sustentável, ainda num nível bastante abstrato, um problema fundamental é a valoração dos serviços ambientais. É preciso valorar os sistemas ecológicos pelos serviços que prestam, o que não é, necessariamente, feito pelo mercado. Diversos serviços não possuem um valor dado pelo mercado. Temos que estimar esse valor e imputar um preço, seja pela regulação, pela taxação, ou por qualquer outro mecanismo de política econômica.

Esses efeitos que ocorrem externamente ao mercado são chamados de externalidades. Um exemplo é a camada de ozônio, que protege as pessoas da radiação ultravioleta sem que ninguém pague por isso. Tem-se, nesse caso, de firmar um tratado, fixando níveis máximos de emissões permitidas e impondo impostos se ultrapassados. Além da regulação, isso requer a monitoração ou valoração ambiental.

Um dos grandes documentos sobre as repercussões econômicas do aquecimento global, lançado em 2006, foi o relatório Stern, organizado por sir Nicholas Stern a pedido do primeiro-ministro da Inglaterra. É um relatório da maior importância, com cerca de 700 páginas, que discute uma série de questões relacionadas com aquecimento global e problemas socioeconômicos. A mensagem final é que os benefícios de uma ação forte e imediata seriam bastante maiores do que os custos econômicos da inação. Assim, haveria um ganho muito grande se atuássemos imediatamente.

Para dar cifras, o relatório calcula que a inação levaria a uma perda anual estimada entre 5% e 20% do PIB mundial, em perpetuidade. Naturalmente, grande parte disso ocorreria num futuro distante. Já o custo de implementar ações drásticas imediatas seria de 1% do PIB anualmente, e permitiria estabilizar as emissões de CO_2 em cerca de 450 a 550 ppm (partes por milhão), perto do nível atual de 432 ppm. Em junho de 2008 Stern retificou a estimativa do custo de ações imediatas para 2%, diante de informações de que o aquecimento global está ocorrendo com velocidade maior do que a prevista.

Stern propõe uma série de soluções: dar preço ao carbono, por meio de taxação, direitos de emissão e comércio, e regulação. Propõe, também, o uso de tecnologias para reduzir as emissões, além da remoção de barreiras à eficiência energética. Ele considera dois cenários sobre evolução do clima: um cenário básico, com elevação de temperatura média global entre 2°C e 4°C, e um cenário mais elevado, com 5°C a 6°C de aquecimento no futuro.

Stern considera, então, várias alternativas a partir disso, analisando apenas o impacto de mercado, somando a isso o risco de catástrofe e acrescentando mais alguns efeitos difíceis de valorar, como problemas de saúde e morbidade. A tabela 1 mostra as perdas percentuais médias. Conforme antecipei, é alguma coisa que pode oscilar entre 2,1% e 14,4% – dependendo do que se está supondo.

TABELA 1

PERDAS PERCENTUAIS MÉDIAS

Losses in current per-capita consumption from six scenarios of climate change and economic impacts*				
Scenario		Balanced growth equivalents: % losso in current consumption due to climate change		
Climate	Economic	Mean	5th percentile	95th percentile
Baseline climate	Market impacts	2.1	0.3	5.9
	Market impacts + risk of catastrophe	5.0	0.6	12.3
	Market impacts + risk of catastrophe + non-market impacts	10.9	2.2	27.4
High climate	Market impacts	2.5	0.3	7.5
	Market impacts + risk of catastrophe	6.9	0.9	16.5
	Market impacts + risk of catastrophe + non-market impacts	14.4	2.7	32.6
* Utility discount rate = 0,1% per annum; elasticity of marginal utility of consumption = 1.0				

Fonte: Stern Report.

Num artigo extremamente interessante, Martin Weitzman, um economista de Harvard, faz uma revisão do relatório Stern. Enfatiza que grande parte dos efeitos nocivos vão ocorrer em um século ou um século e meio. Weitzman diz o seguinte: "O relatório Stern não traz grandes novidades em termos de evidência científica. O que ele faz é empregar uma taxa de juros muito baixa em relação a que os economistas em geral empregam". Mas de certa maneira ele justifica o relatório Stern, levando em conta que há grandes incertezas e probabilidades de catástrofe conhecidas, que poderiam levar a quedas muito abruptas de nível de atividade no futuro. Com isso legitima as conclusões do relatório Stern ao dizer que, na verdade, estamos comprando uma apólice de seguro contra um evento que tem uma probabilidade de ocorrência muito pequena, mas que, se acontecer, terá um custo muito drástico.

Passemos à questão da Amazônia, das causas do desflorestamento, seus agentes e motivação. Quais são os agentes que desmatam? São os madeireiros? Os pequenos produtores ou os grandes? Os pecuaristas? Os plantadores de soja? Quais são os padrões espaçotemporais do desflorestamento? Ele decorre de falhas de mercado ou das políticas?

Havendo uma abundância de terra e de recursos naturais não apropriados, as pessoas tendem a usar de maneira ineficiente esses recursos, porque têm, teoricamente, um preço zero. O abuso desses recursos gera uma série de ineficiências. Elas decorrem não só dessas falhas de mercado, mas de políticas econômicas equivocadas, de falências institucionais. A capacidade de monitorar, fiscalizar e administrar a Amazônia é muito limitada: há pouca polícia, pouca justiça, pouca vigilância do Ibama. Tudo isso são causas do desflorestamento.

Mais importante talvez seja ter uma ideia da relação entre custos e benefícios do desflorestamento, permitindo uma avaliação de qual seria o valor da floresta intacta. Os custos e os valores podem ser tanto do uso direto quanto do indireto, como o valor da simples existência desses recursos.

Sabemos que as florestas tropicais prestam serviços ambientais básicos. Um deles é sequestrar carbono. Uma floresta tropical é capaz de acumular 20 a 50 vezes mais do que uma agricultura que a substitua na mesma área. Ela pode sequestrar 300 toneladas de carbono por hectare, enquanto na agricultura seriam de 15 a 30. Isso é fundamental para a estabilidade climática global.

Outro benefício seria a preservação da biodiversidade, tanto estético (turismo ecológico) quanto científico. Existem conhecimentos que estão embutidos nos organismos e seres vivos da floresta e que podemos aproveitar para aplicar em outras áreas. Esse também é um benefício de caráter global.

A floresta, pela evapotranspiração, também contribui para a estabilidade climática regional. As chuvas em São Paulo são, em parte, determinadas pela umidade da Amazônia — e não só em São Paulo, mas na Argentina também. Esse é um benefício basicamente nacional, mas, em parte, transnacional.

O equilíbrio hidrológico e proteção das bacias é um benefício local e regional. O desmatamento produz assoreamento e uma série de problemas para as bacias. Reciclagem de nutrientes nos solos e proteção contra suscetibilidade ao fogo também são um benefício local.

Uma ideia fundamental dentro da economia é a de apreçar, de valorar os recursos naturais. O quadro a seguir esquematiza e especifica essas considerações. São valores de uso direto da floresta: a extração sustentável de madeiras e de outros produtos, como castanhas, essências etc.; o turismo e atividades de lazer; os serviços científicos e educacionais contidos no material genético. Pelo menos os dois primeiros são apreçados pelo mercado. Quanto aos serviços científicos e técnicos, o valor é menos claro, mas existe a possibilidade de explorá-los via mercado.

QUADRO

VALOR ECONÔMICO TOTAL (VET) DA FLORESTA INTACTA

Valores de uso			Valor de existência
I. Direto	II. Indireto	III. Opção	
1. Extração sustentável de madeiras e outros produtos florestais	1. Estabilidade climática local	1. Usos futuros de I e II	1. Preservação de uma herança cultural e estética
2. Turismo e atividades de lazer	2. Reciclagem de nutrientes	2. Prêmio de seguro pelo uso futuro da biodiversidade	
3. Serviços científicos e educacionais (material genético)	3. Balanço hidrológico e proteção de aquíferos		
	4. Estabilidade do clima global (depósito de carbono)		

No que se refere aos usos indiretos, a estabilidade climática global, reciclagem de nutrientes, balanço hidrológico, proteção de aquíferos, estabilidade do clima global, depósito de carbono, todos eles são benefícios globais e não possuem mercados.

Além dos valores do uso direto e indireto, há também valores de opção, pelos usos futuros dos itens I e II, como mostra o quadro. Tanto os usos diretos de uma floresta tropical quanto os indiretos poderão ser maiores no futuro, e não sabemos quanto ou como serão valorados. Os valores de opção representam prêmios de seguro pelo uso futuro da biodiversidade e pelo sequestro de carbono nas florestas, como fica claro pelo relatório Stern.

Por fim, há os valores de existência, que são muito mais difíceis de precificar. As pessoas fazem questionários perguntando quanto você pagaria para manter a floresta intacta. Todos esses métodos são bastante questionáveis, mas, sem dúvida, a preservação da herança cultural e estética tem um valor para a humanidade.

A figura 1 mostra os regimes climáticos da Amazônia no ano 2000. Em amarelo, as regiões secas, com precipitação anual menor que 1.800 milímetros; em verde-claro, regiões de transição, com 1.800 a 2.200 milímetros; em verde, regiões úmidas, acima de 2.200 milímetros. Isso vai ser importante, porque uma cultura como a de soja não penetra em áreas de chuva muito intensa; precisa de um regime climático com algum período seco. Uma mudança da precipitação de 1.600 para 2 mil milímetros reduz a área cultivável de 20% para 8%.

FIGURA 1
REGIMES CLIMÁTICOS DA AMAZÔNIA (2000)

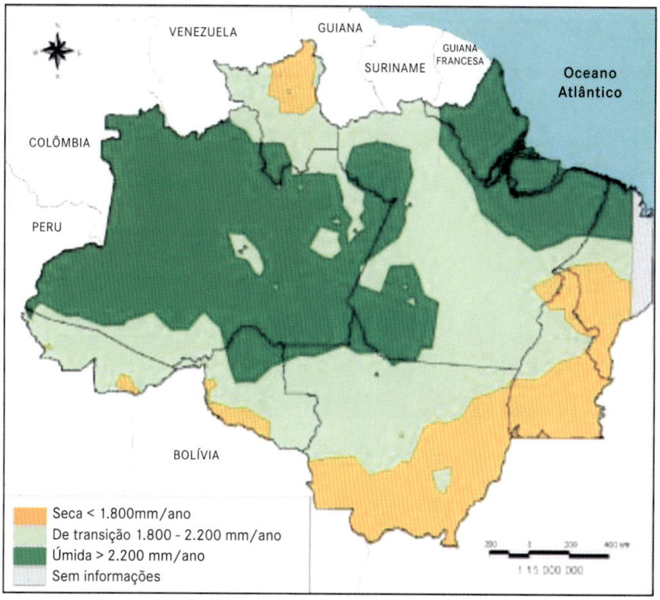

Fonte: IBGE.

Para dar uma ideia da importância da floresta amazônica, ela representa 40% das florestas remanescentes, 12% da superfície terrestre do globo, 15% das descargas de água doce no oceano, é um reservatório importante de carbono e tem, aproximadamente, 24 milhões de habitantes hoje, um desafio para a preservação ambiental.

A Amazônia Legal representa 5 milhões de quilômetros quadrados, com 70% de floresta densa, 15% de savana e cerrado, e o restante de outros sistemas. Os dados básicos de desflorestamento revelaram 4% em 1978 e 15% em 2005. Isso é um tanto confuso porque, às vezes, o denominador que as pessoas estão usando não é claro; eu estou usando 5 milhões de quilômetros quadrados como denominador.

A figura 2 dá uma ideia de como foi a evolução do desflorestamento desde 1977, quando começaram a ser obtidas as imagens do Landsat. De 1977 a 1988 foram 20 mil quilômetros quadrados, algo assustador, uma faixa de 20 quilômetros de Brasília ao Rio de Janeiro. Houve um arrefecimento no começo dos anos 1990, um pico em 1995, depois um novo arrefecimento e um novo pico em 2004. Esperamos que haja um arrefecimento com caráter mais duradouro agora.

FIGURA 2

EVOLUÇÃO DO DESFLORESTAMENTO DA AMAZÔNIA
(1977-2005)

Crescimento do PIB no Brasil e desflorestamento da Amazônia, 1978-2005

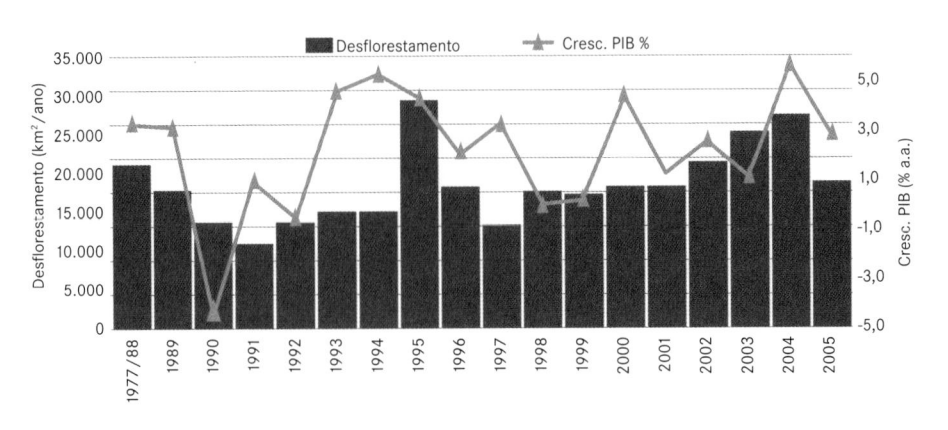

Coloquei também, na figura 2, a taxa de crescimento do PIB, para mostrar que, embora não de forma exata, os ciclos são determinados pelo ciclo de atividade econômica do país. A fronteira agrícola se expande e se contrai dependendo do nível de atividade econômica, através da agricultura, da demanda de madeira etc. Cada ponto percentual de crescimento do PIB dá 775 quilômetros quadrados de acréscimo no desflorestamento (acima do piso de 16.600 quilômetros quadrados). A distribuição regional está concentrada, principalmente, em Mato Grosso, Pará e Rondônia.

Em termos de emissão de CO_2, a tabela 2 informa os números para cada época, até 2003 pelo menos, mostrando que a Amazônia responde por algo como 4% a 6% das emissões totais no mundo. A Amazônia deve gerar 10% do PIB brasileiro, levando em conta a soja. Isso representa 10% de 1% do PIB mundial, ou seja, 0,1% do PIB mundial, e gera 4% a 6% das emissões de CO_2. Então, é de fato uma maneira extremamente ineficiente de emitir carbono, visto de uma perspectiva global. Pensando em termos das pessoas que estão ganhando dinheiro com a soja, a perspectiva é diversa. Temos, assim, um conflito entre objetivos globais e objetivos locais ou regionais.

TABELA 2

EMISSÕES DE CO_2

Período	Desflorestamento anual	Emissões de CO^2 10^9 t		% mundo	
	Km²	Min. (136 t/ha)	Max. (198 t/ha)	Min.	Max.
1978-88	22.273	0,31	0,45	4,4	6,3
1988-98	17.614	0,24	0,35	3,6	5,3
1998-03	20.133	0,27	0,40	4,5	6,6

Fonte: Estimativa do autor baseada em dados de desflorestamento do Inpes.

Em termos de biodiversidade, as evidências são muito escassas. Há estimativas globais de 13 milhões de espécies, número que pode variar por uma ordem de grandeza, 1,5 milhão dessas espécies são catalogadas. O Brasil teria 10% a 20% disso, com 150 mil a 300 mil espécies — uma megadiversidade. Há apenas entre 15 mil a 30 mil catalogadas e 1% do total prospectadas cientificamente. O desconhecimento é enorme e fica difícil falar qualquer coisa com segurança.

A mensuração do desflorestamento não é uma tarefa fácil. O satélite tem vários problemas: consegue enxergar apenas o que parece floresta, e existe um problema de escala – desflorestamento pequeno, abaixo de 6 quilômetros quadrados, não é captado. Além disso, confrontando interpretações por duas pessoas diferentes e como não há métodos científicos muito seguros, as diferenças são da ordem de fatores 2 a 3. Extração de madeira que não afeta a copada das árvores não é captada corretamente.

Outra maneira de aferir o desmatamento, mas que também apresenta sérios problemas, é usar os censos agropecuários e tomar o uso da terra como sinalização de área desflorestada. Nesse caso o desflorestamento é simplesmente a soma das áreas de lavoura, pastagem plantada etc., levando a um percentual de área desmatada entre 1975 e 1995 de 9,5%. Mas o que é declarado como "pastagem natural" é muito ambíguo: "quando eu comprei a fazenda, essa área já estava desmatada". Se as supostas "pastagens naturais" forem acrescentadas, o número aumentará significativamente – em vez de 9,5% passa a 19,5%.

Há inconsistência também entre os diferentes censos. Usando os dados de 1995, o último censo que temos, verifica-se que o desmatamento ocorre ao longo dos grandes eixos rodoviários: Cuiabá-Porto Velho, Belém-Brasília e a Transamazônica, aos quais é preciso acrescentar Roraima.

A figura 3 mostra a evolução, de 1940 a 2000, do PIB *per capita* rural nas diferentes regiões do país. As pessoas (o denominador) são só as da área rural.

FIGURA 3

PIB RURAL *PER CAPITA* (1940-2000)

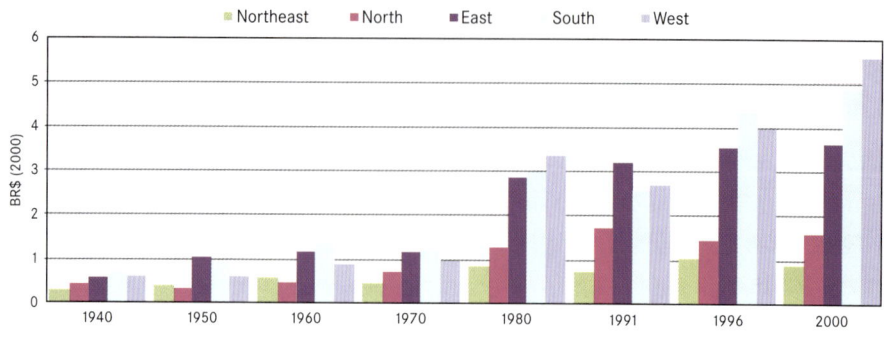

Fonte: Instituto Brasileiro de Geografia e Estatística (IBGE).

É interessante notar aqui o enorme crescimento do Centro-Oeste, de 1996 a 2000. Ele representa fundamentalmente soja e a penetração e mecanização do Cerrado. Isso significa um problema sério, porque há muita riqueza sendo gerada nessas regiões, implicando um custo muito grande para conter o desflorestamento.

Já mencionei que as causas do desflorestamento são, na verdade, um problema de falência de mercado. Falta direito de propriedade; então, inexistem mercados: não há como transacionar terra ou recursos naturais. Isso leva a usos pouco eficientes e à concorrência predatória. Pessoas extraem madeiras de áreas alheias, concorrendo com aqueles que estão tentando fazer um manejo sustentável da floresta.

Têm um papel fundamental a sensibilidade ao mercado e as condições geográficas, geoecológicas, que são basicamente topografia e precipitação. Na pré-Amazônia, onde está ocorrendo grande parte da expansão, há um solo excepcional para a mecanização, o que antes não existia no Brasil. A agricultura brasileira só veio a se mecanizar depois dos anos 1980, exceto no Sul, onde isso era possível. No restante do país, a topografia era muito ingrata para a mecanização.

Madeira, gado e soja, entre outras culturas, levam ao desflorestamento. Os incentivos governamentais e subsídios foram muito importantes na década de 1970. Deixaram de ser a partir dos anos 1990, mas ainda têm importância por manter uma transferência de verbas do governo federal para as prefeituras e para os governos da região Norte. Essas transferências são da ordem de 40% a 50% do PIB gerado nessas regiões. Isso cria possibilidades de maior lucro e fluxo de renda na região, e contribui para o desflorestamento. Ao mesmo tempo, concentra as pessoas nas áreas urbanas. A especulação fundiária com terras pode ter um papel, se bem que transitório, em áreas muito remotas. Outra coisa que pode ter um papel também significativo são os assentamentos, a incerteza que eles geram na propriedade agrária.

Entre 1980 e 1997 houve uma grande expansão da malha rodoviária no Brasil. Esse processo responde a demandas econômicas e políticas, mas tem um grau de endogeneidade determinado pelas condições de lucratividade da região. Como consequência houve uma considerável redução dos custos dos transportes e uma integração muito grande de mercados.

Também contribuíram para a expansão da exploração da Amazônia os diferenciais de preços de terra. O preço no Norte é muito mais baixo do que nas demais regiões do país, refletindo a abundância de terras disponíveis.

Outro fator fundamental nesse período foram os investimentos da Embrapa em pesquisa e desenvolvimento. A Embrapa criou cultivares adaptáveis a regiões de clima mais quente e com teor mais eficiente de fósforo no solo. A criação desses cultivares de soja, algodão e milho foi, talvez, o investimento em pesquisa científica mais rentável do ponto de vista econômico no Brasil.

Durante os anos 1990, praticamente toda a expansão do rebanho pecuário se deu na Amazônia, principalmente em Mato Grosso; não houve expansão no restante do Brasil. Assim, trata-se de uma fronteira pecuária da maior importância. A expansão da soja na Amazônia Legal foi também significativa, se bem que acompanhada pelo resto do país. Mas não foi tão impressionante como a da pecuária. De novo, a maior expansão foi em Mato Grosso.

Isso é determinado pelo regime de chuvas nas demais regiões, em que não há estação seca suficiente para permitir o florescimento da planta. Ela se torna, então, "mofada" e não é lucrativa. Esse é um determinante ecológico para a expansão da soja na Amazônia. A produtividade da soja por hectare na Amazônia é bem superior à das demais regiões do Brasil. É três vezes a de Illinois, supostamente o paraíso desse grão. É, então, uma área extremamente adaptada para a produção de soja.

A tecnologia do cultivo na Amazônia é basicamente roça e queima; roçar, deixar a vegetação secar por dois ou três meses – quanto mais tempo secar, mais facilmente queima. Assim, a extensão da estação chuvosa vai determinar quanto desflorestamento vai haver. Tem-se, então, a perda de carbono pela queima, também pela oxidação da raiz e dos restos, que se vão oxidando e transformando-se em CO_2, até que comece a se recuperar a vegetação secundária, chamada de juquira, capoeirão etc.

A figura 4 mostra a distribuição de queimadas no terceiro trimestre de 2003. Em lugares esparsamente habitados o custo da mão de obra é relativamente elevado, e a utilização do fogo é uma alternativa racional da perspectiva individual. Por mais custosa que seja do ponto de vista ambiental e social, vista dessa perspectiva individual não há o que fazer. É uma tecnologia disseminada no Brasil.

FIGURA 4

DISTRIBUIÇÃO DE QUEIMADAS (2003)

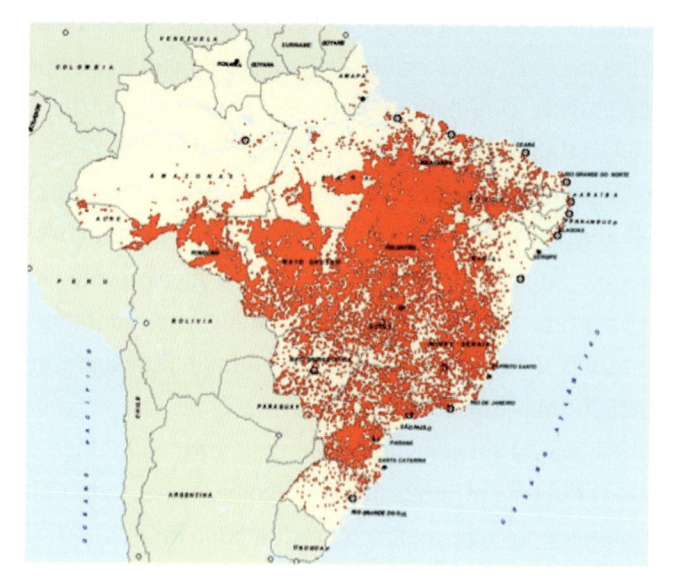

Fonte: Empresa Brasileira de Pesquisa Agropecuária (Embrapa).

Vale a pena analisar a relação custo x benefício das estradas. A Amazônia é uma região de alta produtividade de soja, imbatível nesse quesito. A soja da Amazônia é vendida em Rotterdam, a preços dois a três dólares inferiores à soja dos EUA, apesar de toda pobreza da infraestrutura rodoviária da Amazônia. Toda a soja é transportada por caminhões, algo esdrúxulo em termos mundiais. São mais de 1.200 quilômetros de percurso. Pavimentar é, então, um problema de política econômica importantíssimo.

Esse era um dos objetivos do programa Avança Brasil. Uma série de estudos publicados por volta de 2001 nas revistas *Nature* e *Science* debatiam a possibilidade de esse programa, se executado, levar à destruição de quase metade da Amazônia. Em torno de 50% dela seriam comidos. Outros estudos contestam isso, inclusive alguns de que participei, indicando que os impactos poderiam ser bem menores, dependendo fundamentalmente da elasticidade da demanda dos mercados.

A meu ver, a pecuária é o grande vilão da Amazônia. Isso porque ela é extremamente maleável: pode-se usar uma área enorme para duas, três cabeças de gado, ou fazer uma pecuária avançada, sofisticada, intensificada; as opções tecnológicas são muitas. A pecuária é, desde tempos imemoriais, a maneira óbvia de acumulação de capital. Na verdade, "capital" vem de "*capita*" de gado. Toda pessoa pobre na Amazônia vai partir de três vaquinhas e tentar acumular. Ela é segura, é móvel, pode ser usada para alimentação e não tem muitas restrições ecológicas. Gosta do capim sempre verde e de 11 meses de chuvas. Hoje há toda uma frente de empresários da criação de gado, mas há muitos pequenos proprietários.

A soja, como já mencionei, expandiu-se graças à tecnologia desenvolvida pela Embrapa, que permitiu a utilização das condições climáticas e topográficas da Amazônia. É uma agricultura mecanizada, intensiva e de ricos. Nesse sentido é socialmente perversa, mas, ambientalmente, é benéfica, por não estar criando um proletariado junto da floresta. A meu ver, a soja é uma solução e não um problema na Amazônia; está criando uma classe média que não só vai ter poucos filhos, mas, provavelmente, vai educá-los, vai criar possibilidades urbanas de emprego para eles. Essa cultura depende fundamentalmente de transporte, o grande fator limitante. E também é inibida por precipitação excessiva, de forma que sempre estará nas bordas da Amazônia, não penetrará na floresta mais densa.

Para terminar, menciono uns exercícios feitos nos idos de 1998-1999 por Lykke Andersen e por mim. Foram cálculos bastante esquemáticos, procurando na literatura secundária os preços da exploração de madeira e de outros produtos, os benefícios públicos locais e globais. A conclusão era que o valor da floresta depende da taxa de desconto: se ela é baixa, a floresta tem um valor elevadíssimo; para uma taxa de desconto elevada, o valor da floresta é muito menor. Comparando isso com o que está sendo gerado em termos de agricultura e pecuária, a conclusão era que, até aquele momento, pelo menos, os benefícios da exploração agropecuária da Amazônia ainda eram maiores do que os benefícios de manter a floresta em pé. Mas isso não se manteria eternamente, porque os custos ambientais são crescentes, e os benefícios declinantes. Outras pessoas chegaram a resultados, até certo ponto, semelhantes. Foi uma conclusão provocativa.

14   Aquecimento global: o que fazer?

ROBERTO SCHAEFFER

Vou apresentar os resultados do mais recente relatório de avaliação do Painel Intergovernamental sobre Mudança do Clima (IPCC), o braço científico das Nações Unidas para assuntos de clima. Refiro-me ao Fourth Assessment Report (AR4), de 2007.

O IPCC, criado em 1988, é dividido em três grupos. O grupo 1 trata da física e química da atmosfera. Estuda, entre outras coisas, como a temperatura do nosso planeta está evoluindo com o passar do tempo, traçando cenários para a evolução futura da temperatura global a partir de projeções fornecidas pelo grupo 3 sobre emissões de gases de efeito estufa – a partir dos resultados do grupo 1 analisa as consequências sobre saúde pública, agricultura, indústria e economia em geral. O grupo 3 é o de mitigação, do qual faço parte com dois outros colegas da Coppe, totalizando três membros brasileiros. É o grupo que trata de estratégias para tentar reduzir as emissões de gases de efeito estufa, já que essas emissões são o começo de todo o ciclo.

O IPCC, em 2007, lançou o quarto relatório de avaliação (AR4). O primeiro relatório foi lançado em 1990, o segundo em 1995 e o terceiro em 2001. Esse histórico é muito interessante, porque a diferença entre os resultados do IPCC, do primeiro relatório até o quarto, é bastante grande. A certeza científica aumenta muito ao longo do tempo. Se até o resultado dos relatórios 1, 2 e 3 ainda se questionava se de fato a Terra estava ou não se aquecendo – e, nesse caso, se era a influência humana a principal causadora desse aumento –, hoje já não há a menor dúvida de que a Terra está se aquecendo, sim. Estima-se que, nos últimos 100 anos, a temperatura média do planeta tenha aumentado em cerca de 0,7°C, e não há dúvida de que esse aumento é, principalmente, de origem antropogênica.

Vejamos, muito rapidamente, o que aprendemos em 2007 com o mais recente relatório do grupo 1, o grupo ligado à ciência do clima. A queima de combustíveis fósseis, o desmatamento e certos processos na natureza emitem os chamados gases de efeito estufa. Os principais gases de efeito estufa são, em ordem de importância, o CO_2 (dióxido de carbono), o CH_4 (metano), e o N_2O (óxido nitroso). A principal fonte de CO_2 é a queima de combustíveis fósseis, mas qualquer substância rica em carbono, se queimada, emite CO_2. A queima incompleta de combustíveis fósseis produz, além do CO_2, um pouco de metano e um pouco de CO, mas o metano vem, principalmente, de processos biológicos, como a fermentação entérica produzida pelo gado, certos processos na agricultura nos quais a biomassa (como folhas caídas) sofre uma decomposição anaeróbica, ou seja, na ausência de ar. Então o carbono não se oxida totalmente e é emitido na forma de metano (CH_4) e não de CO_2. O N_2O também vem um pouco da combustão, mas principalmente de certos processos ligados à agricultura, como, por exemplo, o uso de fertilizantes nitrogenados.

Esses são os principais, mas há outros, vários gases industriais, principalmente aqueles que hoje substituem os CFCs, usados até recentemente como refrigerantes para geladeiras e condicionadores de ar. Com o Protocolo de Montreal, assinado em 1988, o mundo concordou em banir os CFCs. Os substitutos naturais deles são os HCFCs, alguns dos quais são poderosíssimos gases de efeito estufa. Na verdade, o gás de efeito estufa mais importante é o vapor de água, mas, na medida em que o ciclo natural da água é muitas vezes mais importante do que o ciclo provocado pelo homem, vamos nos concentrar apenas naqueles gases para os quais a ação humana é mais importante – e não naqueles gases criados pelo ciclo natural.

Qual é o mecanismo físico do efeito estufa? A radiação solar visível banha a Terra, e a atmosfera terrestre é relativamente transparente a ela. Então essa radiação atravessa a atmosfera e atinge a superfície terrestre. Parte dela é refletida – é o chamado efeito de albedo. A Lua não tem luz própria: quando a vemos iluminada, à noite, é radiação solar refletida devido ao albedo da superfície lunar. No caso da Terra, 70% da radiação solar visível são refletidos pela superfície. Boa parte dessa reflexão se dá pelas superfícies brancas, especialmente as calotas polares. Com o aquecimento global, há uma tendência ao derretimento das calotas. No futuro, menos radiação será refletida, levando a uma retroalimentação positiva. Assim, quanto mais quente a Terra ficar, menos gelo sobrará para refletir, e mais calor a Terra reterá, elevando ainda mais sua temperatura.

Então, a radiação solar entra, parte dela é refletida e parte é absorvida e depois reemitida na forma de calor, na forma de radiação no espectro do infravermelho. Alguns dos gases que compõem a atmosfera terrestre são opacos a essa radiação infravermelha. O que constitui o "efeito estufa" é o fato de que a atmosfera é transparente à luz visível e parcialmente opaca à radiação infravermelha, ao calor que deveria sair. Em lugar de um equilíbrio energético entre a energia que entra e a que sai, verifica-se uma prevalência da primeira, ou seja, mais energia fica do que sai, e a Terra tende, assim, a esquentar.

O efeito estufa é um fenômeno natural: naturalmente a atmosfera da Terra já tem gases de efeito estufa, e é bom que assim seja. A temperatura média do planeta, hoje, é cerca de 33ºC mais elevada do que seria se não houvesse atmosfera. A existência desses gases é que permite haver vida na Terra. O que acontece hoje, com a emissão dos chamados gases de efeito estufa por parte do homem, é que isso aumenta a concentração desses gases na atmosfera, e isso está levando ao aquecimento do planeta. Então, as variáveis-chave nesse processo são a emissão e o aumento da concentração dos gases de efeito estufa na atmosfera.

A concentração de CO_2 na atmosfera é crescente. Com o passar do tempo, essa concentração só tende a aumentar, indicando que grande parte das nossas emissões de gases de efeito estufa está sendo retida na atmosfera. Parte delas é reabsorvida por ciclos naturais, pelo crescimento das florestas, pelos oceanos, mas esse ciclo natural retira menos do que estamos emitindo. Essa diferença os cientistas medem bastante bem. Tínhamos, na era pré-industrial, uma concentração de CO_2 na atmosfera da ordem de 280 ppm (partes por milhão). Hoje essa concentração já está na faixa de 380 ppm. Se não atuarmos rapidamente, ela disparará e, em alguns cenários, poderá chegar a 750 ppm ou até mais.

Atualmente a luta é para tentar manter tal concentração em até 450 ppm. Se conseguirmos, isso levará a um aumento médio da temperatura, em relação à era pré-industrial, de cerca de 2ºC, o que se considera, hoje, um limite possível e desejável. A partir de 2ºC não se sabe muito bem como uma série de processos irá se comportar, isto é, em que medida ocorrerá um desmatamento natural, emissão de CO_2 pelos oceanos e outros processos que não sabemos prever. O mais impressionante é que a concentração não só está aumentando, mas aumenta cada vez mais rapidamente. Na década de 1960 estava aumentando em cerca de 1 ppm por ano; hoje já está aumentando em 3,5 ppm por ano.

Outra forma de perceber essa aceleração do aquecimento global é ver como tem evoluído a temperatura média global. Observando os últimos 150 anos, a velocidade de aumento da temperatura média do planeta é relativamente baixa. Se focarmos os últimos 100 anos, a taxa de aumento já é mais pronunciada. Se nos voltarmos para os últimos 50 anos, a velocidade de crescimento é ainda mais acentuada. E, finalmente, se observamos os últimos 25 anos, aí verificaremos uma taxa de incremento realmente violenta. Ou seja, não apenas a temperatura média do planeta vem aumentando ao longo dos últimos 150 anos, mas também a velocidade desse aumento vem-se acelerando com o passar das décadas. Se em algum momento crescia 0,1ºC por década, hoje já estamos na faixa de 0,3ºC a 0,4ºC por década.

Há várias razões naturais para a temperatura do planeta estar aumentando, tais como manchas solares e uma série de outros ciclos naturais. A grande dificuldade foi separar, na elevação de temperatura, o que era devido à atividade humana do que não era. Só em 2007 ficou claramente estabelecido que a contribuição humana é muito mais importante do que a de fenômenos naturais. Após a grande erupção vulcânica do Monte Pinatubo, nas Filipinas, em 1989, a temperatura média da Terra, durante dois anos, baixou de 1ºC a 2ºC, devido à grande nuvem de aerossol produzida pelo vulcão, que provocou um aumento do albedo terrestre.

Vejamos agora os cenários que o grupo 1 do IPCC, a partir de cenários de emissão do grupo 3, traça como os mais plausíveis sobre como a temperatura média se deve comportar ao longo dos próximos 100 anos. Os diversos cenários possíveis estão representados na figura 1. A linha amarela, a mais embaixo na figura, mostra o que aconteceria caso conseguíssemos congelar, nos níveis verificados no ano 2000, as concentrações de CO_2 na atmosfera. Isso requereria reduzir as emissões em 50% a 60% em relação ao nível atual. Então, reduzindo as emissões à metade hoje e para sempre, ainda assim a temperatura média do planeta se elevaria um pouquinho.

FIGURA 1

MÉDIAS MULTIMODELOS E INTERVALOS AVALIADOS
PARA O AQUECIMENTO SUPERFICIAL

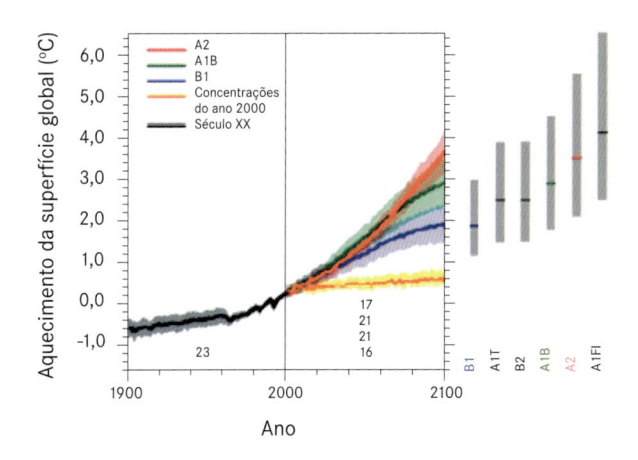

Fonte: IPCC — Fourth Assessment Report (2007).

O tempo de residência médio de alguns gases de efeito estufa na atmosfera é de centenas de anos. Assim, uma molécula de CO_2 emitida hoje provavelmente só vai sair da atmosfera, em média, daqui a 150 anos. Daí decorre que o principal fator do aumento de temperatura é o estoque de carbono já existente. A emissão de um ano é pouco significativa em relação ao estoque já acumulado. Essa é a razão da briga internacional sobre como alocar responsabilidades para o problema de mudança climática. A posição americana, por exemplo, é alegar que a China provavelmente já excede os EUA em valor de emissões. Os EUA argumentam, então, que um acordo internacional sobre redução de emissões tem que ter, também, a contribuição da China.

Já a posição de países como a China, a Índia e o Brasil, durante muito tempo liderada pelo Brasil, consiste em reconhecer que, de fato, os países em desenvolvimento se tornaram recentemente grandes emissores, mas que o problema de mudanças climáticas é muito menos um problema de emissão do que um problema de concentração ou de estoque. Quando se faz a análise de estoque, percebe-se que, ainda que em poucos anos as emissões dos países em desenvolvimento excedam as dos países desenvolvidos, o estoque a elas devido só deve exceder o dos países desenvolvidos muito depois. Desde a Revolução Industrial os países desenvolvidos vêm emitindo, enquanto os países em desenvolvimento só agora começaram a emitir. Embora a emissão desses países já seja relevante, o estoque integral ainda é muito pequeno.

A figura1 mostra os vários cenários possíveis. Atualmente a grande luta é para se tentar ficar na curva em azul. É uma grande luta mesmo, porque o cenário que vemos hoje é o da curva em vermelho, na medida em que todos os países, inclusive os em desenvolvimento, estão aumentando suas emissões, emitindo hoje muito mais do que há cinco, 10 ou 20 anos. Nesse caso chegaríamos a 2030 com 90% ou 100% mais emissões do que hoje. O cenário mais provável seria, então, chegar ao final do século com uma elevação de temperatura média em torno de 4°C.

E quais foram as conclusões do grupo 2? O quadro a seguir mostra os diferentes impactos esperados do incremento de temperatura sobre a saúde, sobre as regiões costeiras, alimentos, ecossistemas em geral e água. Mostra a partir de que elevação de temperatura poderíamos esperar impactos grandes. No caso de alimentos, acima de 2°C a 3°C deve haver uma grande perda de produtividade na produção de cereais.

QUADRO
PRINCIPAIS IMPACTOS COMO FUNÇÃO DO AUMENTO DA MUDANÇA DA TEMPERATURA GLOBAL MÉDIA

Principais impactos como função do aumento da mudança da temperatura global média
(Os impactos irão variar em função da amplitude da adaptação, ritmo de mudança da temperatura e trajetória socioeconômica)
Média global anual da mudança de temperatura relativa a 1980-1999 (°C)

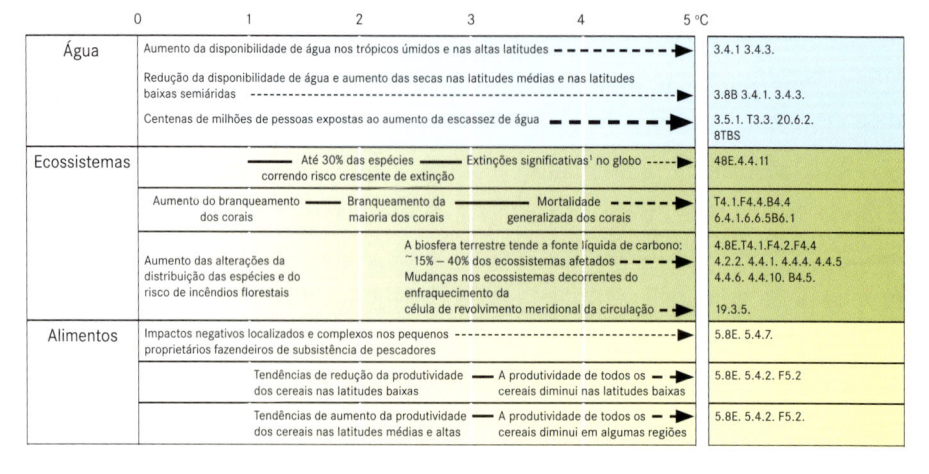

Categoria	Impacto (0 – 5 °C)	Referências
Água	Aumento da disponibilidade de água nos trópicos úmidos e nas altas latitudes	3.4.1 3.4.3.
	Redução da disponibilidade de água e aumento das secas nas latitudes médias e nas latitudes baixas semiáridas	3.8B 3.4.1. 3.4.3.
	Centenas de milhões de pessoas expostas ao aumento da escassez de água	3.5.1. T3.3. 20.6.2. 8TBS
Ecossistemas	Até 30% das espécies correndo risco crescente de extinção — Extinções significativas[1] no globo	48E.4.4.11
	Aumento do branqueamento dos corais — Branqueamento da maioria dos corais — Mortalidade generalizada dos corais	T4.1.F4.4.B4.4 6.4.1.6.6.5B6.1
	Aumento das alterações da distribuição das espécies e do risco de incêndios florestais / A biosfera terrestre tende a fonte líquida de carbono: ~15% – 40% dos ecossistemas afetados / Mudanças nos ecossistemas decorrentes do enfraquecimento da célula de revolvimento meridional da circulação	4.8E.T4.1.F4.2.F4.4 4.2.2. 4.4.1. 4.4.4. 4.4.5 4.4.6. 4.4.10. B4.5. 19.3.5.
Alimentos	Impactos negativos localizados e complexos nos pequenos proprietários fazendeiros de subsistência de pescadores	5.8E. 5.4.7.
	Tendências de redução da produtividade dos cereais nas latitudes baixas — A produtividade de todos os cereais diminui nas latitudes baixas	5.8E. 5.4.2. F5.2
	Tendências de aumento da produtividade dos cereais nas latitudes médias e altas — A produtividade de todos os cereais diminui em algumas regiões	5.8E. 5.4.2. F5.2.

(continua)

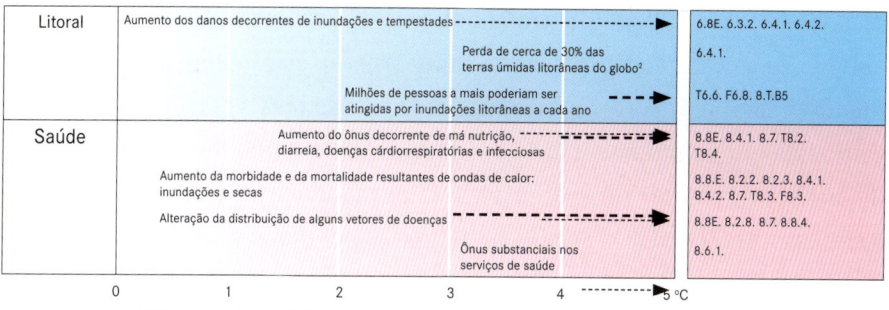

Litoral	Aumento dos danos decorrentes de inundações e tempestades ----------------------▶	6.8E. 6.3.2. 6.4.1. 6.4.2.
	Perda de cerca de 30% das terras úmidas litorâneas do globo²	6.4.1.
	Milhões de pessoas a mais poderiam ser atingidas por inundações litorâneas a cada ano ---▶	T6.6. F6.8. 8.T.B5
Saúde	Aumento do ônus decorrente de má nutrição, diarreia, doenças cárdiorrespiratórias e infecciosas ▶	8.8E. 8.4.1. 8.7. T8.2. T8.4.
	Aumento da morbidade e da mortalidade resultantes de ondas de calor: inundações e secas	8.8E. 8.2.2. 8.2.3. 8.4.1. 8.4.2. 8.7. T8.3. F8.3.
	Alteração da distribuição de alguns vetores de doenças -----------------▶	8.8E. 8.2.8. 8.7. 8.8.4.
	Ônus substanciais nos serviços de saúde	8.6.1.

0   1   2   3   4 ------▶5 °C

Média global anual da mudança de temperatura relativa a 1980-1999 (°C)

¹ Significativo é definido aqui como mais de 40%.
² Com base na taxa média de elevação do nível do mar de 4.2 mm/ano de 2000 a 2080.

Fonte: IPCC — Fourth Assessment Report (2007).

A partir de uma elevação de 2°C espera-se um grande incremento de inundações e fortes tempestades. A partir de 4°C começaria a haver uma perda de 30% dos territórios alagadiços em regiões costeiras. Na faixa de 3°C a 4°C, milhões de pessoas seriam afetadas anualmente por problemas de alagamento. Na verdade já se começa a considerar a possibilidade de criação de uma nova classe, a dos "refugiados ambientais". Em Bangladesh, por exemplo, um país de cerca de 200 milhões de habitantes, 30% a 40% do território estão a não mais que um a dois metros acima do nível do mar. Já há ilhas no Pacífico que, com certeza, estarão perdidas, tanto que a Nova Zelândia e a Austrália já dão visto permanente ou residência para habitantes de algumas ilhas do Pacífico Sul.

A saúde humana também poderá ser fortemente afetada. Há alguns anos, numa reunião do IPCC, num jantar com um médico do Quênia, ele comentou que naquele ano se estimava ter havido cerca de 500 mil casos a mais de malária em seu país. O aumento de temperatura já verificado sinalizava para o mosquito que o verão teria ficado duas semanas mais longo e, com isso, ele teria tido tempo de picar mais 500 mil pessoas.

O grupo 3 do IPCC trata do que fazer, quais as estratégias disponíveis para lidar com os problemas. A estrutura do relatório desse grupo inclui uma introdução e uma contextualização, seguida de um capítulo 3, no qual se discutem cenários de mitigação e estratégias possíveis para atenuar os problemas. Seguem-se os chamados capítulos setoriais, tratando da questão da oferta de energia, do setor de transportes, dos setores de edificações, indústrias, agricultura, florestas, rejeitos.

No capítulo 12, em que trabalhei, o desenvolvimento sustentável é discutido. Há necessidade crescente de incorporar estratégias de desenvolvimento sustentável. A variável mudança climática terá de fazer parte de toda estratégia em qualquer setor da economia. Alguém que pense num sistema de transporte vai ter de avaliar efeitos da mudança climática dentro dele, seja para privilegiar combustíveis pobres em carbono ou ricos em biocombustível, seja para repensar o papel do transporte privado *versus* transporte público. Assim, a questão da mudança climática crescentemente terá de ser uma preocupação em qualquer setor da economia.

Há especialistas dizendo que o grande desafio no capitalismo do século XXI será avaliar a mudança climática. Hoje as grandes indústrias do mundo, o setor automobilístico, o setor de petróleo e gás estão todos colocados em xeque, na medida em que já se sabe que não se deixará de usar petróleo pelo fim de sua era, mas sim porque a reação ambiental ao uso do petróleo será muito mais forte e obrigará a sociedade a abrir mão dele antes de haver escassez física do produto.

O setor automobilístico também enfrenta um problema: a tecnologia atual está sendo questionada. É muito curioso que, quando surgiu o carro, o primeiro modelo tenha sido o elétrico, e era muito bem-sucedido. E, quando surgiu a indústria do petróleo, foi de fato devido à escassez de baleias. A baleia fornecia o óleo usado para iluminação. Com a escassez passou-se a usar o petróleo na produção de querosene, como substituto do óleo de baleia. Ocorre que, na produção e no uso de querosene, havia muita sobra; então, teve-se que inventar outro uso para o excedente. Assim surgiu o motor a combustão interna, e o verdadeiro uso do petróleo passou a ser a produção de gasolina para o setor de transportes, e não mais o querosene de iluminação. Curiosamente a energia elétrica, usada primeiramente no carro elétrico, perde para o carro a gasolina, mas ganha, com a lâmpada elétrica, do querosene de iluminação.

Nos últimos 35 anos as emissões de gases de efeito estufa aumentaram mais de 50% (figura 2). A unidade usada é gigatonelada (bilhão de toneladas) de CO_2 equivalente por ano. O CO_2 equivalente é como uma moeda de troca, uma taxa de câmbio que converte o poder de aquecimento de cada gás no seu CO_2 equivalente. Num inventário de emissões consta que se emitiram tantas toneladas de metano, tantas de N_2O e tantas de

CO_2. E como se converte isso tudo em uma unidade comum? Inventou-se o GWP, o chamado *global warming potential*, o potencial de aquecimento global, que mede o poder radiativo (e não radiativo), que é o poder de aquecimento de uma molécula de cada gás, traduzido no seu equivalente em CO_2.

FIGURA 2
EMISSÕES TOTAIS DE GEE (1970-2004)

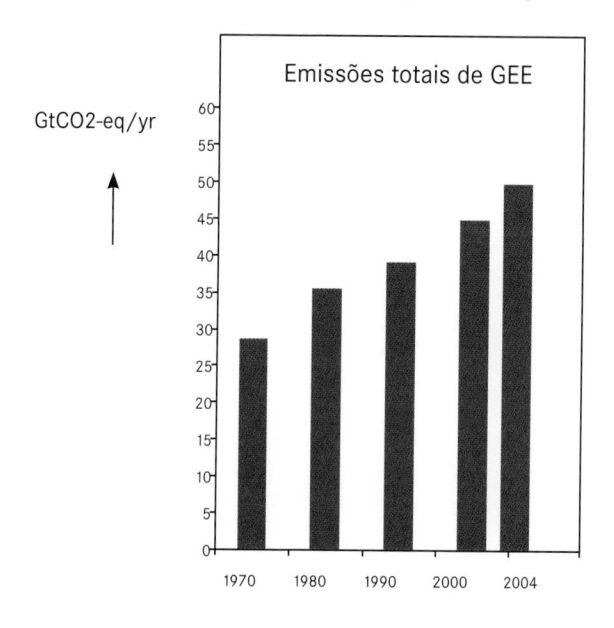

Fonte: IPCC – Fourth Assessment Report (2007).

Dizer que o poder radiativo do metano é cerca de 25 significa que, num intervalo de tempo de 100 anos, tanto faz para o clima da Terra a emissão de uma tonelada de metano ou 25 toneladas de CO_2; o efeito de aquecimento é o mesmo. Isso não significa que as emissões sejam de CO_2, mas, de fato, como pode ser visto na figura 3, o principal gás é o CO_2.

FIGURA 3
ORIGEM DO CO_2 EMITIDO (1970-2004)

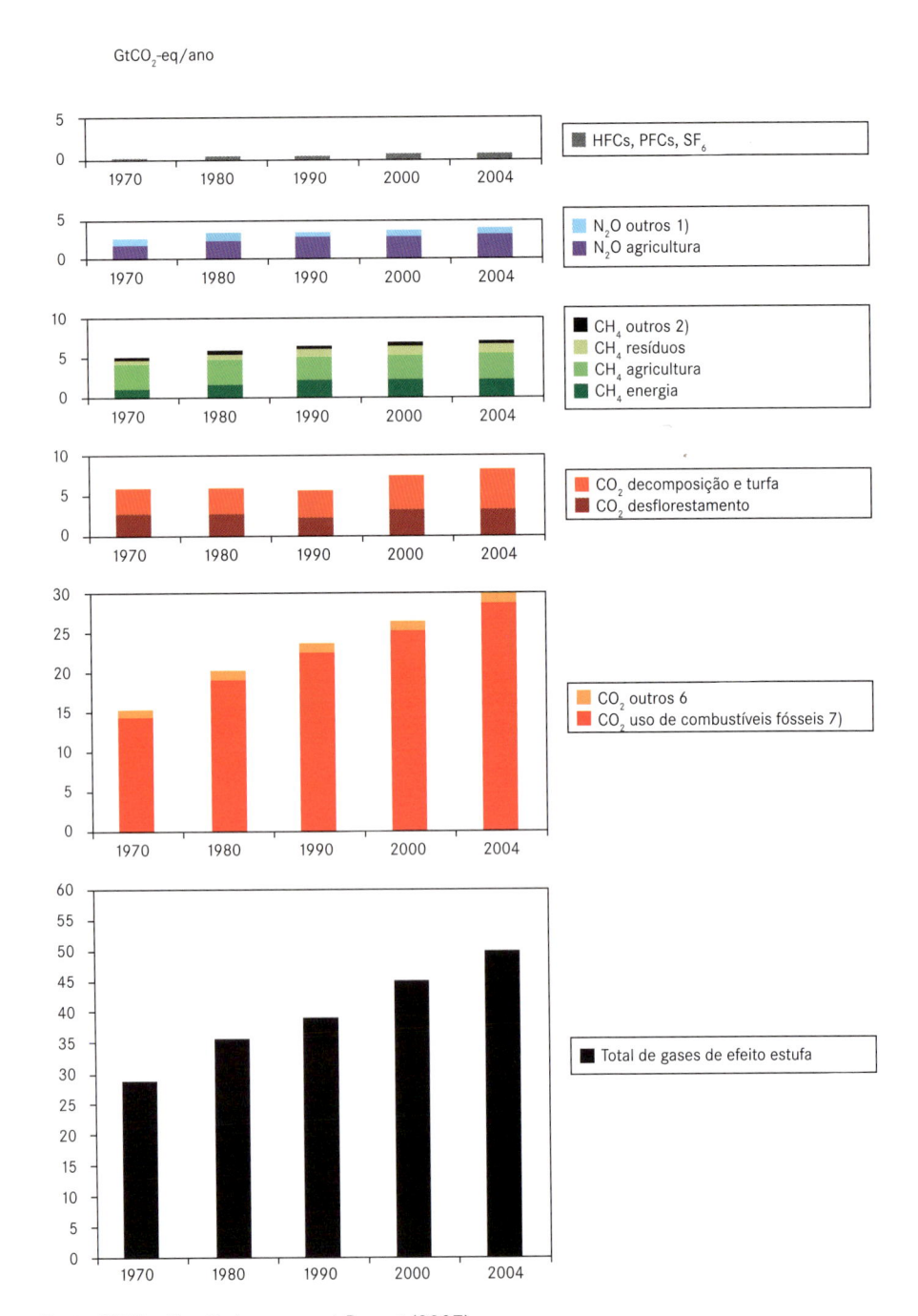

GtCO$_2$-eq/ano

■ HFCs, PFCs, SF$_6$

■ N$_2$O outros 1)
■ N$_2$O agricultura

■ CH$_4$ outros 2)
■ CH$_4$ resíduos
■ CH$_4$ agricultura
■ CH$_4$ energia

■ CO$_2$ decomposição e turfa
■ CO$_2$ desflorestamento

■ CO$_2$ outros 6
■ CO$_2$ uso de combustíveis fósseis 7)

■ Total de gases de efeito estufa

Fonte: IPCC – Fourth Assessment Report (2007).

De cerca de 49 bilhões de toneladas de CO_2 equivalente emitidos em 2004, cerca de 30 foram de CO_2 vindo da queima de combustíveis fósseis (quadro final da figura 3). Outras sete ou oito representam CO_2 ligado a desmatamento e outras decomposições de matéria orgânica no solo (penúltimo quadro da figura 3). Cerca de 6 bilhões de toneladas (quadro intermediário) têm a ver com o metano – parte proveniente do uso de energia, parte da agricultura e parte de decomposição de lixo orgânico. Há também uma participação (segundo quadro) do N_2O da agricultura e de combustíveis fósseis, e, finalmente, (primeiro quadro) uma fração pequena de gases industriais raros.

Comparando as emissões por setor da economia em 1990 e 2004, estas variaram bastante no período. A "oferta de energia", *grosso modo*, geração de energia elétrica, tem suas emissões na forma de dióxido de carbono advindo, principalmente, da queima de carvão, queima de gás natural e de óleo combustível. Há uma fração menor de emissão de metano, também fruto de combustão incompleta destes mesmos combustíveis fósseis e de vazamentos de gás. Quando se explora uma mina de carvão subterrânea, há bolsões de metano que vazam nesse processo. Num gasoduto que leva gás para uma termoelétrica há também pequenos vazamentos de metano. Nos últimos 15 anos, essas contribuições subiram muito.

A contribuição do setor de transportes também está aumentando.

O setor residencial – basicamente o consumo de energia para fazer as residências funcionarem – está relativamente estabilizado graças à ênfase na eficiência energética. Uma geladeira hoje é muito mais eficiente que há 10 anos; um condicionador de ar também. Da mesma forma, na indústria a eficiência energética já é uma realidade.

Na agricultura, no desmatamento e no tratamento de água e de outros rejeitos também houve crescimento das emissões. Mas o grande salto é verificado na geração de energia, e é um salto que não se espera a curto prazo poder reduzir.

Quando consideramos a China atual, vemos que a economia vem crescendo, já faz algum tempo, 10% ao ano. A capacidade elétrica instalada na China é cerca de cinco vezes a brasileira. Esses números implicam que a China adiciona, de capacidade elétrica a cada dois anos, mais ou menos um Brasil. Ela tem inaugurado, por semana, cerca de duas termelétricas a carvão. Portanto, infelizmente, qualquer esforço que se faça no sentido de reduzir a emissão de gases de efeito estufa no mundo será absolutamente inócuo se não se incluir a China. A dificuldade de lidar com isso é que um país tem o direito de se desenvolver, já que outros também fizeram isso. A China é um país muito pobre, embora não miserável; então há um problema. O mesmo vale para a Índia e, em certa medida, para o Brasil e o México.

Quando se examina a participação relativa das emissões de gases de efeito estufa dos diferentes setores da economia mundial em 2004, ano mais recente para o qual se dispõe de estatísticas de boa qualidade para o mundo como um todo, verifica-se que o principal emissor é o setor de geração de energia. Isso, para nós, pode soar um pouco estranho, porque a matriz elétrica brasileira é muito particular: da nossa geração, cerca de 85% vêm de usinas hidrelétricas e só 15% vêm de fontes térmicas, das quais parte é nuclear, parte é queima de bagaço de cana, e outra parte é gás natural e carvão. Mas, na matriz mundial, o principal combustível para geração elétrica ainda é o carvão. O segundo combustível mais importante é o gás natural, o terceiro já é o nuclear, vindo depois a hidroeletricidade.

Outros setores muito importantes são: a indústria, pela queima de combustíveis fósseis; o setor florestal, pelo desmatamento, além da agricultura e setor de transportes, com pesos semelhantes. O grosso do setor transporte é o privado. O carro contribui muito mais que ônibus, caminhão e avião. A contribuição dos setores residencial e comercial é considerada pelas emissões decorrentes do consumo (e não da geração da energia que consomem) visto que, normalmente, se contabilizam as emissões nos setores onde estas de fato ocorrem, ainda que no setor de oferta de energia ocorram, em parte, para atender à demanda das indústrias e das residências.

A figura 4 mostra como a intensidade energética tem evoluído no tempo. A intensidade energética representa o consumo de energia por unidade de valor econômico. A curva mais elevada reflete o crescimento da renda, do produto interno bruto (PIB), que subiu por um fator acima de 3 nos últimos 35 anos. Já o consumo de energia (segunda curva de cima para baixo) cresceu por um fator 2. Por isso a intensidade energética (penúltima linha) caiu cerca de 33% nesse período. Cada dólar da economia mundial tem embutido cada vez menos carbono.

FIGURA 4

EVOLUÇÃO DA INTENSIDADE ENERGÉTICA NO TEMPO (1980-2004)

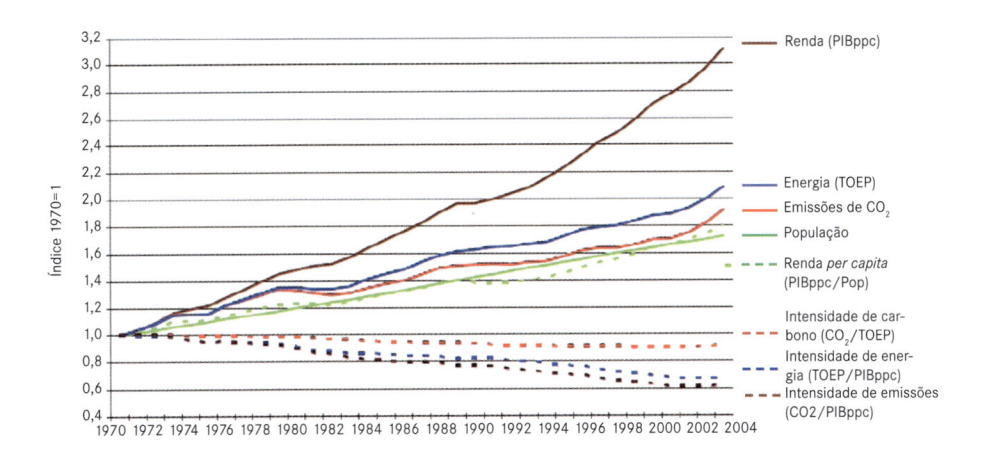

[Gráfico com eixo Y "Índice 1970=1" variando de 0,4 a 3,2 e eixo X de 1970 a 2004. Legendas: Renda (PIBppc); Energia (TOEP); Emissões de CO_2; População; Renda per capita (PIBppc/Pop); Intensidade de carbono (CO_2/TOEP); Intensidade de energia (TOEP/PIBppc); Intensidade de emissões (CO2/PIBppc)]

Fonte: IPCC — Fourth Assessment Report (2007).

Isso se explica ou porque as economias estão se concentrando em bens de maior valor agregado, ou porque de fato estamos tendo um ganho tecnológico que permite fazer mais com menos energia, ou porque crescentemente estamo-nos voltando para energias com menos carbono. Entretanto, tal fato não está conseguindo contrabalançar o efeito do aumento da renda. Embora cada dólar do PIB embuta menos energia ou menos carbono, o PIB global está crescendo muito mais rapidamente do que esse ganho. Tornamo-nos mais eficientes, mas o volume de produção crescente tem excedido muito a nossa capacidade de aumento da eficiência. O PIB cresce muito mais do que a eficiência em lidar com a energia para produzi-lo. Contrabalançando o efeito da eficiência energética há, também, o efeito do crescimento da população.

A figura 5 mostra as contribuições relativas das diferentes regiões de duas maneiras diferentes: em toneladas de carbono equivalente *per capita* e em quilos de carbono equivalente por dólar de PIB no ano 2000. Se olharmos Estados Unidos e Canadá, veremos que o americano ou canadense médio emite, por ano, *per capita*, 25 toneladas de CO_2 equivalente. Se identificarmos o brasileiro médio com um latino-americano médio, vemos que ele emite oito toneladas, ou seja, cada americano ou canadense emite o triplo de cada brasileiro.

FIGURA 5
CONTRIBUIÇÕES RELATIVAS POR POPULAÇÃO E PIB TONELADAS DE CO_2 EQUIVALENTE
PER CAPITA E QUILOS DE CARBONO EQUIVALENTE POR DÓLAR DE PIB

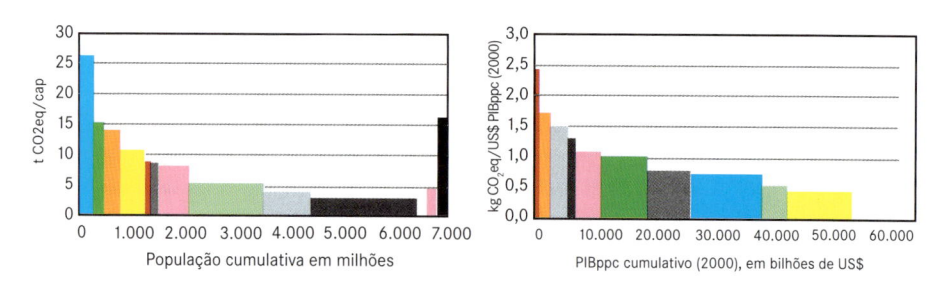

Fonte: IPCC – Fourth Assessment Report (2007).

Na verdade, provavelmente é muito mais que isso, porque boa parte das emissões de um país como o Brasil, hoje, ocorre no setor industrial. E uma fração substancial da nossa produção industrial é para produção de bens intensivos em energia ou carbono, para exportação para Estados Unidos e Canadá. Hoje, as emissões brasileiras, em boa parte, são decorrentes da produção de papel e celulose ou da produção de ferro, ligas ou aço, que vão ser exportados para esses países.

Assim, a melhor representação seria não pela emissão física no território, mas, sim, pelo consumo: é quem consome que provoca a cadeia inteira. Nessa base a emissão seria, seguramente, muito maior para os Estados Unidos e muito menor para o Brasil. Depois que o Protocolo de Kyoto estabeleceu metas de redução para países desenvolvidos, uma das grandes estratégias de um país desenvolvido para ficar dentro da sua meta é transferir a emissão para terceiros. Há indústrias sendo abertas no Brasil ao mesmo tempo que são fechadas num país desenvolvido. Do ponto de vista do planeta, é um jogo de soma zero e, muitas vezes, até de soma negativa, porque a indústria não é aberta aqui com a mesma tecnologia que teria lá. Muitas vezes a tecnologia é menos avançada, fazendo com que o mundo, como um todo, passe a emitir mais. É o que chamam de "vazamento". Isso cria desconforto em países como Índia, China e Brasil, acusados de contribuições que não foram ocasionadas por eles.

O Protocolo de Kyoto dividiu o mundo em países desenvolvidos e não desenvolvidos, e os países desenvolvidos têm metas de redução de emissões que começaram a vigorar em 2008 e vão até 2012. Nesse período devem ter emissões anuais em média cerca de 5,2% mais baixas do que em 1990. Como os países vão fazer isso? Podem, e isso é o desejado, reduzir suas emissões, usando menos carros, usando carros mais eficientes. Mas também podem comprar créditos de carbono, ou seja, pagar a alguém para reduzir por eles.

Foram criados os chamados "mecanismos flexíveis", um dos quais é o mecanismo de desenvolvimento limpo (MDL). Ele permite a um país desenvolvido comprar uma redução de emissão de um país em desenvolvimento, que não tem obrigação de reduzir emissões. O primeiro projeto MDL no mundo foi implementado no estado do Rio de Janeiro: o aterro sanitário de Nova Iguaçu. Com o dinheiro recebido o metano é recuperado para queima, sendo convertido em CO_2. Como o GWP do metano é 25, a queima reduz o impacto a 1/25. O metano é usado para produzir energia elétrica, como combustível para ônibus, carro etc.

Essa redução de emissão vale crédito, vale dinheiro, pode ser vendida para alguém. Se quem compra for a França, quando ela pagar ao Brasil para reduzir a emissão de uma tonelada de metano, ganhará o direito de continuar emitindo uma tonelada de metano. A isso se dá o nome de crédito de carbono. Hoje a tonelada de CO_2 está valendo na faixa de US$ 10 a US$ 20.

Tenho bastante conhecimento de causa, porque a cada dois meses viajo para a Alemanha, onde faço parte do Painel de Metodologia de Linhas de Base, um grupo de 16 pessoas que avalia todas as metodologias de MDL do mundo. Para que a França possa emitir uma tonelada a mais, é preciso garantir que, de fato, o aterro de Nova Iguaçu esteja emitindo uma tonelada a menos.

Esse mercado começou devagar, há sete anos, e agora está explodindo. No momento já está movimentando US$ 10 bilhões a 15 bilhões por ano. Hoje já há registrados mais de 1.600 projetos — mais de 150 do Brasil, o terceiro país mais importante nesse segmento. O primeiro é a China, o segundo é a Índia e o terceiro é o Brasil. Mas os três estão competindo entre si. No Brasil, desses mais de 150 projetos, cerca de 50 são de geração de energia elétrica a partir de bagaço de cana. O bagaço ia ser jogado no lixo e a energia seria gerada a partir de carvão ou gás natural. Na queima do bagaço é emitido CO_2 reciclado pela matéria orgânica, que não contribui para o aquecimento global. Há, também, vários projetos de aterro sanitário, análogos ao de Nova Iguaçu.

Foi uma decisão de 1997, do Protocolo de Kyoto, aceitar o princípio das responsabilidades comuns, porém diferenciadas. Naquele momento só os países desenvolvidos tiveram metas de redução de emissão. Mas entendeu-

-se que uma das maneiras de ajudar os países desenvolvidos a cumprir suas metas era criar mecanismos de mercado, permitindo-lhes fazer isso a custos mais baixos. Em lugar de reduzir a emissão na França, ao custo de US$ 100 por tonelada de CO_2, poder-se-ia reduzir no Brasil a US$ 15.

Essa é a grande discussão hoje, porque o Protocolo de Kyoto vigora até 2012 apenas. Já começa a negociação do pós-2012, que está cada vez mais difícil porque países como Índia, China e Brasil não têm qualquer tipo de compromisso. Os Estados Unidos (a Europa nem tanto) pressionam estes países, os quais respondem que o que interessa é a emissão histórica, e que eles têm que se desenvolver.

Globalmente, cerca de 80% das emissões de gases de efeito estufa derivam da queima de combustíveis fósseis, e 20% a 25% do desmatamento. No Brasil é exatamente o contrário: 75% das nossas emissões são decorrentes do uso da terra e desmatamento, e só 25% do uso de combustíveis fósseis. Por isso, alguns cientistas, entre os quais me incluo, têm dito que o Brasil não devia ter medo de assumir compromissos de reduzir emissões, pois poucos países teriam tanta facilidade de fazer isso, ao mesmo tempo ganhando tanto. Não é do interesse nacional desmatar 15 mil ou 20 mil quilômetros quadrados de floresta por ano. É tão absurda a nossa taxa de desmatamento, que reduzi-la à metade significaria reduzirmos nossa emissão na mesma proporção.

O outro gráfico da figura 6 mostra quase a mesma coisa, com outra linguagem, em termos do CO_2 equivalente por dólar de PIB. Aqui a equação se inverte: os países em desenvolvimento embutem em cada dólar de produção econômica algo da ordem de 1,5 quilo de CO_2 equivalente, enquanto os países desenvolvidos embutem menos do que um quilo. Por quê? Porque esses países, crescentemente, estão-se voltando para atividades ligadas a serviços que agregam mais valor.

Atualmente quem produz papel, celulose, aço, alumínio é o Brasil, mas quem produz chip, software não somos nós. O maior exportador de café solúvel do mundo é a Alemanha, que não produz café. O Brasil exporta café em grãos para a Alemanha – é a fase que gasta energia – e os alemães fazem o café solúvel. O maior exportador de chocolate do mundo é a Suíça, que não produz cacau; ela importa cacau do Brasil. Isto é, o salto que agrega valor econômico é feito nos países desenvolvidos. E a fase que gasta energia, que emite carbono, é feita nos países em desenvolvimento.

O Brasil exporta tarugo de aço, exporta alumínio, arame e fios. Só para dar um exemplo, um aluno meu recebeu, de presente de casamento, um cinzeiro de aço inoxidável com *design* italiano. Ele teve a curiosidade de saber o preço do cinzeiro, que estava exposto numa loja. Verificou que era exatamente o preço de uma tonelada de aço, que o Brasil exportava para a própria Itália. Assim, a Itália importava uma tonelada de aço e vendia para o Brasil, pelo mesmo preço, um cinzeiro, cujo valor vinha do *design*, de coisas imateriais. Os países desenvolvidos se especializam naqueles bens que agregam valor e não mais naqueles que embutem energia ou carbono.

Todos os cenários atuais levam o IPCC a dizer que provavelmente, de hoje até 2030, as emissões não vão decrescer nem se estabilizar. Há cenários que estimam 45 a 110% de aumento nas emissões de CO_2 advindas de energia nos próximos 30 anos. Entre dois terços e três quartos desse CO_2 viriam de países em desenvolvimento. Daí a dificuldade política de reunir todos os países em torno de uma mesma mesa para aprovar a redução das emissões: atuar nos países que devem liderar o crescimento econômico do mundo nos próximos anos pode afetar negativamente o desenvolvimento deles.

Embora os grandes aumentos de emissão devam vir dos países em desenvolvimento, ainda assim chegaremos a 2030 com um desbalanceamento enorme entre emissões *per capita* por parte dos países desenvolvidos e em desenvolvimento. Mesmo que Índia, China e Brasil aumentem suas emissões em 100%, em 2030 cada americano, canadense, ou francês ainda emitirá mais CO_2 do que um chinês, indiano ou brasileiro.

Claro que aí é preciso fazer um *mea culpa*. A razão de o Brasil ter uma emissão *per capita* baixa é que, embora tenhamos um segmento da população com padrão de vida americano ou europeu, emitindo tanto quanto, um segmento enorme da população não emite. Assim, o brasileiro rico se esconde e desaparece no mar de brasileiros pobres.

Como é que o grupo 3 do IPCC trabalha? Desenvolve modelos chamados *bottom up* (de baixo para cima) ou *top down* (de cima para baixo). São análises buscando onde haveria potencial de mitigação (redução de emissões). Comparado aos relatórios dos grupos 1 e 2, o relatório do grupo 3 é relativamente otimista. Mostra que há, sim, grandes potenciais de redução a custos absolutamente aceitáveis — inaceitável é não enfrentar o problema. Então mostra-se que há um grande potencial técnico, ou seja, de execução tecnicamente viável; há um grande potencial econômico, quer dizer, que faz sentido econômico; e há um grande potencial de mercado, ou seja, o mercado reflete as possibilidades do agente executor.

Para dar um exemplo, qualquer pessoa sabe que comprar um carro à vista é mais inteligente que fazê-lo a crédito, só que nem todos têm dinheiro para comprar um carro à vista. Então, a diferença entre o potencial de mercado e o econômico é que o potencial de mercado é aquilo que se tem dinheiro no bolso para conseguir fazer, enquanto o potencial econômico é aquilo que faria sentido econômico, mas nem todos têm dinheiro para fazer. Por isso, o potencial de mercado é menor que o econômico, que, por sua vez, é menor que o técnico.

O IPCC mostra que existe uma grande dose de custos negativos. O que são custos negativos? São aqueles em que sai mais barato fazer, do que não fazer. Por exemplo: se alguém tem em casa uma geladeira ineficiente, seria mais barato comprar uma geladeira nova. Isso porque a economia mensal na conta de luz seria tanta que, rapidamente, amortizaria o investimento na compra da nova geladeira. Há um potencial enorme de custos negativos de reduzir as emissões.

O modelo *bottom up* analisa detalhadamente cada setor da economia em busca de oportunidades para redução de emissões. O *top down* é um modelo mais genérico, que trabalha com grandes variáveis macroeconômicas. Se a intensidade energética, nos últimos 10 anos, caiu 10% ao ano, pode-se projetar que isso continuará ocorrendo. É um modelo mais agregado, que ele olha a economia de cima, enquanto o *bottom up* setoriza melhor, o que o torna mais preciso.

As figuras 6 (modelo *bottom up*) e 7 (modelo *top down*) mostram os resultados dos dois modelos para os potenciais de mitigação até 2030, em unidades de bilhões de toneladas de CO_2 equivalente por ano, em função do investimento necessário, em dólar por tonelada de CO_2. O mais importante é que a incerteza do modelo é avaliada: são dados limites inferiores e superiores em cada caso. Vemos que existe um potencial de 5 bilhões a 6 bilhões a custos negativos, e potenciais crescentes com o investimento feito, chegando até 25 bilhões a 30 bilhões para investimentos de US$ 100 por tonelada de CO_2. A União Europeia já adotou um conjunto de diretrizes e metas de emissão autoimpostas para a totalidade de seus países-membros, os quais, por sua vez, alocaram metas para os diferentes setores de suas economias.

Se a Alemanha tem uma meta de emissão, ela decide internamente quanto dessa meta caberá à indústria de aço, quanto à indústria química, e assim por diante. Acordou-se que um país que estourasse sua meta até 2007 receberia uma multa de 40 euros por tonelada de CO_2 excedida; de 2007 até 2012, essa multa passaria a 100 euros por unidade. A ideia é que fique mais barato reduzir emissões do que pagar a multa. No momento, as emissões globais são da ordem de 49 gigatoneladas de CO_2 por ano. Para o custo potencial de US$ 100, o potencial de redução de emissão poderia chegar até 30 bilhões de toneladas de CO_2. Assim, há um potencial de redução superior a 50% a custos considerados econômicos.

FIGURA 6

POTENCIAIS DE MITIGAÇÃO ATÉ 2030 (MODELOS *BOTTOM UP*)

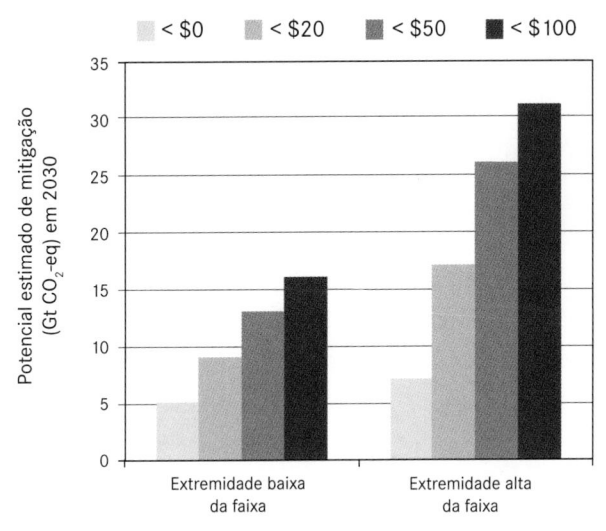

Fonte: IPCC – Fourth Assessment Report (2007).

FIGURA 7

POTENCIAIS DE MITIGAÇÃO ATÉ 2030 (MODELOS *TOP DOWN*)

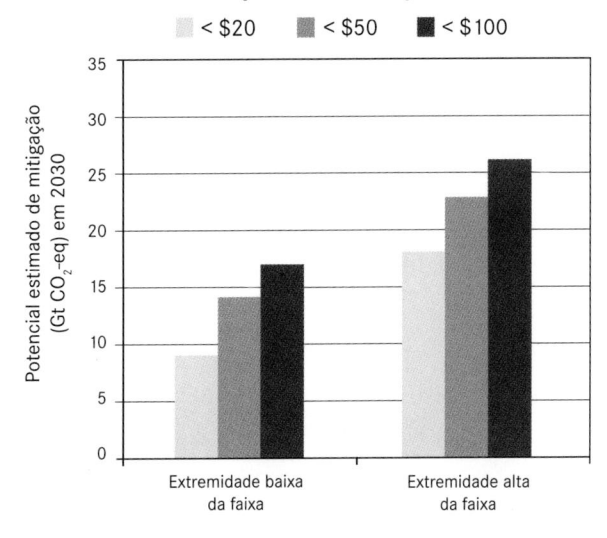

Fonte: IPCC – Fourth Assessment Report (2007).

Mas onde estariam estes potenciais? A figura 8 discrimina-os por setor da economia: geração de energia, transportes, edificações, indústria, agricultura, florestal e tratamento de rejeitos. O setor de maior potencial é o de edificações. Como mitigar nesse setor? Primeiro, usando eletrodomésticos muito mais eficientes. Consideremos o exemplo da lâmpada: há países na Europa considerando banir lâmpadas incandescentes. Uma lâmpada incandescente de 60 watts é substituível por uma lâmpada fluorescente compacta de 20 watts. Só em iluminação isso reduziria as emissões a cerca de um terço do que elas são hoje. E, na maior parte dos casos, a lâmpada fluorescente tem um custo negativo: é mais barato usá-las do que deixar de fazê-lo.

FIGURA 8

POTENCIAIS DE MITIGAÇÃO POR SETOR DA ECONOMIA

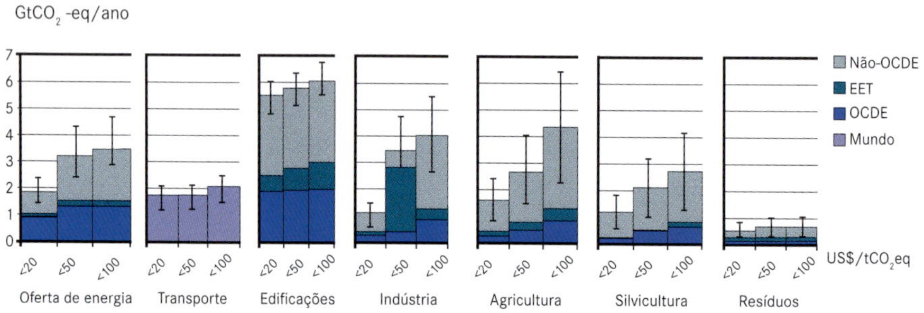

Potencial em <US$ 100/tCO$_2$-eq: 2,4 – 4,7Gt CO$_2$-eq/ano	Potencial em <US$ 100/tCO$_2$-eq: 1,6 – 2,5Gt CO$_2$-eq/ano	Potencial em <US$ 100/tCO$_2$ -eq: 5,3 – 6,7Gt CO$_2$-eq/ano	Potencial em <US$ 100/tCO$_2$-eq: 2,5 – 5,5Gt CO$_2$-eq/ano	Potencial em <US$ 100/tCO$_2$ -eq: 2,3 – 6,4Gt CO$_2$-eq/ano	Potencial em <US$ 100/ztCO$_2$-eq: 1,3 – 4,2Gt CO$_2$-eq/ano	Potencial em <US$ 100/tCO$_2$ -eq: 0,4 – 1Gt CO$_2$-eq/ano

Fonte: IPCC – Fourth Assessment Report (2007).

Isso vale para qualquer eletrodoméstico. Outro exemplo é o dos controles de *stand by* – aquela luzinha vermelha, sempre ligada, à espera do acionamento pelo controle remoto. No Japão hoje, qualquer controle *stand by* tem sua potência limitada a, no máximo, um watt. Os conversores de canais de TV a cabo têm potências que variam de 20 a 30 watts. Uma geladeira tem uma potência de 70 a 80 watts. Então, quem tem uma caixa conversora sempre em *stand by* tem mais meia geladeira em casa.

Morei por alguns anos nos EUA, e nunca senti tanto calor quanto nos invernos americanos. Eu morava numa casa que não tinha termostato: quando nevava lá fora, o aquecimento ficava na potência máxima e eu controlava a temperatura abrindo e fechando a janela. No Rio de Janeiro, uma cidade quente, há uma arquitetura de país frio. Prédios pretos em frente ao mar, janelas que não abrem.

Daí o potencial enorme do setor de edificações – desde que, na hora de projetar uma casa, isso seja levado em conta. Vários estudos mostram o ganho que traz, para uma casa, plantar ao lado dela uma árvore, do lado certo para projetar sombra. Na cidade de San Diego, na Califórnia, fez-se a experiência de pintar o asfalto da rua e os telhados das casas de branco. O benefício é enorme: uma casa com telhado pintado de branco não precisa de ar-condicionado, fica fresquinha, está-se criando um albedo para essa casa. Uma série de soluções simples e baratas tornam absolutamente possível construir uma residência, hoje, com 25% ou 30% do consumo de energia das residências usuais.

Tem sido muito criticado, na visão do IPCC, o pequeno potencial avaliado para o setor de transportes. O IPCC é honesto em relação a isso: ainda que se entenda que o potencial técnico de ter, no setor transportes, menor consumo de energia e grande redução de emissões, a barreira cultural para isso é enorme.

Quando alguém compra um carro, o atributo que procura é a possibilidade de acelerar de 0 a 100 quilômetros por hora em oito segundos. Mesmo que nunca se vá utilizar isso na vida, deseja-se que o carro possa atingir uma velocidade de 250 quilômetros por hora. Sabe-se hoje que, se de alguma maneira se conseguisse ter carros saindo de fábrica com velocidade máxima limitada eletronicamente, eles poderiam reduzir em 10-15% o consumo de energia. Isso porque, para um carro que pode chegar à velocidade de 250 quilômetros por hora, seu ponto ótimo de eficiência econômico não é aquele em que ele roda a maior parte do tempo. Se ele fosse limitado, no máximo, a 130 quilômetros por hora, o ótimo dele poderia ser 60 ou 70. Assim, a economia de combustível seria imensa se os carros saíssem de fábrica com uma velocidade máxima de 130 quilômetros por hora. Mas há barreiras culturais. Os alemães não aceitam que um BMW ou Mercedes não exiba no velocímetro a possibilidade de atingir 300 quilômetros por hora. Existe tecnologia, hoje, para que os carros façam 30 a 40 quilômetros por litro, mas, se não houver algum tipo de regulamentação, não é de interesse do fabricante; ele quer fazer carros grandes, com os quais ganha mais dinheiro.

Nos EUA tornaram-se muito populares os SUV (*sports utility vehicles*), camionetes enormes. Por que foram inventadas? Porque os EUA criaram, em 1975, o Cafe (corporate average fuel economy), um padrão de eficiência para automóveis, na época limitado a 25 milhas por galão. Então as indústrias, para burlar isso, começaram a produzir os SUVs, que de acordo com a legislação americana não são carros, são caminhões pequenos, e assim estão fora do padrão Cafe.

É por isso que o IPCC reconhece que, embora o potencial técnico do setor de transportes seja enorme, implementá-lo significaria mexer no direito de ir e vir da pessoa, em seu carro com ar-condicionado, música MP3 e nenhuma preocupação com eficiência energética. No Brasil a etiquetagem de veículos só entrou em vigor em 2009, e ainda assim ela é voluntária. Ou seja, os fabricantes de veículos não são obrigados a segui-la. Ao comprar um carro, como ocorre na etiquetagem dos eletrodomésticos, poder-se-ia saber quantos quilômetros por litro ele faz. Hoje, na Europa, qualquer carro é anunciado com a informação de quantos gramas de CO_2 emite por quilômetro rodado. Enquanto lá se sabe quanto de poluição o carro gera, no Brasil não se sabe nem qual é o consumo de combustível de cada veículo.

Quais serão os custos macroeconômicos para reduzir o mais possível as emissões de gases de efeito estufa para a atmosfera e, como consequência, estabilizar a concentração destes? O valor mais baixo atingível em CO_2 equivalente considera-se, para 2030, como 445 a 535 partes por milhão (ppm). O preço a pagar, para consegui-lo, é chegar a 2030 com um PIB mundial cerca de 3% menor do que se não fizermos nada, o que significa comprometer, por ano, 0,12% a mais do PIB. Teoricamente este é o custo para resolver o problema da mudança climática.

O problema é que, em qualquer perda ou ganho, uns ganham e outros perdem. Alguns países poderiam chegar a 2030 com um PIB muito menor, e outros com PIB muito maior. Nessa briga Japão e Europa têm sido muito mais proativos que os EUA: estão entendendo que têm mais a ganhar do que a perder. De fato, análises de mercado para o setor automobilístico mostram que os fabricantes japoneses já têm tecnologia, veículos e linhas de montagem para fazer carros econômicos, e os grandes perdedores são os americanos. Os alemães estão no meio do caminho.

Então, entende-se essa relutância dos EUA quando falam que Índia, China e Brasil têm que entrar no bolo. É porque os americanos consideram que esses países já competem no mercado internacional com eles. Impor aos EUA uma meta de redução que outros países competidores não têm é conceder a estes uma vantagem comparativa no comércio mundial. O IPCC é muito claro: não se trata mais de uma questão tecnológica; o principal é ter vontade política de encarar o problema – priorizar o transporte público, convencer as montadoras a etiquetarem os carros, e assim por diante.

Segundo o IPCC, o custo (reduzir 3% do PIB mundial até 2030) pode até estar sobre-estimado. Por quê? Porque uma série de cobenefícios prováveis não foram contabilizados. São vantagens em termos de saúde, segurança energética, aumento de produção agrícola, redução de pressão sobre ecossistemas naturais, melhoria de balanços de pagamentos de países que dependerão menos de petróleo importado. Por exemplo: um carro mais eficiente, que gasta menos energia, também reduz a poluição local, o que vai ter impacto sobre a saúde pública. Há uma grande chance de o custo, inclusive, vir a ser negativo – ser mais barato manter a temperatura do planeta no seu limite inferior do que não fazer nada.

Vamos ver, agora, qual é o leque de oportunidades de mitigação para cada setor da economia. No setor de energia, o grande potencial que se tem é a eficiência energética. É possível fazer quase tudo com muito menos energia. Um exemplo: as plantas a carvão americanas hoje em operação têm uma eficiência termodinâmica da ordem de 30% a 35%, no máximo. Uma planta nova, atualmente, tem uma eficiência de 45%. O investidor prefere manter uma planta velha funcionando a montar uma nova, a menos que alguém o obrigue a fazê-lo. A China, hoje, quando faz suas plantas a carvão, usa a pior tecnologia possível, quando poderia continuar usando carvão para gerar energia elétrica, mas de maneira muito melhor. O Brasil pode continuar usando o carro e gastar muito menos gasolina do que gasta.

Também há um potencial muito grande para as energias renováveis: solar, eólica, bagaço de cana. Muito grande mesmo. O IPCC entende que, se hoje as fontes renováveis são responsáveis por 18% da energia elétrica mundial, elas poderiam chegar a 30-35% em 2030, ao custo de até US$ 50 por tonelada de CO_2 equivalente.

Com relação à energia nuclear, o IPCC vê um pequeno potencial, mas ele encara com reservas esse tipo de energia, pelas questões malresolvidas de segurança de reatores, proliferação de armamentos e também pelo problema de como lidar com os rejeitos de alta radiatividade. O IPCC não acredita que seja o nuclear a salvar o mundo.

E também se discute crescentemente a captura e armazenamento geológico de carbono como uma estratégia de transição. Antes de abrir mão do petróleo ou do carvão, passaríamos por uma fase intermediária, na qual se recuperaria o CO_2. Seria como virar o cano de escape do carro para baixo da terra. Seriam usados aquíferos ou reservatórios de petróleo depressionados para a armazenagem.

A indústria petroleira já faz isso hoje, quando quer aumentar a taxa de recuperação do petróleo. Um poço de petróleo, com o passar do tempo, perde pressão. É normal se injetar algum gás para aumentar a pressão, e o CO_2 vem sendo usado. Essa é uma possibilidade para aumentar a produção.

O setor de transportes oferece grandes oportunidades, mas elas poderiam vir a ser anuladas pelo próprio crescimento do setor. Os EUA têm, hoje, uma população de cerca de 250 milhões e uma frota na faixa de 190 milhões de automóveis, mais de um por pessoa habilitada a dirigir. A China tem uma população de 1,3 bilhão e uma frota não muito superior à brasileira, de 40-50 milhões de carros. A frota mundial é da ordem de 800 milhões de automóveis. Se a China tivesse um padrão americano, ela, por si só, mais do que duplicaria a frota mundial de automóveis. Entende-se, então, que o setor de transportes tende a crescer muito, o que se constitui em um problema bastante sério a ser enfrentado.

Como vimos, há grandes possibilidades técnicas de aumento da eficiência, mas as prioridades atuais do consumidor são uma barreira. Biocombustíveis são uma boa solução, e o Brasil é um exemplo nisso. Incentivar o transporte público de qualidade deve ser uma prioridade para qualquer país. Na aviação, o segmento de transporte é o que mais cresce, há muito potencial de aumento de eficiência: a frota atual de aviões é bastante velha. Vimos que há cobenefícios em se lidar ao mesmo tempo com problemas de tráfego, qualidade do ar e segurança energética. No setor de edificações, vimos que se pode aumentar a eficiência energética em 30% a custos negativos. Há um grande potencial em iluminação natural, aquecimento e resfriamento de residências. No setor da indústria, existe um grande potencial de eficiência, mas a barreira é a longa vida média das instalações. Não é trivial descartar-se uma caldeira, que pode durar 40 a 50 anos, só porque agora existe outra mais eficiente no mercado. Na agricultura, há a possibilidade de sequestrar carbono no solo, com baixo custo e grande sinergia para maior sustentabilidade. Nas florestas, há um grande potencial de redução de emissão associada a desmatamentos evitados e também à possibilidade de reflorestamento para captura de carbono. Existem propostas fortemente especulativas de geoengenharia. Uma delas é fertilizar os oceanos com limalha de ferro, o que poderia aumentar muito a produtividade de algas dos mares do sul, um grande potencial para retirada de carbono da atmosfera. Outra ideia mirabolante é bombardear a atmosfera com partículas metálicas, para elevar o albedo da Terra. Parece ficção científica, mas a literatura já traz essas propostas.

No longo prazo, após 2030, terá de haver uma estabilização da concentração de gases de efeito estufa na atmosfera. Para isso, daqui até lá passaremos por um pico de emissão, seguido de um declínio. Quanto mais baixo o nível de estabilização de concentração na atmosfera desejado, mais urgente atingir esse pico e declínio. Assim, os esforços das próximas uma ou duas décadas serão fundamentais. O relatório Stern, de 2006, considera que uma das grandes dificuldades de se lidar com o problema de mudanças climáticas é que os ganhos das próximas uma ou duas décadas farão toda a diferença para a segunda metade deste século e para o século seguinte, mas pouco impacto terão sobre a primeira metade deste século. Quem tiver o ônus de fazer o necessário não verá os benefícios durante sua existência, mas transmitirá um legado para gerações futuras.

Estabilizar a concentração de gases de efeito estufa na atmosfera nos níveis mais baixos considerados ainda possíveis levaria a uma elevação média da temperatura do planeta, se comparada à da era pré-industrial, entre 2°C e 2,4°C. Essa faixa de valores reflete a incerteza ainda existente nas previsões. O pico de emissão teria de ocorrer antes de 2015, e, já em 2050, as emissões globais teriam que ser entre 50% e 85% menores do que as verificadas em 2000, de maneira que as concentrações de gases de efeito estufa na atmosfera possam se estabilizar e, com isso, também a temperatura média do planeta.

Caso não ocorram reduções de emissões a partir de 2015, ou se elas até aumentarem depois disso, levando a concentrações de 590 ppm ou mais, as elevações de temperatura ultrapassarão os 4°C, e os efeitos poderão ser catastróficos. Assim, temos não mais que 5-10 anos de tolerância com emissões crescentes, e não mais de 20-25 anos para reduzir as emissões globais a cerca de, no mínimo, metade do que elas são hoje.

Há um vasto espectro de políticas e instrumentos para governos criarem incentivos para ações de mitigação. As escolhas vão variar segundo as diferentes circunstâncias nacionais. Governos podem optar por taxação de carbono, ou por expandir o mercado de certificados de carbono; outros, por acordos voluntários com a indústria. Há um leque grande no qual cada governo, cada economia pode escolher sua estratégia para cumprir metas.

O relatório de 2007 do IPCC conclui destacando que há uma grande interconexão entre desenvolvimento sustentável e mitigação. Entende-se, hoje, que tornar o desenvolvimento mais sustentável pela alteração das trajetórias de desenvolvimento que vêm sendo seguidas pode oferecer uma imensa contribuição à mitigação.

Até o relatório anterior do IPCC, o de 2001, sempre se via a mitigação como uma barreira ao desenvolvimento. Querer fazer alguma coisa significaria, talvez, comprometer o desenvolvimento dos países.

Hoje começa-se a entender que é exatamente o contrário. O desenvolvimento dos países fica comprometido quando não fazem nada. Outra conclusão é que a emissão de gases de efeito estufa é influenciada pelo crescimento econômico, embora não esteja rigidamente ligada a ele. Há grandes margens de manobra. É possível, sim, os países se desenvolverem com muito menos emissão de gases de efeito estufa.

O exemplo da China indica como não enfrentar o problema pode prejudicar o desenvolvimento. O atual crescimento econômico da China não é sustentável. A situação ambiental chinesa é crítica. Estive duas vezes na China, a primeira em 1988, quando não havia propriedade privada de automóveis – só se andava de bicicleta. Voltei faz dois anos. Chega-se ao aeroporto de Pequim e já se sente o cheiro: é uma atmosfera suja, não se vê nada; em certos meses do ano as pessoas têm uma série de problemas respiratórios. A questão ambiental chinesa é a grande barreira atual ao desenvolvimento econômico daquele país. Problemas de abastecimento de água também são muito graves.

Não encarar a questão das mudanças climáticas será, sim, o verdadeiro problema econômico que os países vão enfrentar, ao contrário da ideia de que lidar com mudança climática é uma barreira ao desenvolvimento.

Os autores

ÂNGELO B. M. MACHADO é professor emérito do Instituto de Ciências Biológicas da Universidade Federal de Minas Gerais (UFMG), presidente da Conservation International do Brasil e da Fundação Biodiversitas, autor e Prêmio Jabuti de literatura infantil (em particular sobre ecologia).

CARLOS NOBRE é pesquisador titular do Instituto Nacional de Pesquisas Espaciais, onde fundou o Centro de Previsão do Tempo e Estudos Climáticos. É participante e relator do Intergovernmental Panel on Climate Change (IPCC) e ganhador do Prêmio Conrado Wessel de Ciências Ambientais.

ENÉAS SALATI é diretor técnico da Fundação Brasileira para o Desenvolvimento Sustentável. Foi membro do IPCC e pioneiro nos estudos sobre os gases de efeito estufa na atmosfera e sobre o ciclo da água na Amazônia.

EUSTÁQUIO REIS é pesquisador do Instituto de Pesquisas Econômicas Aplicadas, onde é o coordenador do Núcleo de Estudos e Modelos Espaciais Sistêmicos.

H. MOYSÉS NUSSENZVEIG é professor emérito da UFRJ, coordenador científico da Coordenação de Programas de Estudos Avançados (Copea) da UFRJ, ganhador do Prêmio Max Born e *fellow* da Optical Society of America e da American Physical Society. Ganhador do Prêmio Nacional de Ciência e Tecnologia.

IMA CÉLIA GUIMARÃES VIEIRA é pesquisadora titular e ex-diretora do Museu Paraense Emílio Goeldi, onde atua na área de uso da terra.

JOÃO ALZIRO HERZ DA JORNADA é professor titular da Universidade Federal do Rio Grande do Sul (UFRGS) e presidente do Instituto Nacional de Metrologia, Normalização e Qualidade Industrial (Inmetro).

JOSÉ GALIZIA TUNDISI é presidente do Instituto Internacional de Ecologia e de Gerenciamento Ambiental, ex-presidente do Conselho Nacional de Desenvolvimento Científico e Tecnológico (CNPq), ganhador do Prêmio Conrado Wessel de Ciência Aplicada à Água e do Prêmio Moinho Santista de Ecologia.

LUIZ PINGUELLI ROSA é professor titular e diretor do Instituto Alberto Luiz Coimbra de Pós-Graduação e Pesquisa de Engenharia (Coppe) da Universidade Federal do Rio de Janeiro (UFRJ), secretário executivo do Fórum Brasileiro de Mudanças Climáticas, coordenador do Programa de Planejamento Energético da Coppe. Foi presidente da Eletrobras.

PAULO ARTAXO é professor titular do Instituto de Física da Universidade de São Paulo (USP), membro do IPCC, colaborador da Nasa e ganhador do Prêmio em Ciências da Terra da Academia de Ciências para o Mundo em Desenvolvimento (TWAS).

PEDRO LEITE DA SILVA DIAS é professor do Instituto Astronômico e Geofísico da USP, membro do IPCC e diretor do Laboratório Nacional de Computação Científica.

PHILIP FEARNSIDE é pesquisador titular do Instituto Nacional de Pesquisas da Amazônia, membro do IPCC, ganhador do Prêmio Conrado Wessel de Ciências Ambientais e do Prêmio Chico Mendes.

ROBERTO SCHAEFFER é professor e membro do Programa de Planejamento Energético da Coppe/UFRJ e membro do IPCC.

SILVIO CRESTANA é pesquisador titular e ex-diretor-presidente da Empresa Brasileira de Pesquisa Agropecuária (Embrapa).

Esta obra foi produzida nas
oficinas da Imos Gráfica e Editora na
cidade do Rio de Janeiro